新能源系列——风能专业规划教材

风力发电基础

卢为平　主编
张翠霞　丁宏林　副主编

化学工业出版社

·北京·

本书主要介绍了风力发电基础理论、水平轴与垂直轴风力发电机、独立运行与互补运行风力发电系统、并网运行风力发电系统，最后介绍了风力发电相关标准。本书深入浅出，通俗易懂，学以致用。

本书可作为职业院校风能与动力技术专业、风能与机械等专业教材，也可作为其他相关专业课程的教学参考书，还可以作为风力发电知识的普及读本，为从事风力发电领域的工程技术人员提供参考。

图书在版编目（CIP）数据

风力发电基础/卢为平主编. —北京：化学工业出版社，2011.1（2024.5重印）
（新能源系列）
风能专业规划教材
ISBN 978-7-122-10131-0

Ⅰ.风… Ⅱ.卢… Ⅲ.风力发电-教材 Ⅳ.TM614

中国版本图书馆CIP数据核字（2010）第245511号

责任编辑：刘 哲 张建茹	文字编辑：高 震
责任校对：徐贞珍	装帧设计：韩 飞

出版发行：化学工业出版社（北京市东城区青年湖南街13号　邮政编码100011）
印　　装：北京科印技术咨询服务有限公司数码印刷分部
787mm×1092mm　1/16　印张14½　字数367千字　2024年5月北京第1版第6次印刷

购书咨询：010-64518888　　　　　　　　售后服务：010-64518899
网　　址：http://www.cip.com.cn
凡购买本书，如有缺损质量问题，本社销售中心负责调换。

定　价：48.00元　　　　　　　　　　　　　　　　　　版权所有　违者必究

前 言

能源是整个世界发展和经济增长最基本的驱动力，是人类赖以生存的基础。在全球经济高速发展的今天，能源短缺与环境污染是人类面临的两大紧迫问题。20世纪70年代"石油危机"促使西方国家加快了新能源的开发速度，太阳能、风能、生物质能、地热能、海洋能、氢能等新型能源被提上了开发日程。我国自2005年起，相继出台了《可再生能源法》、《可再生能源中长期发展规划》等多项扶持新能源产业发展的政策。随着相关发展目标的调整，中国在新能源领域的总投资将超过3万亿元。

在各类新能源中，风能是一种清洁的可再生能源，风力发电是风能利用的主要形式，由于其在减轻环境污染、解决偏远地区居民用电问题以及调整能源结构等诸多方面的突出作用，受到世界各国的重视，成为目前世界上新能源开发利用中技术最成熟、开发最具规模和最具商业化发展前景的发电方式之一。目前中国在风电发展方面继续领先，在2009年已经成为世界上新增风电装机的最大市场。

在此背景下，我们编写了《风力发电基础》一书。本书主要介绍了能源的种类与应用、风能利用及风力发电历史、风力发电基础理论、水平轴与垂直轴风力发电机、独立运行与互补运行风力发电系统、并网运行风力发电系统，最后介绍了风力发电相关标准及其发展趋势。本书在编写中力求深入浅出，通俗易懂，学以致用。

本书由卢为平担任主编，张翠霞、丁宏林担任副主编。张鹏义编写第1章、第6章，易俊诚编写第2章，张翠霞编写第3章，丁宏林编写第4章，卢卫萍编写第5章，秦燕编写第7章。全书由丁宏林、卢为平统稿。

本书可作为高等职业技术学校风能与动力技术专业规划教材，亦可作

前　言

为其他相关专业课程的教学参考书，还可以作为风力发电知识的普及读本，为风力发电领域的工程技术人员提供参考。

本书在编写过程中得到了编者所在单位领导和同事们的支持与帮助。由于编者水平有限，书中难免有疏漏之处，恳请广大读者批评指正。

编者

2010.12

目 录

第1章 绪论 … 1
1.1 能源与清洁能源 … 1
1.1.1 人类对能源的需求 … 1
1.1.2 能源的种类 … 2
1.1.3 清洁能源的特点及应用 … 4
1.2 风能利用史 … 5
1.2.1 风力发电技术出现以前的风能利用 … 5
1.2.2 风力发电发展简史 … 7
1.3 风力发电的特点 … 9
1.3.1 风力发电的意义 … 9
1.3.2 风力发电的特点 … 10
1.3.3 风力发电存在的问题 … 10
1.4 风力发电的现状与发展趋势 … 11
1.4.1 世界风力发电的现状 … 11
1.4.2 中国风力发电的现状 … 13
1.4.3 风力发电的发展趋势 … 14
习题 … 15

第2章 风力发电基础理论 … 16
2.1 风的测量 … 16
2.1.1 风的形成及其特点 … 16
2.1.2 风向测量 … 21
2.1.3 风速测量 … 22
2.2 风力发电机原理 … 23
2.2.1 风力机基本结构特征 … 23
2.2.2 风力发电机能量转换过程 … 29
2.3 风力机的基本参数与基本理论 … 31

目 录

  2.3.1 风力机空气动力学的基本概念 …………………………………… 31
  2.3.2 风力机基本理论 ……………………………………………………… 35
  2.3.3 风力机性能参数 ……………………………………………………… 38
 2.4 风力发电机种类与特性 …………………………………………………… 40
  2.4.1 风力发电机分类 ……………………………………………………… 40
  2.4.2 风力发电系统的种类及特征 ………………………………………… 42
 实训1 风速风向仪安装调试 ………………………………………………… 45
 实训2 小型风力发电机性能测试 …………………………………………… 46
 习题 ………………………………………………………………………………… 47

第3章 水平轴风力发电机 …………………………………………………… 48
 3.1 水平轴风力发电机工作原理 ……………………………………………… 48
  3.1.1 水平轴风力发电机运行过程 ………………………………………… 48
  3.1.2 水平轴风力发电机的功率控制 ……………………………………… 59
 3.2 水平轴风力发电机结构分析 ……………………………………………… 67
  3.2.1 小型风力发电机基本结构 …………………………………………… 68
  3.2.2 大中型风力发电机基本结构 ………………………………………… 69
 实训3 水平轴风力发电机机头组装 ………………………………………… 77
 实训4 水平轴风力发电机控制器组装 ……………………………………… 80
 实训5 水平轴风力发电机安装调试 ………………………………………… 81
 习题 ………………………………………………………………………………… 82

第4章 垂直轴风力发电机 …………………………………………………… 83
 4.1 垂直轴风力发电机组基本概念 …………………………………………… 84
  4.1.1 垂直轴风力发电机组的分类 ………………………………………… 84
  4.1.2 垂直轴风力机的工作原理 …………………………………………… 88
  4.1.3 垂直轴风力发电机组的基本结构 …………………………………… 90
 4.2 垂直轴风力发电机原理分析 ……………………………………………… 90

目 录

  4.2.1 垂直轴风力发电机的叶片翼型 …………………………… 90
  4.2.2 垂直轴风机气动性能研究进展 …………………………… 94
  4.2.3 垂直轴风机叶轮气动性能模型 …………………………… 96
 4.3 垂直轴风力发电机组设计与实验 …………………………………… 97
  4.3.1 垂直轴发电机组设计 ……………………………………… 97
  4.3.2 垂直轴风电机组实验 ……………………………………… 100
 4.4 垂直轴风力发电机的最新应用 ……………………………………… 101
 实训6 垂直轴风力发电机机头组装 …………………………………… 102
 实训7 垂直轴风力发电系统安装调试 ………………………………… 103
 习题 ……………………………………………………………………… 105

第5章 独立运行的风力发电系统 …………………………………… 106

 5.1 独立运行风力发电系统的组成 ……………………………………… 106
  5.1.1 独立运行风力发电机组的构成 …………………………… 106
  5.1.2 独立运行风力发电机组的供电方式 ……………………… 108
 5.2 独立运行风力发电系统的储能装置 ………………………………… 110
  5.2.1 蓄电池的种类及其型号 …………………………………… 110
  5.2.2 蓄电池的主要性能参数 …………………………………… 110
  5.2.3 铅酸蓄电池 ………………………………………………… 114
  5.2.4 其他种类蓄电池 …………………………………………… 117
  5.2.5 蓄电池组的串并联 ………………………………………… 119
  5.2.6 蓄电池组容量选择与计算 ………………………………… 120
  5.2.7 其他形式的蓄能装置 ……………………………………… 122
 5.3 独立运行风力发电系统的控制系统 ………………………………… 124
  5.3.1 风力发电控制器的分类和基本参数 ……………………… 124
  5.3.2 控制器的基本工作原理及总体结构 ……………………… 126
  5.3.3 控制系统的功能 …………………………………………… 126

目 录

  5.3.4 风力发电机常规控制内容 …………………………… 127
  5.3.5 控制系统对蓄电池充放电的控制机理 ………………… 130
 5.4 独立运行风力发电系统的逆变装置 ………………………… 132
  5.4.1 逆变器的工作原理 ………………………………… 132
  5.4.2 逆变器的基本技术参数 ……………………………… 133
  5.4.3 逆变器的选用 ……………………………………… 135
 5.5 独立运行风力发电系统的供电系统 ………………………… 136
  5.5.1 直流系统 …………………………………………… 136
  5.5.2 交流系统 …………………………………………… 137
 5.6 独立运行风力发电系统维修与保养及常见故障 …………… 137
  5.6.1 风力发电机组维修与保养的主要内容 ………………… 138
  5.6.2 风力发电机组的常见故障类型 ……………………… 138
 实训 8 独立运行风力发电系统原理 …………………………… 140
 实训 9 独立运行风力发电系统的偏航系统 …………………… 141
 习题 ……………………………………………………………… 142

第 6 章 互补运行发电系统 …………………………………… 143
 6.1 互补运行发电系统概述 ……………………………………… 143
  6.1.1 主要特点 …………………………………………… 143
  6.1.2 主要类型 …………………………………………… 143
 6.2 风力-光伏互补发电系统 …………………………………… 144
  6.2.1 系统的组成 ………………………………………… 144
  6.2.2 系统的特点 ………………………………………… 148
  6.2.3 光伏电池发电原理及其特性 ………………………… 149
  6.2.4 蓄电池充电控制原理 ………………………………… 152
  6.2.5 系统的设计步骤 …………………………………… 154
  6.2.6 风光互补发电系统的应用前景 ……………………… 155

目 录

  6.3 风力-柴油互补发电系统 …………………………………………… 157
    6.3.1 系统的组成 …………………………………………………… 158
    6.3.2 系统的实用性评价 …………………………………………… 160
    6.3.3 减少系统成本的措施 ………………………………………… 161
  实训10 风光互补发电系统的安装、调试与维护 …………………… 162
  实训11 蓄电池组的安装、常见故障检测与维护 …………………… 163
  实训12 太阳能电池发电原理研究与分析 ……………………………… 165
  习题 …………………………………………………………………………… 168

第7章 并网运行风力发电系统 ……………………………………… 169
  7.1 恒速恒频发电机的并网运行 ……………………………………… 169
    7.1.1 同步发电机的并网运行控制 ………………………………… 169
    7.1.2 感应发电机的并网运行控制 ………………………………… 170
  7.2 变速恒频发电机的并网运行 ……………………………………… 172
    7.2.1 永磁同步发电机的并网运行控制 …………………………… 172
    7.2.2 双馈感应发电机的并网运行控制 …………………………… 177
  习题 …………………………………………………………………………… 179

附录 ……………………………………………………………………………… 180
  附录1 风力发电场运行规程（DL/T 666—1999） ………………… 180
  附录2 风力发电场设计技术规范（DL/T 5383—2007） …………… 183
  附录3 风力发电机组装配和安装规范（GB/T 19568—2004） …… 187
  附录4 风力发电机组——控制器技术条件
     （GB/T 19069—2003） ……………………………………… 190
  附录5 风力发电机组——控制器试验方法
     （GB/T 19070—2003） ……………………………………… 201
  附录6 风力发电机组——偏航系统技术条件
     （JB/T 10425.1—2004） ……………………………………… 204

目 录

附录7 风力发电机组——偏航系统试验方法
　　　　（JB/T 10425.2—2004） ………………………… 206
附录8 风力发电机组——制动系统技术条件
　　　　（JB/T 10426.1—2004） ………………………… 210
附录9 风力发电机组——制动系统试验方法
　　　　（JB/T 10426.2—2004） ………………………… 215

参考文献 ………………………………………………………… 219

第1章 绪论

1.1 能源与清洁能源

1.1.1 人类对能源的需求

能源是整个世界发展和经济增长最基本的驱动力,是人类赖以生存的基础。伴随着人类社会对能源需求的增加,能源安全逐渐与政治、经济安全紧密联系在一起。人类在享受能源带来的经济发展、科技进步等利益的同时,也遇到一系列无法避免的能源安全挑战,能源短缺、资源争夺以及过度使用能源造成的环境污染等问题,威胁着人类的生存与发展。石油、煤炭等目前大量使用的传统化石能源储量越来越少,同时新的能源生产供应体系又未能建立,在交通运输、金融业、工商业等方面造成一系列问题。

目前美国、加拿大、日本、欧盟等都在积极开发如太阳能、风能、海洋能(包括潮汐能和波浪能)等可再生新能源,或者将注意力转向海底可燃冰(天然气水合物结晶)等新的化石能源。同时,氢气、甲醇等燃料作为汽油、柴油的替代品,也受到了广泛关注。国内外研究的氢燃料电池电动汽车,就是此类能源应用的典型代表。

从能源、电力产业看,20世纪90年代,世界能源市场发展最迅速的已不再是石油、煤和天然气,太阳能发电、风力发电等可再生能源异军突起。在20世纪末,国际一些能源专家预言:就能源、电力方面而言,21世纪将是可再生能源的世纪,能源、电力的开发利用将发生历史的变革(见图1-1)。

作为世界上最大的发展中国家,中国是一个能源生产和消费大国。能源生产量仅次于美国和俄罗斯,居世界第三位;基本能源消费占世界总消费量的1/10,仅次于美国,居世界第二位。中国又是一个以煤炭为主要能源的国家,经济发展与环境污染的矛盾比较突出。近年来能源安全问题也日益成为国家生活乃至全社会关注的焦点。

中国能源资源有以下特点。

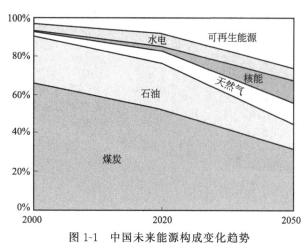

图 1-1　中国未来能源构成变化趋势

(1) 能源资源总量比较丰富

中国拥有较为丰富的化石能源资源。其中，煤炭占主导地位。2006年，煤炭保有资源量10345亿吨，剩余探明可采储量约占世界的13%，列世界第三位。已探明的石油、天然气资源储量相对不足，油页岩、煤层气等非常规化石能源储量潜力较大。中国拥有较为丰富的可再生能源资源。水力资源理论蕴藏量折合年发电量为6.19万亿千瓦时，经济可开发年发电量约1.76万亿千瓦时，为世界水力资源总量的12%，列世界首位。

(2) 人均能源资源拥有量较低

中国人口众多，人均能源资源拥有量在世界上处于较低水平。煤炭和水力资源人均拥有量相当于世界平均水平的50%，石油、天然气人均资源量仅为世界平均水平的1/15左右。耕地资源不足世界人均水平的30%，制约了生物质能源的开发。

(3) 能源资源赋存分布不均衡

中国能源资源分布广泛但不均衡。煤炭资源主要分布在华北、西北地区，水力资源主要分布在西南地区，石油、天然气资源主要分布在中、西部地区和海域。中国主要的能源消费地区集中在东南沿海经济发达地区，资源分布与能源消费地域存在明显差别。大规模、长距离的北煤南运、北油南运、西气东输、西电东送，是中国能源流向的显著特征和能源运输的基本格局。

(4) 能源资源开发难度较大

与世界相比，中国煤炭资源地质开采条件较差，大部分储量需要矿井开采，极少量可供露天开采。石油天然气资源地质条件复杂，埋藏深，勘探开发技术要求较高。未开发的水力资源多集中在西南部的高山深谷，远离负荷中心，开发难度和成本较大。非常规能源资源勘探程度低，经济性较差，缺乏竞争力。

1.1.2　能源的种类

关于能源的定义，我国的《能源百科全书》说："能源是可以直接或经转换提供人类所需的光、热、动力等任一形式能量的载能体资源。"可见，能源是一种呈多种形式的，且可以相互转换的能量的源泉。确切而简单地说，能源是自然界中能为人类提供某种形式能量的物质资源。

能源亦称能量资源或能源资源，是指可产生各种能量（如热量、电能、光能和机械能等）或可做功的物质的统称，是指能够直接取得或者通过加工、转换而取得有用能的各种资源，包括煤炭、原油、天然气、煤层气、水能、核能、风能、太阳能、地热能、生物质能等一次能源和电力、热力、成品油等二次能源，以及其他新能源和可再生能源。

能源种类繁多，而且经过人类不断的开发与研究，更多新型能源已经开始能够满足人类需求。根据不同的划分方式，能源也可分为不同的类型。

(1) 按来源分类

1) 来自地球外部天体的能源（主要是太阳能） 除直接辐射外，并为风能、水能、生物能和矿物能源等的产生提供基础。人类所需能量的绝大部分都直接或间接地来自太阳。正是各种植物通过光合作用把太阳能转变成化学能，在植物体内储存下来。煤炭、石油、天然气等化石燃料也是由古代埋在地下的动植物经过漫长的地质年代形成的。此外，水能、风能、波浪能、海流能等也都是由太阳能转换来的。

2) 地球本身蕴藏的能量 如核能、地热能等。

3) 地球和其他天体相互作用而产生的能量，如潮汐能。太阳和月亮等星球对大海的引潮力所产生的涨潮和落潮拥有正大的潮汐能。

(2) 按能源的基本形态分类

1) 一次能源 即天然能源。一次能源是指自然界中以天然形式存在并没有经过加工或转换的能量资源。一次能源包括可再生的水力资源和不可再生的煤炭、石油、天然气资源，其中水、石油和天然气三种能源是一次能源的核心，它们成为全球能源的基础。除此以外，太阳能、风能、地热能、海洋能、生物能以及核能等可再生能源也属于一次能源。

2) 二次能源 是指由一次能源直接或间接转换成其他种类和形式的能量资源。例如电力、煤气、汽油、柴油、焦炭、洁净煤、激光和沼气等能源都属于二次能源。

(3) 按能源是否具有再生性质分类

1) 可再生能源 人们对一次能源又进一步加以分类。凡是可以不断得到补充或能在较短周期内再产生的能源称为可再生能源。风能、水能、海洋能、潮汐能、太阳能和生物质能等是可再生能源。其特点如表1-1所示。

表1-1 可再生能源的优缺点

能 源	优 点	缺 点
太阳能	用之不竭，污染极小	太阳光照射不稳定，太阳能发电厂成本昂贵
风能	用之不竭，成本低，污染极小	涡轮噪声大，受地域限制
水能	对水和空气污染小	受地域限制，水坝会影响生态环境
地热能	用之不竭，成本低	受地域限制，对空气和水轻度污染
海洋能	用之不竭，空气污染小，土地干扰少	适当位置少，造价高，能源输出不稳定，破坏正常潮汐可能会影响河口水生生物
生物质能	分布广，储量大，环保	热值及热效率低

2) 非再生能源 凡是不可以不断得到补充或不能在较短周期内再产生的能源称为非再生能源。煤、石油和天然气等是非再生能源。地热能基本上是非再生能源，但从地球内部巨大的蕴藏量来看，又具有再生的性质。其特点如表1-2所示。

表1-2 非再生能源的优缺点

能 源	优 点	缺 点
煤炭	容易获得，成本较低	易造成空气和水的污染
石油	使用便宜，容易运输	会造成空气污染，油泄漏会污染土壤和水
天然气	使用方便，污染很小	储量有限
核能	不会造成大气污染	建造反应堆成本昂贵，核废料处理是问题，有发生核事故的危险

(4) 按能源使用的类型分类

1) 常规能源 利用技术上成熟、使用比较普遍的能源称为常规能源。包括一次能源中的可再生的水力资源和不可再生的煤炭、石油、天然气等资源。

2) 新能源 新近利用或正在着手开发的能源称为新能源。新能源是相对于常规能源而言的，包括太阳能、风能、地热能、海洋能、生物质能、氢能以及用于核能发电的核燃料等能源。由于新能源的能量密度较小，或品位较低，或有间歇性，按已有的技术条件转换利用的经济性尚差，还处于研究、发展阶段，只能因地制宜地开发和利用，但新能源大多数是再生能源，资源丰富，分布广阔，是未来的主要能源之一。

(5) 按是否造成环境污染分类

1) 污染型能源 主要包括煤炭、石油等。
2) 清洁型能源 包括水力、电力、太阳能、风能以及核能等。

1.1.3 清洁能源的特点及应用

太阳能和风能是大自然馈赠给我们的两种最重要的天然能源，也是取之不尽的可再生的清洁能源。太阳能是地球上一切能源的来源，没有太阳，世间万物都将不复存在。而风能则是太阳能在地球表面的另外一种表现形式。地球表面的不同形态（如沙土地面、植被地面和水面）对太阳光照的吸热系数不同，从而在地球表面形成温差，这种温差就形成了空气对流，即风能。

(1) 太阳能和风能的优点

太阳能和风能是目前应用得比较广泛的两种可再生的清洁能源。太阳能和风能与其他常规能源相比在利用上具有以下优点。

1) 取之不尽，用之不竭 太阳内部由于氢核的聚变热核反应，从而释放出巨大的光和热，这就是太阳能的来源。在氢核聚变产能区中，氢核稳定燃烧的时间可在60亿年以上。也就是说，太阳能至少还可像现在这样有60亿年的利用时间，故人们常用"取之不尽，用之不竭"来形容它的长久性。尤其在常规能源越来越少的情况下，这对人们更有极大的吸引力。太阳射出的能量，地球上仅获得20万分之一，其余部分都散失到太空中去了。即使这样，能量也是很可观的。地球表面一年仍可获得 7.034×10^{24} J 的能量，它相当于燃烧200万亿吨煤所发出的巨大热量。

2) 就地可取，不需运输 矿物能源煤炭和石油地理分布不均匀和工业布局的不均衡，造成了煤炭和石油运输的不均衡。这些能源必须经过开采后长途运送到目的地，给交通运输带来压力。即使能够靠电网供电，但一些高山、孤岛、草原和高原等电网不易到达的地方，充分利用清洁能源这一优点，则会带来方便。

3) 分布广泛，分散使用 虽然太阳能和风能分布也有一定的局限性，但与矿物能、水能和地热能等相比较仍可视为分布较广的一种能源。如世界石油的资源在地球上的分布极不均匀，世界探明的石油储量，仅在中东地区就占世界总储量的57%，而有些消费石油较多的国家拥有的石油储量和产量却相对较小，有的甚至不生产石油。煤炭资源分布也极为不均匀，世界煤炭资源的绝大部分埋藏在北纬30°以上的地区，俄罗斯、美国和中国约占世界煤炭储量的90%。

4) 不污染环境，不破坏生态 人类利用矿物燃料的过程中，必然排放出大量有害物质，使人类赖以生存的环境受到破坏和污染。大气污染的主要原因是矿物燃料的大量使用。特别是将煤作为燃料，每年要排出几亿吨煤渣，排放出大量煤尘或有害气体到大气中去，仅以

SO_2 而论，全世界就有几千万吨。大气中另一个有害物质是 CO_2，它也是矿物燃料在燃烧过程中排放出来的。此外，新能源中水电、核能、地热能等在开发利用的过程中，也都存在着一些不能忽视的环境问题。但太阳能和风能在利用中则不会给空气中带来污染，也不会破坏生态。

5）周而复始，可以再生　在自然界可以不断生成并有规律地得到补充的能源，称为可再生能源。太阳能和风能就属于这种能源。煤炭、石油和天然气等是经过几十亿年形成的，短期是无法生成的。当今世界消耗石油、天然气和煤炭的速度比大自然生成它们的速度要快一百万倍，也就是说几十亿年生成的矿物能源在几个世纪就会消耗掉。

(2) 太阳能和风能的缺点

太阳能和风能尽管在利用上具有以上的优点，但也存在以下的缺点。

1）能量密度低　空气的密度在标准状况下为 $1.29kg/m^3$，它仅是水的密度的 1/773，所以在 3m/s 风速时，其能量密度为 $0.02kW/m^2$，水流速 3m/s 时，能量密度为 $20kW/m^2$。在相同流速下，要获得与水能同样大的功率，风轮直径要相当于水轮的 27.8 倍。在晴天白天太阳能平均密度为 $1kW/m^2$，夜间平均为 $0.16kW/m^2$，其能量密度也很低，故必须装置相当大受光面积的太阳能板，才能采集到足够的功率。所以不论太阳能还是风能，都是一种能量密度极其稀疏的能源，也就是单位面积上所获得的能量小，而且还不能像水那样可以用水库来控制，积蓄起来，所以给利用带来困难。

2）能量不稳定　太阳能、风能对天气和气候非常敏感，所以它是一种随机能源。虽然各地区的太阳辐射和风的特性在一较长时间内大致上有一定的统计规律可循，但是其强度无时无刻都在变化，不但各年间有变化，甚至在很短时间内也有无规律的脉动变化。太阳能还有昼夜规律的变化。这种时大时小的不稳定性给使用带来了很大困难。

由于存在以上困难，所以要想把这两种能源转变为经济而又可靠的电能，存在着很多技术难题，这也是几个世纪以来一直发展缓慢的原因。但是，随着现代科学技术的发展，太阳能和风能的利用在技术上有了突破，很多产品已经进入商业性应用领域。

1.2　风能利用史

风能是一种可再生的清洁能源，是太阳能的一种转化形式。风能是人类利用历史最悠久的能源和动力之一，如风力磨坊、风力提水、风帆助航以及后来的风力发电等。

1.2.1　风力发电技术出现以前的风能利用

风能利用，已有数千年的历史。风能最早的利用方式是"风帆行舟"。我国是最早使用帆船和风车的国家之一。至少在 3000 年前的商代就出现了帆船，明代航海家郑和七下西洋，开创了中国辉煌的风帆时代。同时，风车也得到了广泛的使用，人们利用风车驱动水车灌溉农田。沿海地区利用风力提水灌溉和制盐的做法，一直延续到 20 世纪 50 年代。古代中国的风车如图 1-2 所示。

在国外，约公元前 200 年，波斯人也开始利用垂直轴风车碾米。10 世纪，伊斯兰人利用风车提水。到了 11 世纪，风车广泛应用在中东地区，13 世纪风车技术传到欧洲，14 世纪风车成为欧洲不可缺少的原动机。

风力磨坊是当时利用风能最具代表性的风力机械。早期的风力磨坊通常有四只叶片，并且垂直于主风向安装，叶片不能自动跟踪风向，风能不能得到充分利用。为了解决叶片自动

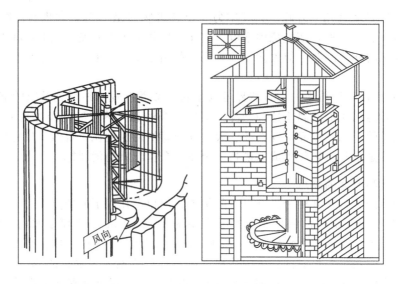

图 1-2　古代中国的风车

对风的问题，德国人发明了一种栅架式风力磨坊，如图 1-3 所示。栅架固定在地面上，叶片和风力磨房主体建筑由栅架支承，并可以随风向转动。这种磨房造价很高。1745 年荷兰人 EdmundLee 发明了旋转机头，并获专利，应用在荷兰风力磨坊，如图 1-4 所示。其特点是在可转动的机头上安装一个和旋转平面成 90°的侧轮，当侧轮不平行于风向时，侧轮转动驱动机头正向对风。由于采用 3000∶1 的高传动比，所以调节对风十分平稳，避免了对风产生的回转力矩。

图 1-3　德国栅架式风力磨坊　　　　　图 1-4　荷兰风力磨坊

风力提水机也是早期人们广泛使用的风力机械。10 世纪伊斯兰人就利用风车提水。19 世纪的欧洲，大约有数十万台风力提水机，最大风轮直径可达 25m，功率为 30kW。特别是 19 世纪的美国，有数百万台多叶片风力提水机，风轮直径为 3~5m，功率为 0.5~1kW，如图 1-5 所示。由于叶片数量较多，风轮转速较低，能够产生较大的转矩，所以可以直接驱动恒定转矩的水泵。在风轮的背风面安装一块尾翼，从而保证风轮旋转平面和风向垂直。当尾翼转动 90°时，风轮和风向平行，风力提水机停止运行。

随着风力磨坊、风力提水机等一些风力机械的广泛应用，人们对风的特性有了进一步认识，从而也为风力发电奠定了理论基础。

1.2.2 风力发电发展简史

风能利用具有悠久的历史，而将风能用于发电却只有 100 多年时间。回顾风力发电的发展历程，大致可分三个阶段。

(1) 风力发电的创始阶段

19 世纪末，丹麦人首先研制了风力发电机。1891 年世界上第一座风力发电站在丹麦建成，采用蓄电池充放电方式供电，获得成功，并得到推广。丹麦研制的风力发电机组如图 1-6 所示。到 1910 年，丹麦已建成 100 座容量为 5~25kW 的风力发电站，风力发电量占全国总发电量的 1/4。从 1891 年至 1930 年小容量的风力发电机组技术已经基本成熟，并得到了广泛的推广和应用。

图 1-5　风力提水机　　　　　　　　图 1-6　丹麦研制的风力发电机组

(2) 风力发电的徘徊发展阶段

20 世纪 30 年代初到 60 年代末，为风力发电的第二个发展阶段。此时风力发电处于徘徊时期。这一阶段，美国、丹麦、英国、法国等欧美国家开始大力研发技术相对复杂的大、中型风力发电机组，渴望探索到廉价的能源。

美国在 20 世纪 30 年代还有许多电网未达到的地区，独立运行的小型风电机组在实现农村电气化方面起了很大作用。当时的机组多采用木制叶片、固定轮毂和侧偏尾舵调速，单机容量的范围为 0.5~3kW，其结构如图 1-7 所示。

对于如何将风力发出的电送入常规电网，科技工作者曾经做过许多尝试。美国制造的 1250kW 机组最大，风轮直径为 53m，安装在佛蒙特州，于 1941 年 10 月作为常规电站并入电网，后因一个叶片在 1945 年 3 月脱落而停止运行。

另外，法国、前苏联和丹麦也研制过百千瓦级的机组，其中对后来风电机组技术发展产生过重要影响的是丹麦Gedser 200kW风电机组,从1957年运行到1966年,平均年发电量为45万千瓦时。设计者采用异步发电机、定桨距风轮和叶片端部有制动翼片,这种结构方式后来成为丹麦风电机组的主流,在市场上获得巨大成功。其结构如图1-8所示。

图1-7 美国的小型风电机组

图1-8 丹麦Gedser 200kW风电机组

(3) 风力发电的迅猛发展阶段

20世纪70年代到80年代中期,美国、英国和德国等国政府投入巨资开发单机容量1000kW以上的风电机组,承担课题的都是著名大企业,如美国波音公司研制的2500kW风轮直径约为100m,塔高为80m,安装在夏威夷的瓦胡岛。1983年,波音公司研制的MOD-5B型风力发电机组投入运行,其额定功率为3200kW,风轮直径达98m,如图1-9所示。英国的宇航公司和德国的MAN公司分别研制了3000kW的机组,但是这些巨型机组都未能正常运行,因其发生故障后维修非常困难。经费也难以维持,没有能够发展成商业机组,未能形成一个适应市场需求的风电机组制造产业。

20世纪90年代初,丹麦维斯塔斯公司生产了一台55kW/11kW的风力发电机组。其技术先进,可靠性高。由于选用两种不同功率的电机,因而在低风速和高风速时风能资源都能得到充分的利用,被称为现代风力发电机组的雏形。

我国利用风力发电始自20世纪70年代,发展微小型风力发电机为内蒙古、青海的牧民提水饮用及发电照明,容量在50~500W不等,制造技术成熟。但是大、中型风力发电机发展起步较晚,直到20世纪80年代才开始自行研制。首次中型18kW风力发电机的研制尝试在1977年,当时研制的FD13-18型风力发电机[水平轴,三叶片(直升机退役桨叶)的直径为15.6m,额定功率为18kW的半导体励磁恒压三相同步发电机],安装在浙江嵊泗岛茶园子镇的山上。由国内8家单位联合研制的中国首台200kW大型风力发电机在浙江苍南县鹤顶山完成2000h运行试验。

2005年我国通过《可再生能源法》后,风电产业迎来了加速发展期。

截至2008年末,我国除台湾省外累计风电机组11600多台,装机容量约1215.3万千瓦，分布在 24 个省（市、区）。装机超过 100 万千瓦的有内蒙古、辽宁、河北和吉林四个省区。我国研制的 600kW 风电机组见图 1-10。

图 1-9　美国波音公司研制的 3200kW 机组　　　　图 1-10　我国研制的 600kW 风电机组

目前，我国正在紧锣密鼓地制订新能源振兴规划。预计到 2020 年，可再生能源总投资将达到 3 万亿元，其中用于风电的投资约为 9000 亿元。根据目前的发展速度，到 2020 年，我国风电装机容量将达到 1 亿千瓦。届时，风电将成为火电、水电以外的中国第三大电力来源。

1.3　风力发电的特点

1.3.1　风力发电的意义

目前全球每年的风能大约相当于每年耗煤能量的 1000 倍以上，其数量大大超过水能，也大于固体燃料和液体燃料能量的总和。风能的特点是分布范围广泛而能量密度较低，因多处于大气的自由运动状态而稳定性较差。

在各种能源中，风能是利用起来比较简单的一种，它不同于煤、石油、天然气，需要从地下采掘出来，运送到火力发电厂的锅炉设备中去燃烧；也不同于水能，必须建造坝，来推动水轮机运转；也不像原子能那样，需要昂贵的装置和防护设备。风能的利用由于简单且机动灵活，因此有着广阔的前途。特别是在缺乏水力资源、缺乏燃料和交通不方便的沿海岛屿、山区和高原地带，都具有速度很高的风，这是很宝贵的能源，如果能利用起来发电，对当地人民的生活和生产都会有利。

风能的重要优势在于，风本身不含任何污染物，风能是一种清洁原料。在风电生产过程中既不会产生任何污染物，也不会造成太多的内部能量损耗。同时，因风能属于天然资源，无处不在，无时不有，开发成本十分经济，属于一种节能、环保、廉价型的优质能源。

1.3.2 风力发电的特点

风电的突出优点是环境效益好,不排放任何有害气体和废弃物。风电场虽然占了大片土地,但是风电机组基础使用的面积很小,不影响农田和牧场的正常生产。多风的地方往往是荒滩或山地,建设风电场的同时也开发了旅游资源。

(1) 风力发电是可再生的清洁能源

风力发电是一种可再生的清洁能源,不消耗资源,不污染环境,这是其他常规能源(煤电、油电)所无法比拟的优点。

(2) 建设周期短

风力发电场建设工期短,单台风力发电机组安装仅需几周,从土建、安装到投产,1万千瓦级的风电场建设期只需半年到一年时间。

(3) 投资规模灵活

风力发电系统投资规模灵活,有多少钱装多少台机,可根据资金情况,决定一次装机规模,有了一台的资金就可以加装一台。

(4) 可靠性高

风电技术日趋成熟,把现代高科技应用于风力发电机组,使风力发电可靠性大大提高。大、中型风力发电机组可靠性已达98%,机组寿命可达20年。

(5) 运行维护简单

风力发电机自动化水平很高,完全可以无人值守,只需定期进行必要的维护,不存在火力发电大修问题。

(6) 发电方式多样化

风力发电既可并网运行,也可与其他能源(如光伏发电、柴油发电、水力发电)组成互补运行发电系统,还可以独立运行,如建在孤岛、海滩或边远沙漠等荒凉不毛之地,对于解决远离电网的地区用电,脱贫致富将发挥重大作用。

由于风速是随时变化的,风电的不稳定性会给电网带来一定影响。目前许多电网内都建设有调峰用的抽水蓄能电站,使风电的这个缺点可以得到克服。

1.3.3 风力发电存在的问题

(1) 发电成本高

目前,世界风力发电的成本已达到6美分/(kW·h)以下,达到3美分/(kW·h)就与火电成本相当。风力发电成本较高的主要原因是风力发电机生产制造成本较高及风力发电机在运行时的维护费用较高。

(2) 风力发电机生产制造成本较高

1980年以前,美国中小型风力发电机生产制造成本为2000~5000美元/kW。风力发电机生产技术先进的丹麦,中小型风力发电机生产制造成本为1750~2500美元/kW。大型风力发电机生产制造成本较中小型风力发电机生产制造成本为低。美国大型风力发电机生产制造成本约为1350~3500美元/kW,丹麦约为1380~3000美元/kW。由于风力发电机装机容量的不断增加及工业发达国家风力发电机商品化,风力发电机生产制造成本逐年降低,至1999年,工业发达国家已将风力发电机生产制造成本降低到500~1500美元/kW,达到500美元/kW就与火电投资成本相当,还应继续降低风力发电机的制造成本。

(3) 风力发电机尚存在一些质量问题
① 风力发电机的寿命还难以达到 20～30 年。
② 叶片断裂、控制系统失灵等事故还时有发生。

(4) 风力发电机运行时抗干扰性有待解决
① 风力发电机转动的叶片切断空气及叶片转动与空气再结合在一起所发出的噪声。
② 金属叶片或金属梁复合叶片在转动时会对距离近的电视造成重影或条纹状干扰。

(5) 风力发电机其他有待解决的问题
① 还应继续降低风力发电机生产制造成本和发电成本。
风力发电机生产制造成本应降低到 500 美元/kW 以下,以形成与火电投资的竞争能力。同时,应提高风力发电机运行的可靠性和寿命,以降低风力发电成本。
② 提高风力发电机的质量以保证风力发电机运行的可靠性及耐久性。
应研制疲劳强度高、重量轻的复合材料,以解决叶片断裂问题;提高控制系统的可靠性以减少维护费用,提高风电机组的利用率,降低发电成本;提高风力发电机综合质量以使风力发电机寿命达到 20 年以上。
③ 风力发电机机用蓄电池的攻关。
单机使用的风力发电机急需大容量、小体积、高效率、免维护、寿命长、价格低的蓄电池,以满足风力发电机无风不能发电而需供电的要求。

1.4 风力发电的现状与发展趋势

1.4.1 世界风力发电的现状

风电是目前世界上增长最快的能源,装机容量持续每年增长超过 20%。

(1) 风电装机容量不断增加
截至 2007 年底,欧洲年度风电新增装机总容量达 8.662GW,占世界风电新增装机总容量的 43.15%;累计装机总容量达 57.136GW,占世界累计装机总容量的 60.71%。欧洲已经成为世界风电产业发展最为活跃、规模最大的区域,代表了世界风电机组制造技术及产业发展的水平。
步入 21 世纪,在《欧洲风能发展计划》的引领下,世界风电产业得到了巨大的发展。截至 2007 年底,在世界 38 个主要国家地区中,德国、美国、西班牙、印度、中国、丹麦等 6 个国家年度风电新增装机容量已超过吉瓦;在世界风电累计装机容量中,德国、美国、西班牙、印度、中国、丹麦、意大利、法国、英国、葡萄牙、加拿大、荷兰、日本等 13 个国家已超过吉瓦。

(2) 北美、亚洲、澳州和南美风电发展迅速
2009 年世界各地区新增风电装机容量市场份额如图 1-11 所示。

(3) 风电投资和成本持续下降
世界风能理事会研究认为,风力发电成本下降,60% 依赖于规模化发展,40% 依赖于技术进步。根据欧洲风能协会的计算,陆上风电的投资成本在 800～1150 欧元/kW·h,发电成本在 4～7 欧分/kW·h;海上风电的投资成本在 1250～1800 欧元/kW·h,发电成本在

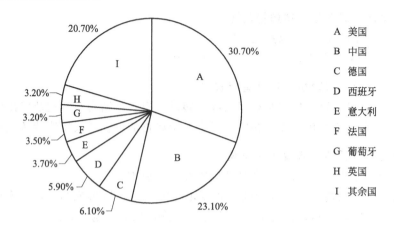

图 1-11 2009 年世界各地区新增风电装机容量市场份额

7.1~9.6 欧分/kW·h，依据资源条件不同而变化。

(4) 政府支持仍然是风电发展的主要动力

德国出台促进风电入市政策。德国 1991 年通过《购电法》，明确了风电"强制入网"、"全部收购"、"规定电价"三个原则。2000 年实施《可再生能源法》，规定电力运营商必须无条件以政府制定的保护价购买利用可再生能源电力，并有义务以一定价格向用户提供可再生能源电力，政府根据运营成本的不同对运营商提供金额不等的补助。在此基础上，政府还制定了《市场促进计划》，以优惠贷款及补贴等方式扶助可再生能源进入市场。

英国实施风电到户计划。2007 年 12 月，政府宣布《全面风力发电计划》，将在英国沿海地区安装 7000 座风力发电机，预计 2020 年将实现家家户户使用风电。

法国制定风电发展计划。法国政府一直采取投资贷款、减免税收、保证销路、政府定价等措施，扶持企业投资风能等可再生能源技术应用项目。2004 年制定《风力发电的中期发展计划》。

丹麦确立风电长期发展目标。2006 年，在《能源法》中提出：2030 年以前丹麦风电装机容量将达 5.5GW，实现发电量占全国总发电量 50% 的目标。

西班牙确定风能发展的长期政策。西班牙政府通过推行《54/1997 号电力行业法》，使可再生能源发展享受了无需竞价上网的特殊政策，并获得了相应的能源补贴，增加了与其他一次能源的竞争优势。2001 年制定《6/2001 号环境影响评估法》，2002 年经济部通过《电力、燃气行业以及电网运输发展规划》，2004 年《436/2004 号皇家法令》正式生效，在加大信贷对风电开发支持的同时，将风能发电量与 CO_2 排放权直接挂钩，从而为未来风能发展确定了长期的经济政策。

美国政府实施系列法律法规及经济激励措施。美国是现代联网型风电的起源地，也是最早制定鼓励发展风电（包括其他可再生能源发电）法规的国家。1978 年实施《能源税收法》，规定了购买太阳能、风能设备所付金额在当年须交纳所得税中的抵扣额度，同时太阳能、风能、地热等的发电技术投资总额的 25% 可从当年的联邦所得税中抵扣。1992 年的《能源政策法》规定风力能源生产税抵减法案和可再生能源生产补助。2004 年能源部推出《风能计划》，着力引导科研向海上风电开发等新型应用领域发展，并通过可再生能源发电配额制（RPS）、减税、生产和投资补贴、电价优惠和绿色电价等多种法律。

印度出台促进风能发展的优惠政策。印度政府为促进风能相关项目的开发，财政方面出台了特殊优惠政策：1994~1996 年，通过非常规能源部（MINES）和可再生能源开发署

(IREDA)在全国实施再生能源技术的开发与推广,设立专项周转基金,以软贷款形式资助商业性项目;制定了减免货物税、关税、销售税、附加税、设备加速折旧待遇等一系列刺激性政策。另外,政府历来重视以租赁形式促进风电场项目开发,并发挥私营企业在《风力发电计划》实施中的重要作用,同时推动大型私营企业与机构转向投资风能开发项目。

日本政府为加速风能等新能源的开发与利用,相继颁布了系列政策与法律。

中国自2005年起,相继出台了《可再生能源法》、《可再生能源发电有关管理规定》、《可再生能源发电价格和费用分摊管理试行办法》、《可再生能源电价附加收入调配暂行办法》、《可再生能源中长期规划》、《节能发电调度办法(试行)》、《国家十一五规划纲要(2006—2010)》、《可再生能源中长期发展规划》、《可再生能源与新能源国际科技合作计划》等多项扶持新能源产业发展的政策。中国可再生能源行业理事会(CREIA)预计到2015年,中国的风电装机容量将达到50000MW。

(5) 海上风力发电的发展现状

在欧洲,因为风能资源丰富的陆地面积有限,过多安装巨大的风电机组会影响自然景观,而海岸线附近的海域风能资源丰富,面积辽阔,适合更大规模开发风电。

欧盟是海上风电发展的倡导者。世界海上风电装机容量已经达到了100万千瓦,大约40%在丹麦,其余分布在德国、英国、爱尔兰、瑞典和意大利等。

1.4.2 中国风力发电的现状

由于中国幅员辽阔,海岸线长,拥有丰富的风能资源,年平均风速6m/s以上的内陆地区约占全国总面积的1%,仅次于美国和俄罗斯,居世界第3位。但地形条件复杂,因此风能资源的分布并不均匀。据中国气象科学研究院对全国900多个气象站测算,陆地风能资源的理论储量为32.26亿千瓦,可开发的风能资源储量为2.53亿千瓦,主要集中在北部地区,包括内蒙古、甘肃、新疆、黑龙江、吉林、辽宁、青海、西藏以及河北等省、区。风能资源丰富的沿海及其岛屿,其可开发量约为10亿千瓦,主要分布在辽宁、河北、山东、江苏、上海、浙江、福建、广东、广西和海南等省、市、区。北部地区由于地势平坦、交通便利,因此有利于建设连成一片的大规模风电场,例如新疆的达坂城风电场和内蒙古的辉腾锡勒风电场等,如图1-12所示。

图1-12 内蒙古辉腾锡勒风电场

从各地区发展来看，截止到 2009 年 12 月 31 日，中国风电累计装机超过 1000MW 的省份超过 9 个，其中超过 2000MW 的省份 4 个，分别为内蒙古（9196.2MW）、河北（2788.1MW）、辽宁（2425.3MW）和吉林（2063.9MW），具体见表 1-3。

表 1-3 我国部分地区风电装机情况   /kW

省（自治区、直辖市）和地区	2008 年累计	2009 新增	2009 年累计
内蒙古	3650.99	5545.17	9196.16
河北	1107.7	1680.4	2788.1
辽宁	1224.26	1201.05	2425.31
吉林	1066.46	997.4	2063.86
黑龙江	836.3	823.45	1659.75
山东	562.25	656.85	1219.1
甘肃	639.95	548	1187.95
江苏	645.25	451.5	1096.75
新疆	576.81	443.25	1002.56
宁夏	393.2	289	682.2
广东	366.89	202.45	569.34
福建	283.75	283.5	567.25
山西	127.5	193	320.5
浙江	190.63	43.54	234.17
海南	58.2	138	196.2
北京	64.5	88	152.5
上海	39.4	102.5	141.9
云南	78.75	42	120.75
江西	42	42	84
河南	48.75		48.75
湖北	13.6	12.75	26.35
重庆		13.6	13.6
湖南	1.65	3.3	4.95
广西		2.5	2.5
香港	0.8		0.8
台湾	358.15	77.9	436.05
总计	12377.75	13881.1	26341.35

1.4.3　风力发电的发展趋势

世界风力发电技术已逐渐完善，就其发展趋势而言，主要反映在小容量向大容量发展，定桨距向变桨距、变速恒频发展，陆上风电向海上风电发展，结构设计向紧凑、柔性、轻盈化等方面发展。

风电机容量的增大，有利于提高风能利用效率，降低单位成本（如由 300kW 提升到 1MW，单位成本下降 25%），扩大风电场的规模效应，减少风电场的占地面积（如 10 万千瓦风电场采用 5.0MW 机组，其占地面积仅为采用 600kW 机组的 1/5）。风能是一种能量密度低、稳定性较差的能源。由于风速、风向随机性变化，引起叶片攻角不断变化，导致风电机的效率和功率的波动，并使转动力矩产生振荡，影响电能质量和电网稳定性。随着风力发电技术的发展，现在许多风电机采用了变桨矩调节技术，其叶片的安装角可以根据风速变化的需要而改变，气流的攻角在风速变化时可保持在一个比较合理的范围内，从而有可能在很大的风速范围内保持较好的空气动力特性，获得较高效率。特别在风速大于额定风速条件下，仍可保持输出功率的平稳。在变桨技术的基础上，还发展了变速恒频技术，使风电机的转速可以随风速的变化而变化，进一步提高了风电机的效率。

随着风电的发展，风电场规模和单机容量越来越大。陆上风电场因受环境因素的制约（占地、运输、吊装、噪声等），人们很自然把目光投向海上风电场。一般认为 2.0MW 是陆上风电机发展的极限。海上运输方便（制造厂在海边），浮吊容量大（超过 1500t 的浮吊已比较普遍）。更重要的是，海上风电场的风能资源好，风速大且稳定，年平均利用小时可达3000 小时以上，每年的发电量可比陆上高出 50%。

随着风电机单机容量的不断增大，为了便于运输和吊装，要求风电机在结构设计上做到紧凑、柔性和轻盈化。特别是其顶部的结构设计，因为巨大型风电机如果按常规设计，5.0MW 级的风电机其顶部的重量为 300～500t，因此在设计上要简化系统的结构。如充分利用高新复合材料的叶片，以加长风机叶片长度；省去发电机轴承，发电机直接与齿轮箱相连，被直接置于驱动系统，同时使转矩引起振动最小；无变速箱系统，采用多极发电机与风轮直连；发电机的中速永久磁铁采用水冷方式；调向系统放在塔架底部；整个驱动系统被置于紧凑的整铸框架上，使荷载力以最佳方式从轮毂传导到塔筒上等。因此，各风电机制造商都在结构设计的紧凑、柔性和轻盈化方面做了大量工作。许多国家积极开发海上（岸外）风电场。它的特点是风速高、发电量大；湍流小，减小机组疲劳载荷，延长使用寿命；但接入电力系统和机组基础成本高，占总投资的一半以上。海上风电场研究开发的主要课题有海底风电机基础结构，将基础设计寿命提高到 60 年，第 1 台风电机报废后，第 2 台可继续使用同一个基础。另外，开发单机容量 2000～5000kW 的超大型风电机，将来海上风电场的发电成本有可能与陆上相同。我国海岸线较长，可利用的海洋风能资源丰富，发展海上风电场也是我国风力发电的一个发展方向。

海上风能资源是一种清洁的永续能源，海上风电技术的提高和风电开发成本的下降，促使海上风电向规模化发展，海上风能将得到更深入、更大范围的开发和利用。

习题

1-1 能源的定义是什么？具体分为哪几种？
1-2 中国能源资源的特点有哪些？
1-3 清洁能源的特点有哪些？
1-4 风力发电的发展经历了哪几个阶段？
1-5 风力发电的发展趋势有哪些？

第 2 章 风力发电基础理论

2.1 风的测量

风的测量包括风向测量和风速测量。风向测量是只测量风的来向,风速测量是测量单位时间内空气在水平方向上所移动的距离。

一般要求对初选的风力发电场选址区用高精度的自动测风系统进行风的测量。

自动测风系统主要由 5 部分组成,包括传感器、主机、数据存储装置、电源、保护装置。

传感器分风速传感器、风向传感器、温度传感器、气压传感器。输出信号为频率(数字)或模拟信号。

测风系统电源一般采用电池供电。

2.1.1 风的形成及其特点

空气的流动现象称为风。风是空气由于受热或受冷而导致的从一个地方向另一个地方的移动。空气的运动遵循大气动力学和热力学变化的规律。

(1) 大气环流

大气环流是指大范围的大气运动状态。某一大范围的地区(如欧亚地区、半球,全球)、某一大气层(如对流层、平流层、中层、整个大气圈)在一个长时期(如月、季、年、多年)的大气运动的平均状态或某一个时段(如一周、梅雨期间)的大气运动的变化过程,都可以称为大气环流。其水平范围达数千千米,垂直范围在 10km 以上,时间在 1~2 日以上。大气环流反映了大气运动的基本状态,并孕育和制约着较小规模的气流运动。

大气环流形成的主要因素是太阳辐射作用、地球自转作用、地表性质作用及地面摩擦作用等。

在地球上由于地球表面受热不均,引起大气层中空气压力不均衡,因此,形成地面与高空的大气环流。各环流圈伸屈的高度,以赤道最高,中纬度次之,极地最低,这主要是由于地球表面增热程度随纬度增高而降低的缘故。这种环流在地球自转偏向力的作用下,形成了赤道到北纬30°环流圈(哈德莱环流)、北纬30°~60°环流圈(中纬度环流圈)和北纬60°~90°环流圈(极地环流圈),这便是著名的"三圈环流"。

"三圈环流"在地面流场上形成了低纬度东北信风带、中纬度西风带和高纬度东风带,而在高空流场上形成了低纬度西风带、中纬度东风带和高纬度西风带。"三圈环流"是一个理想的环流模型,由于地球上海陆分布的不均匀,因此实际的环流要复杂得多;在南半球,大气环流与"三圈环流"较接近。"三圈环流"在地面流场形成的风带在大洋上较有规律,而在陆地上由于气压受季节变化的影响,变化较大。另外,在高空流场上,都是西风占主导风向。

(2) 季风环流

1) 季风 在一个大范围地区内,它的盛行风向或气压系统有明显的季节变化,这种在一年内随着季节不同有规律转变风向的风,称为季风。

亚洲东部的季风主要包括中国的东部、朝鲜、日本等地区;亚洲南部的季风,以印度半岛最为显著,这就是世界闻名的印度季风。

2) 我国季风环流的形成 形成我国季风环流的因素很多,主要有海陆差异、行星风带位置的季节转换及地形特征等。

① 海陆分布对中国季风的作用。海洋的热容量比陆地大得多,冬季,陆地比海洋冷,大陆气压高于海洋,气压梯度力自大陆指向海洋,风从大陆吹向海洋;夏季则相反,陆地很快变暖,海洋相对较冷,陆地气压低于海洋,气压梯度力由海洋指向大陆,风从海洋吹向大陆。

我国东临太平洋,南临印度洋,冬夏的海陆温差大,所以季风明显。

② 行星风带位置的季节转换对我国季风的作用。冬季,中国主要在西风带影响下,强大的西伯利亚高压笼罩着全国,盛行偏北气流。夏季,西风带北移,中国在大陆热低压控制之下,副热带高压也北移,盛行偏南风。

③ 青藏高原对中国季风的作用。

(3) 局地环流

1) 海陆风 海陆风的形成与季风相同,也是由大陆与海洋之间的温度差异的转变引起的。不过海陆风的范围小,以日为周期,势力也相对薄弱。

此外,在大湖附近同样日间有风自湖面吹向陆地,称为湖风,夜间风自陆地吹向湖面,称为陆风,合称湖陆风。

2) 山谷风 山谷风的形成原理跟海陆风是类似的。白天,山坡接收太阳光热较多,空气增温较多;而山谷上空,同高度上的空气因离地较远,增温较少。于是,山坡上的暖空气不断上升,并从山坡上空流向谷地上空,谷底的空气则沿山坡向山顶补充,这样便在山坡与山谷之间形成一个热力环流。下层风由谷底吹向山坡,称为谷风。到了夜间,山坡上的空气受山坡辐射冷却影响,空气降温较多;而谷地上空,同高度的空气因离地面较远,降温较少。于是山坡上的冷空气因密度大,顺山坡流入谷底,谷底的空气因汇合而上升,并从上面向山顶上空流去,形成与白天相反的热力环流。下层风由山坡吹向谷底,称为山风。山风和谷风合称为山谷风。

山谷风风速一般较弱,谷风比山风大一些,谷风速度一般为2~4m/s,有时可达6~

7m/s。

(4) 风力等级

1) 风级　风力等级 (wind scale) 简称风级,是风强度(风力)的一种表示方法。国际通用的风力等级是由英国人蒲福 (Beaufort) 于1805年拟定的,故又称"蒲福风力等级 (Beaufort scale)"。它最初是根据风对炊烟、沙尘、地物、渔船、海浪等的影响大小分为0~12级,共13个等级。后来又在原分级的基础上,增加了相应的风速界限。自1946年以来,对风力等级又作了扩充,增加到18个等级(0~17级),见表2-1。

表2-1　蒲福风力等级

风级	名称	相当于离平地10m高处的风速			陆地地面物象	海面波浪	平均浪高/m	最高浪高/m
		mile/s	m/s	km/h				
1	软风	1~3	0.3~1.5	1~5	烟示风向	微波峰无飞沫	0.1	0.1
2	轻风	4~6	1.6~3.3	6~11	感觉有风	小波峰未破碎	0.2	0.3
3	微风	7~10	3.4~5.4	12~19	旌旗展开	小波峰顶破碎	0.6	1.0
4	和风	11~16	5.5~7.9	20~28	吹起尘土	小浪白沫波峰	1.0	1.5
5	劲风	17~21	8.0~10.7	29~38	小树摇摆	中浪折沫峰群	2.0	2.5
6	强风	22~27	10.8~13.8	39~49	电线有声	大浪白沫高峰	3.0	4.0
7	疾风	28~33	13.9~17.1	50~61	步行困难	破峰白沫成条	4.0	5.5
8	大风	34~40	17.2~20.7	62~74	折毁树枝	浪长高有浪花	5.5	7.5
9	烈风	41~47	20.8~24.4	75~88	小损房屋	浪峰倒卷	7.0	10.0
10	狂风	48~55	24.5~28.4	89~102	拔起树木	海浪翻滚咆哮	9.0	12.5
11	暴风	56~63	28.5~32.6	103~117	损毁重大	波峰全呈飞沫	11.5	16.0
12	飓风	64~71	32.7~36.9	118~133	摧毁极大	海浪滔天	14.0	—
13	—	72~80	37.0~41.4	134~149	—	—	—	—
14	—	81~89	41.5~46.1	150~166	—	—	—	—
15	—	90~99	46.2~50.9	167~183	—	—	—	—
16	—	100~108	51.0~56.0	184~201	—	—	—	—
17	—	109~118	56.1~61.2	202~220	—	—	—	—

注：13~17级风力是当风速可以用仪器测定时使用,故未列特征。

2) 风速与风级的关系　除查表外,还可以通过风速与风级之间的关系来计算风速。

如计算某一风级时,其关系式见式(2-1),即：

$$\overline{v}_N = 0.1 + 0.824 N^{1.505} \tag{2-1}$$

式中　N——风的级数；

　　　$\overline{v}_N$——N级风的平均风速。

如已知风的级数N,即可算出平均风速$\overline{v}_N$。

若计算N级风的最大风速为$\overline{v}_{N\max}$,其公式见式(2-2),即：

$$\overline{v}_{N\max}=0.2+0.824N^{1.505}+0.5N^{0.56} \tag{2-2}$$

若计算 N 级风的最小风速 $\overline{v}_{N\min}$，其公式见式(2-3)，即：

$$\overline{v}_{N\min}=0.824N^{1.505}-0.56 \tag{2-3}$$

(5) 风能资源的计算

风能资源在统计计算时，主要考虑风况和风功率密度。

1) 风况

① 年平均风速。年平均风速是一年中各次观测的风速之和除以观测次数，它是最直观、简单表示风能大小的指标之一。

我国建设风力发电场时，一般要求当地在 10m 高处的年平均风速在 6m/s 左右。

② 风速年变化。风速年变化是风速在一年内的变化。可以看出一年中各月风速的大小，在我国一般是春季风速大，夏、秋季风速小。

③ 风速日变化。风速日变化即风速在一日之内的变化。一般说来，风速日变化有陆、海两种基本类型。一种是陆地白天午后风速大，14 时左右达到最大；夜间风速小，6 时左右风速最小。另一种是海洋上，白天风速小，夜间风速大。

④ 风速随高度变化。在近地层中，风速随高度的增加而变大，这是众所周知的事实。在巴黎的埃菲尔铁塔，离地面 20m 高处的风速为 2m/s，而在 300m 处则变为 7～8m/s。

⑤ 风向玫瑰频率图。风向玫瑰图可以确定主导风向，对于风力发电场机组位置排列起到关键的作用。因为机组排列是垂直于主导风向的。

⑥ 湍流强度。湍流是指风速、风向及其垂直分量的迅速扰动或不规律性，是重要的风况特征。湍流在很大程度上取决于环境的粗糙度、地层稳定性和障碍物。

2) 风功率密度

① 风能。风能是空气运动的能量，或每秒在面积 A 上以速度 v 自由流动的气流中所获得的能量，即获得的功率 W。它等于面积、速度、气流动压的乘积，即：

$$W=Av\left(\frac{\rho v^2}{2}\right)=\frac{1}{2}\rho Av^3 \tag{2-4}$$

式中　ρ——空气密度，kg/m^3，一般取 $1.225kg/m^3$；

　　　W——风能，W；

　　　v——风速，m/s；

　　　A——面积，m^2。

实际上，对于一个地点来说空气密度为常数，当面积一定时，则风速是决定风能多少的关键因素。

式 (2-4) 就是常用的风能公式。

② 风功率密度。风功率密度是气流垂直流过单位面积（风轮面积）的风能。它是表征一个地方风能资源多少的指标。因此在风能公式相同的情况下，将风轮面积定为 $1m^2$（$A=1m^2$）时，风能具有的功率（W/m^2）为

$$W=\frac{1}{2}\rho v^3 \tag{2-5}$$

衡量某地风能大小，要视常年平均风能的多少而定。由于风速是一个随机性很大的量，必须通过一定时间长度的观测来了解它的平均状况。因此，在一段时间（如一年）内的平均风功率密度可以将式(2-4)对时间积分后平均，即

$$\overline{w}=\frac{1}{T}\int_0^T \frac{1}{2}\rho v^3 dt \tag{2-6}$$

式中　$\bar{w}$——平均风能，W；
　　　T——总时数，h。

a. 空气密度。从风能公式可知，ρ 的大小直接关系到风能的多少，特别是在高海拔的地区，影响更突出。所以，计算一个地点的风功率密度，需要掌握的能量是所计算时间区间下的空气密度和风速。另一方面，由于我国地形复杂，空气密度的影响也必须要加以考虑。空气密度 ρ 是气压、气温和湿度的函数，其计算公式为：

$$\rho = \frac{1.276}{1+0.00366t} \times \frac{p-0.378p_w}{1000} \tag{2-7}$$

式中　p——气压，hPa；
　　　t——气温，℃；
　　　p_w——水汽压，hPa。

b. 风速的统计特性。由于风的随机性很大，因此在判断一个地方的风况时，必须依靠该地区风的统计特性。在风能利用中，反映风的统计特性的一个重要形式是风速的频率分布。根据长期观察的结果表明，年度风速频率分布曲线最有代表性。为此，应该具有风速的连续记录，并且资料的长度至少有3年以上的观测记录，一般要求能达到5～10年。

风速频率分布一般为偏态，要想描述这样一个分布至少要有3个参数，即平均风速、频率离差系数和偏差系数。

c. 平均风功率密度。根据式(2-5)可知，w 为 ρ 和 v 两个随机变量的函数，对同一地方而言，空气密度 ρ 的变化可忽略不计，因此，w 的变化主要是由 v^3 随机变化所决定，这样 w 的概率密度分布只决定于风速的概率分布特征，即

$$E(w) = \frac{1}{2}\rho E(v^3) \tag{2-8}$$

经过数学分析可知，只要确定了风速的威布尔分布两个参数 c 和 k，风速的立方的平均值便可以确定，平均风功率密度便可以求得，即

$$\bar{w} = \frac{1}{2}\rho c^3 E(3/k+1) \tag{2-9}$$

d. 参数 c 和 k 的估计。估计风速的威布尔分布参数的方法有多种，根据可供使用的风速统计资料的不同情况可以作出不同的选择。通常可采用的方法有：累积分布函数拟合威布尔曲线方法（即最小二乘法）；平均风速和标准差估计威布尔参数方法；平均风速和最大风速估计威布尔分布参数方法等。

e. 有效风功率密度。根据平均风功率密度计算式可以进一步计算有效风功率密度。

f. 风能可利用时间。在风速概率分布确定以后，还可以计算风能的可利用时间。

一般年风能可利用时间在2000h以上时，可视为风能可利用区。

由以上可知，只要给定了威布尔分布参数 c 和 k 之后，平均风功率密度、有效风功率密度、风能可利用小时数都可以方便地求得。另外，知道了分布参数 c、k，风速的分布形式便给定了，具体风力发电机组设计的各个参数同样可以确定，而无需逐一查阅和重新统计所有的风速观测资料。它无疑给实际使用带来许多方便。

(6) 风功率密度等级及风能可利用区的划分

风功率密度，蕴含着风速、风速频率分布和空气密度的影响，是衡量风力发电场风能资源的综合指标。风功率密度等级在国际"风力发电场风能资源评估方法"中给出了7个级别，见表2-2。

表 2-2 风功率密度等级表

高度	10m		30m		50m		—
风功率密度等级	风功率密度/(W/m²)	年平均风参考值/(m/s)	风功率密度/(W/m²)	年平均风参考值/(m/s)	风功率密度/(W/m²)	年平均风参考值/(m/s)	应用于并网风力发电
1	<100	4.4	<160	5.1	<200	5.6	
2	100~150	5.1	160~240	5.9	100~150	6.4	
3	150~200	5.6	240~320	6.5	100~150	7.0	较好
4	200~250	6.0	320~400	7.0	100~150	7.5	好
5	250~300	6.4	400~480	7.4	100~150	8.0	很好
6	300~400	7.0	480~640	8.2	100~150	8.8	很好
7	400~1000	9.4	640~1600	11.0	100~150	11.9	很好

由表 2-2 可以看出,风功率密度大于 150W/m²、年平均风速大于 5m/s 的区域被认为是风能资源可利用区;10m 高处年平均风速在 6.0m/s,风功率密度为 200~250W/m² 的区域为较好风力发电场;10m 高处年平均风速在 7.0m/s,风功率密度为 300~400W/m² 的区域为很好的风力发电场。

划分风能区域的目的,是为了了解各地风能资源的差异,以便合理地开发利用。风能分布具有明显的地域性规律,这种规律反映了大型天气系统的活动和地形作用的综合影响。

一般来说,平均风速越大,风功率密度也越大,风能可利用小时数就越多。风能资源丰富区和较丰富区具有较好的风能资源,为理想的风力发电场建设区。风能资源可利用区,虽然有效风功率密度较低,但对电能紧缺地区还是有相当的利用价值。

2.1.2 风向测量

(1) 风向测量仪器

风向标是一种应用最广泛的风向测量装置,它有单翼型、双翼型和流线型等。风向标一般是由尾翼、指向杆、平衡器及旋转主轴 4 部分组成的首尾不对称的平衡装置。其重心在支撑轴的轴心上,整个风向标可以绕垂直轴自由摆动。从风向标与固定主方位指示杆之间的相对位置就可以很容易观测出风向。

风向标通过垂直轴、角度传感器将风向信号传递出去。传送和指示风向标所在方位的方法很多,有电触点盘、环形电位、自整角机和光电码盘 4 种类型,其中最常用的是光电码盘。

风向杆的安装方位指向正南。风速仪和风向仪一般安装在离地 10m 的高度上,如图 2-1 所示。

(2) 风向表示

风向一般用 16 个方位表示,即北东北(NNE)、东北(NE)、东东北(ENE)、东(E)、东东南(ESE)、东南(SE)、南东南(SSE)、南(S)、南西南(SSW)、西南(SW)、西西南(WSW)、西(W)、西西北(WNW)、西北(NW)、北西北(NNW)、北(N)。静风为 C。也可以用角度来表示,以正北为基准,顺时针方向旋转,东风为 90°,南风为 180°,西风为 270°,北风为 360°。各种风向的出现频率通常用风玫瑰图来表示。

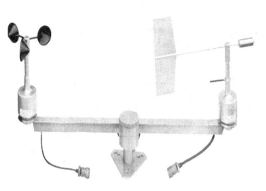

图 2-1 风速仪和风向仪

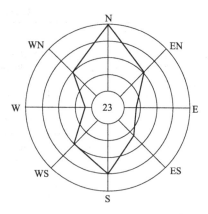

图 2-2 风玫瑰图（风速和风向）

风玫瑰图是以"玫瑰花"形式表示各方向气流状况重复率的统计图形，所用的资料可以是一月内的或一年内的，但通常采用一个地区多年的平均统计资料。其类型一般有风向玫瑰图和风速玫瑰图。风向玫瑰图又称风频图，是将风向分为 8 个或 16 个方位，在各方向线上按各方向风的出现频率，截取相应的长度，将相邻方向线上的截点用直线连接的闭合折线图形（如图 2-2）。在图中该地区最大风频的风向为北风，约为 20%（每一间隔代表风向频率 5%）；中心圆圈内的数字代表静风的频率。如果用这种方法表示各方向的平均风速，就成为风速玫瑰图。

2.1.3 风速测量

(1) 风速计

旋转式风速计的感应部分是一个固定在转轴上的感应风的组件，常用的有风杯和螺旋桨叶片两种类型。

杯型风速计的主要优点是它与风向无关，所以百余年来得到了世界上广泛的采用。杯型风速计一般由 3 个（或 4 个）半球形或抛物形空杯组成。

一般的风速测量用旋转式杯型风速计，如图 2-1 所示。

(2) 风速记录

风速记录是通过信号的转换方法来实现的，一般有 4 种方法。

1) 机械式 当风速感应器旋转时，通过蜗杆带动蜗轮转动，再通过齿轮系统带动指针旋转，从刻度盘上直接读出风的行程，除以时间得到平均风速。

2) 电接式 由风杯驱动的蜗杆通过齿轮系统连接到一个偏心凸轮上，风杯旋转一定圈数，凸轮使相当于开关作用的两个触头闭合或打开，完成一次接触，表示一定的风程。

3) 电机式 风速感应器驱动一个小型发电机中的转子，输出与风速感应器转速成正比的交变电流，输送到风速的指示系统。

4) 光电式 风速旋转轴上装有一个圆盘，盘上有等距的孔，孔上面有一红外光源，正下方有一光敏晶体管。风杯带动圆盘旋转时，由于孔的不连续性，形成光脉冲信号，经光敏晶体管接收放大后变成电脉冲信号输出，每一个脉冲信号表示一定的风的行程。

各国表示风速的单位不尽相同，如用 m/s、n mile/h、km/h、ft/s、mile/h 等。各种单位的换算方法如表 2-3 所示。

表 2-3 各种风速单位换算表

单位	m/s	n mile/h	km/h	ft/s	mile/h
m/s	1	1.9444	3.600	3.281	2.237
n mile/h	0.514	1	1.852	1.688	1.151
km/h	0.278	0.540	1	0.911	0.621
ft/s	0.305	0.592	1.097	1	0.682
mile/h	0.447	0.869	1.609	1.467	1

风速大小与风速仪安装高度和观测时间有关。世界各国基本上都以 10m 高度为基准。但取多长时间的平均风速不统一，有取 1min、2min、10min 平均风速，有取 1h 平均风速，也有取瞬时风速等。

我国气象站观测有 3 种风速：一日 4 次定时 2min 平均风速、自记 10min 平均风速和瞬时风速。风能资源计算时，都用自记 10min 平均风速。安全风速计算时，用最大风速（10min 平均最大风速）或瞬时风速。

2.2 风力发电机原理

风力发电机是一种将风能转换为电能的能量转换装置，它包括风力机和发电机两大部分。空气流动的动能作用在风力机风轮上，从而推动风轮旋转起来，将空气动力能转变成风轮旋转机械能，风轮的轮毂固定在风力发电机的机轴上，通过传动系统驱动发电机轴及转子旋转，发电机将机械能转变成电能输送给负荷或电力系统，这就是风力发电的工作过程，如图 2-3 所示。

图 2-3 风力发电的工作过程

2.2.1 风力机基本结构特征

风力机主要由风轮、传动系统、对风装置（偏航系统）、液压系统、制动系统、控制与安全系统、机舱、塔架和基础等组成。

(1) 风轮

风力机区别于其他机械的主要特征就是风轮。风轮一般由 2~3 个叶片和轮毂所组成，其功能是将风能转换为机械能。

风力发电场的风力机通常有 2 片或 3 片叶片，叶尖速度 50~70m/s，3 叶片叶轮通常能够提供最佳效率，然而 2 叶片叶轮仅降低 2%~3% 效率。更多的人认为 3 叶片从审美的角度更令人满意。3 叶片叶轮上的受力更平衡，轮毂可以简单些。

1) 叶片　叶片是用加强玻璃塑料（GRP）、木头和木板、碳纤维强化塑料（CFRP）、钢和铝制成的。对于小型的风力发电机，如叶轮直径小于 5m，选择材料通常关心的是效率而不是重量、硬度和叶片的其他特性，通常用整块优质木材加工制成，表面涂上保护漆，其根部与轮毂相接处使用良好的金属接头并用螺栓拧紧。对于大型风机，叶片特性通常较难满足，所以对材料的选择更为重要。

目前，叶片多为玻璃纤维增强复合材料，基体材料为聚酯树脂或环氧树脂。环氧树脂比聚酯树脂强度高，材料疲劳特性好，且收缩变形小，聚酯材料较便宜，它在固化时收缩大，在叶片的连接处可能存在潜在的危险，即由于收缩变形，在金属材料与玻璃钢之间可能产生裂纹。

2) 轮毂　轮毂是风轮的枢纽，也是叶片根部与主轴的连接件。所有从叶片传来的力，都通过轮毂传到传动系统，再传到风力机驱动的对象。同时轮毂也是控制叶片桨距（使叶片作俯仰转动）的所在。

轮毂承受了风力作用在叶片上的推力、扭矩、弯矩及陀螺力矩。通常安装 3 片叶片的水平式风力机轮毂的形状为三角形和三通形。

轮毂可以是铸造结构，也可以采用焊接结构，其材料可以是铸钢，也可以采用高强度球墨铸铁。由于高强度球墨铸铁具有不可替代性，如铸造性能好、容易铸成、减振性能好、应力集中敏感性低、成本低等，风力发电机组中大量采用高强度球墨铸铁作为轮毂的材料。

轮毂的常用形式主要有刚性轮毂和铰链式轮毂（柔性轮毂或跷跷板式轮毂）。刚性轮毂由于制造成本低、维护少、没有磨损，三叶片风轮一般采用刚性轮毂，且刚性轮毂安装、使用和维护较简单，日常维护工作较少，只要在设计时充分考虑到轮毂的防腐蚀问题，基本上可以说是免维护的，是目前使用最广泛的一种形式。

在设计中，应保证轮毂有足够的强度，并力求结构简单，在可能条件下（如采用叶片失速控制），叶片采用定桨距结构，即将叶片固定在轮毂上（无俯仰转动），这样不但能简化结构设计，提高寿命，而且能有效地降低成本。

(2) 传动系统

叶轮产生的机械能由机舱里的传动系统传递给发电机。风力机的传动系统一般包括低速轴、高速轴、齿轮箱、联轴器和一个能使风力机在紧急情况下停止运行的刹车机构等。

齿轮箱用于增加叶轮转速，从 20～50r/min 增速到 1000～1500r/min，驱动发电机。齿轮箱有两种：平行轴式和行星式，大型机组中多用行星式（重量和尺寸优势）。但有些风力机的轮毂直接连接到齿轮箱上，不需要低速传动轴。还有些风力机（特别是小型风力机）设计成无齿轮箱的，风轮直接连接到发电机。在整个传动系统中除了齿轮箱，其他部件基本上一目了然。

传动系统要按输出功率和最大动态扭矩载荷来设计。由于叶轮功率输出有波动，通过增加机械适应性和缓冲驱动来控制动态载荷，对大型的风力发电机来说是非常重要的，因其动态载荷很大，而且感应发电机的缓冲余地比小型风力机小。

机械刹车机构由安装在低速轴或高速轴上的刹车圆盘与布置在四周的液压夹钳构成。

液压夹钳固定，刹车圆盘随轴一起转动。刹车夹钳有一个预压的弹簧制动力，液压力通过油缸中的活塞将制动夹钳打开。机械刹车的预压弹簧制动力，一般要求在额定负载下脱网时能够保证风力发电机组安全停机。但在正常停机的情况下，液压力并不是完全释放，即在制动过程中只作用了一部分弹簧力，为此，在液压系统中设置了一个特殊的减压阀和蓄能器，以保证在制动过程中不完全提供弹簧的制动力。

为了监视机械刹车机构的内部状态，刹车钳内部装有温度传感器和指示刹车片厚度的传感器。

(3) 偏航系统（对风装置）

风力机的偏航系统也称为对风装置，是上风向水平轴式风力机必不可少的组成系统之一。而下风向风力机的风轮能自然地对准风向,因此一般不需要进行调向对风控制。

偏航系统的主要作用有两个:其一是与风力发电机组的控制系统相互配合,使风力发电机组的风轮始终处于迎风状态,充分利用风能,提高风力发电机组的发电效率;其二是提供必要的锁紧力矩,以保障风力发电机组的安全运行。

风力发电机组的偏航系统一般分为主动偏航系统和被动偏航系统。被动偏航指的是依靠风力通过相关机构完成机组风轮对风动作的偏航方式,常见的有尾翼、舵轮两种。主动偏航指的是采用电力或液压拖动来完成对风动作的偏航方式,常见的有齿轮驱动和滑动两种形式。对于并网型风力发电机组来说,通常都采用主动偏航的齿轮驱动形式。

小微型风力机常用尾翼对风,尾翼装在尾杆上,与风轮轴平行或成一定的角度。为了避免尾流的影响,也可将尾翼上翘,装在较高的位置。

偏航系统一般由风向标传感器、偏航轴承、偏航驱动装置、偏航制动器、偏航计数器、解缆和扭缆保护装置、偏航液压回路等几个部分组成。

1) 偏航轴承 偏航轴承的轴承内、外圈分别与机组的机舱和塔体用螺栓链接。轮齿可采用内齿或外齿形式。外齿形式是轮齿位于偏航轴承的外圈上,内齿形式是轮齿位于偏航轴承的内圈上,啮合受力效果较好,结构紧凑。具体采用内齿形式或外齿形式,应根据机组的具体结构和总体布置进行选择。

2) 驱动装置 驱动装置一般由驱动电动机或驱动马达、减速器、传动齿轮、轮齿间隙调整机构等组成。驱动装置的减速器一般可采用行星减速器或蜗轮蜗杆与行星减速器串联。传动齿轮一般采用渐开线圆柱齿轮。

3) 偏航制动器及其偏航液压装置 采用齿轮驱动的偏航系统时,为避免因振荡的风向变化而引起偏航轮齿产生交变载荷,应采用偏航制动器(或称偏航阻尼器)来吸收微小的自由偏转振荡,防止偏航齿轮的交变应力引起齿轮过早损伤。对于由风向冲击叶片或风轮产生偏航力矩的装置,应经试验证实其有效性。

偏航液压装置的作用是拖动偏航制动器松开或紧锁。一般液压管路应采用无缝钢管制成,柔性管路连接部分应采用合适的高压软管。

偏航制动器一般采用液压拖动的钳盘式制动器。

偏航制动器是偏航系统中的重要部件。制动器应使用在额定负载条件下,制动力矩稳定,其值应不小于设计值。在机组偏航过程中,制动器提供的阻尼力矩应保持平稳,制动过程不得有异常噪声。制动器在额定负载下闭合时,制动衬块和制动盘的贴合面积应不小于设计面积的50%;制动衬块周边与制动钳体的配合间隙任一处应不大于0.5mm。制动器应设有自动补偿机构,以便在制动衬块磨损时进行自动补偿,保证制动力矩和偏航阻尼力矩的稳定。在偏航系统中,制动器可以采用常闭和常开两种结构形式,常闭式制动器是在有动力的条件下处于松开状态,常开式制动器则是处于锁紧状态。两种形式相比较并考虑失效保护,一般采用常闭式制动器。

制动盘通常位于塔架或塔架与机舱的适配器上,一般为环状。制动盘的材质应具有足够的强度和韧性,如果采用焊接连接,材质还应具有比较好的可焊性。此外,在机组寿命期内制动盘不应出现疲劳损坏。

制动钳由制动钳体和制动衬块组成。制动钳体一般采用高强度螺栓连接,用经过计算的足够的力矩固定于机舱的机架上。制动衬块应由专用的摩擦材料制成,一般推荐用铜基或铁基粉末冶金材料制成,铜基粉末冶金材料多用于湿式制动器,而铁基粉末冶金材料多用于干式制动器。一般每台风机的偏航制动器都备有两个可以更换的制动衬块。

4) 偏航计数器　偏航计数器是记录偏航系统旋转圈数的装置。当偏航系统旋转的圈数达到设计所规定的初级解缆和终极解缆圈数时，计数器则给控制系统发信号使机组自动进行解缆。计数器一般是一个带控制开关的蜗轮、蜗杆装置或是与其相类似的程序。

5) 解缆和扭缆保护装置　解缆和扭缆保护是风力发电机组的偏航系统所必须具有的主要功能。大多数风力发电机输出功率的同轴电缆在风力机偏航时一同旋转，为了防止偏航超出而引起的电缆旋转，应在偏航系统中设置与方向有关的计数装置或类似的程序对电缆的扭绞程度进行检测。

一般对于主动偏航系统来说，检测装置或类似的程序应在电缆达到规定的扭绞角度之前发解缆信号；对于被动偏航系统检测装置或类似的程序应在电缆达到危险的扭绞角度之前禁止机舱继续同向旋转，并进行人工解缆。偏航系统的解缆一般分为初级解缆和终极解缆。初级解缆是在一定的条件下进行的，一般与偏航圈数和风速有关。

扭缆保护装置是风力发电机组偏航系统必须具有的装置，它是出于失效保护的目的而安装在偏航系统中的。它的作用是在偏航系统的偏航动作失效后，电缆的扭绞达到威胁机组安全运行的程度而触发该装置，使机组进行紧急停机。一般情况下，这个装置是独立于控制系统的，一旦这个装置被触发，则机组必须进行紧急停机。扭缆保护装置一般由控制开关和触点机构组成，控制开关一般安装于机组的塔架内壁的支架上，触点机构一般安装于机组悬垂部分的电缆上。当机组悬垂部分的电缆扭绞到一定程度后，触点机构被提升或被松开而触发控制开关。

正常运行时，如机舱在同一方向偏航累积超过3圈以上时，则扭缆保护装置动作，执行解缆。当回到重心位置时解缆自动停止。

6) 偏航系统工作原理　风向标作为感应元件，对应每一个风向都有一个相应的脉冲输出信号，通过偏航系统软件确定其偏航方向和偏航角度。风向标将风向的变化用脉冲信号传递到偏航电机的控制回路的处理器里，经过偏航系统调节软件比较后，处理器给偏航电机发出顺时针或逆时针的偏航命令。为了减小偏航时的陀螺力矩，电机转速将通过同轴连接的减速器减速后，将偏航力矩作用在回转体大齿轮上，带动风轮偏航对准风向。当对风完成后，风向标失去电信号，电机停止工作，偏航过程结束。

(4) 叶尖扰流器和变桨距机构

在定桨距风力发电机组中，通过叶尖扰流器执行风力发电机组的气动刹车；而在变桨距风力发电机组中，通过控制变桨距机构，实现风力发电机组的转速控制、功率控制，同时也控制机械刹车机构。

1) 叶尖扰流器（气动刹车机构）　气动刹车机构是由安装在叶尖的扰流器通过不锈钢丝绳与叶片根部的液压油缸的活塞杆相连接构成的。

当风力发电机组正常运行时，在液压力的作用下，叶尖扰流器与叶片主体部分精密地合为一体，组成完整的叶片，对输出扭矩起重要作用。当风力发电机组需要脱网停机时，液压油缸失去压力，叶尖扰流器在离心力的作用下释放并旋转80°~90°形成阻尼。由于叶尖部分处于距离轴最远点，整个叶片作为一个长的杠杆，使扰流器产生的气动阻力相当高，足以使风力发电机组在几乎没有任何磨损的情况下迅速减速，这一过程即为叶片空气动力刹车。叶尖扰流器是风力发电机组的主要制动器，每次制动时都是它起主要作用。

在叶轮旋转时，叶尖扰流器上产生的离心力及作用于叶尖扰流器上的弹簧力会使叶尖扰流器力图脱离叶片主体而发生相对位移，并使叶尖扰流器相对于叶片主体转动到制动位置；

而液压力的释放，不论是由于控制系统是正常指令，还是液压系统的故障引起，都将导致扰流器展开而使叶轮停止运行。因此，空气动力刹车机构是一种失效保护装置，它使整个风力发电机组的制动系统具有很高的可靠性。

2）变桨距机构　在大型风力机中，常采用变桨距机构来控制叶片的桨距。有些机组采用液压机构来控制叶片的桨距，而有些通过调速电机来进行变桨距调节等。其中，调速电机的变桨距机构，当风速超过额定风速使风轮转速加快时，调速电机获得调速信号，驱动圆周齿轮向离开风轮的方向移动，拉动变桨距连杆使叶片增大安装角以减小叶片接受风能的面积，使风轮运转在额定转速的范围内。随即调速电机接到停止调速的指令而停止。当风速变小时，调速过程相反，由电机反转来实现。变桨距风轮的叶片在静止时，节距角为90°，这时气流对叶片不产生力矩，整个叶片实际上是一块阻尼板。当风速达到启动风速时，叶片向0°方向转动，直到气流对叶片产生一定的攻角，风轮开始启动。风轮从启动到额定转速，其叶片的节距角随转速的升高是一个连续变化的过程。根据给定的速度参考值，调整节距角，进行所谓的速度控制。

当转速达到额定转速后，电动机并入电网。这时电机转速受到电网频率的牵制，变化不大，主要取决于电机的转差，电动机的转速控制实际上已转为功率控制。为了优化功率曲线，在进行功率控制的同时，通过转子电流控制器对电机转差进行调整，从而调整风轮转速。当风速较低时，电机转差调整到很小（1%），转速在同步速附近；当风速高于额定风速时，电机转差调整到很大（10%），使叶尖速比得到优化，使功率曲线达到理想的状态。

变桨距机构可以改善风力机的启动特性，实现发电机联网前的速度调节（减小联网时的冲击电流）、按发电机额定功率来限制转子气动功率，以及在事故情况下（电网故障、转子超速、振动等）使风力发电机组安全停车的功能。

(5) 控制与安全系统

风力发电机组的控制与安全系统的作用是保证风力发电机组安全可靠运行，获取最大能量，提供良好的电力质量。

1）控制系统　风力机的运行及保护需要一个全自动控制系统，它必须能控制自动启动、叶片桨距的机械调节及在正常和非正常情况下的停机。除了控制功能，系统也能用于检测，以提供运行状态、风速、风向等信息。该系统以计算机为基础，可以远程检测控制。

并网运行的风力发电机组的控制系统通常应具备以下功能：

① 根据风速信号自动进入启动状态或从电网切出。

② 根据功率及风速大小自动进行转速和功率控制。

③ 根据风向信号自动偏航对风控制。

④ 根据功率因数自动投入（或切出）相应的补偿电容。

⑤ 当发电机脱网时，能确保机组安全停机。

⑥ 在机组运行过程中，能对电网、风况和机组的运行状况进行监测和记录，包括电网三相电压、发电机输出的三相电流、电网频率、发电机功率因数等；对出现的异常情况能够自行判断并且采取相应的保护措施；并能够根据记录的数据，生成各种图表，以反映风力发电机组的各项性能指标。

⑦ 具有以微型计算机为核心的中央监控系统（上位机），可以对风力发电场一台或多台风机进行监测、显示及控制，具备远程通信的功能，可以实现异地遥控操作。

⑧ 具备完善的保护功能，确保机组的安全。保护功能有：电网故障保护；风机超速保护；机舱的振动保护；发电机齿轮箱的过热保护；发电机油泵及偏航电机的过载保护；主轴过热保护；电缆扭绞保护；液压系统的超压和低压保护；控制系统的自诊断。

2）安全保护系统　风力发电机组的安全保护系统主要包括防雷击保护、超速保护、机组振动保护、发电机过热保护、过压及短路保护等。

① 防雷击保护。风力发电机组安装在旷野比较高的塔上，在雷电活动地区极易遭雷击。统计表明：不论叶片是木材还是玻璃钢，也不管叶片里是否有导电部件，均可能遭受雷击。叶片完全绝缘并不能减少雷击的危险，反而只能增加损伤量。大多数事故中，叶片遭受雷击区是叶尖的隐蔽面（负压面）。

风力机防雷方法主要有采用避雷针保护和风力发电机组的防雷接地。

② 超速保护。当风轮转速超过允许范围时，为了防止风轮飞车而损坏叶片，造成更大的损失，风力发电机组都有速度检测环节，及时采取刹车办法。

③ 机组振动保护。风力发电机组中有一个振动传感器，当主机振动较大时，振动传感器发出信号，刹车停机。

④ 发电机过热保护。发电机内设温度传感器，当温度超过允许值时，控制系统自动停机。

(6) 机舱

风力机长年在野外运行，不但要经受狂风暴雨的袭击，还时刻面临尘沙磨损和烟雾侵蚀的威胁。为了使塔架上方的主要设备（桨叶除外）免受风沙、雨雪、冰雹及烟雾的直接侵害，往往用机舱把它们密封起来。

机舱由底盘和机舱罩组成。机舱内通常布置有传动系统、液压与制动系统、偏航系统、控制系统及发动机等。

机舱要设计得轻巧、美观并尽量带有流线型，下风向布置的风力发电机组尤其需要这样，最好采用重量轻、强度高而又耐腐蚀的玻璃钢制作，也可直接在金属机舱的面板上相间敷以玻璃布与环氧树脂保护层。

(7) 塔架和基础

塔架是支撑风轮、发电机等部件的架子，还承受吹向风力机和塔架的风压及风力机运行中的动载荷。塔架不仅要有一定的高度（通常为叶轮直径的 1～1.5 倍），使风力机处在较为理想的位置上（即涡流影响较小的高度）运转，还必须具有足够的疲劳强度，能承受风轮引起的振动载荷，包括启动和停机的周期性影响、突风变化、塔影效应等。塔架的刚度要适度，其自振频率（弯曲及扭转）要避开运行频率（风轮旋转频率的 3 倍）的整数倍。塔架越高，风力机单位面积所捕捉的风能越大，发电量越多，其造价、技术要求以及吊装的难度也随之增加。

水平轴风力发电机的塔架主要可分为桁架式和管柱式。

桁架式塔架在早期风力发电机组中大量使用，目前主要用于中、小型风力机上，其主要优点为制造简单、成本低、运输方便。其主要缺点为不美观，通向塔顶的上、下梯子不好安排，上、下时安全性差，会使下风向风力机的叶片产生很大的紊流等。

圆筒式塔架在当前风力发电机组中大量采用，其优点是美观大方，上、下塔架安全可靠，对风的阻力较小，特别是对于下风向风力机，产生紊流的影响要比桁架式塔架小。

管柱式塔架可从最简单的木杆，一直到大型钢管和混凝土管柱。小型风力机塔杆为了增加抗弯矩的能力，可以用拉线来加固。

风力发电机组的基础为现浇钢筋混凝土独立基础。根据风力发电场工程地质条件和地基承载力以及基础载荷等，可采用重力式块状基础和桩基平板梁结合式框架基础，基础与塔架的连接可采用地脚螺栓式或法兰式连接形式。

2.2.2 风力发电机能量转换过程

(1) 风力发电原理概述

风力发电机的功能是将风中的动能转换成机械能，再将机械能转换为电能，送到电网中，如图 2-4 所示。

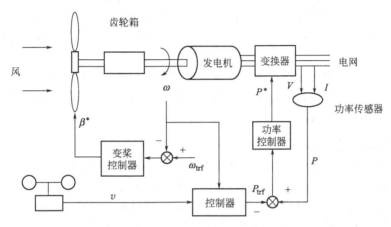

图 2-4 风力发电原理示意图

风力发电机风轮叶片在气流作用下产生力矩驱动风轮转动，通过轮毂将扭矩输入到传动系统。定桨距风轮在风轮转速恒定的条件下，风速增加超过额定风速时，如果风流与叶片分离，叶片将处于"失速"状态，输出功率降低，发电机不会因超负荷而烧毁。变桨距风轮可根据风速的变化调整气流对叶片的攻角，当风速超过额定风速后，输出功率可稳定地保持在额定功率上，特别是在大风情况下，风力机处于顺桨状态，使桨叶和整机的受力状况大为改善。

风力发电机利用电磁感应原理将风轮传来的机械能转换成电能。风力发电机分为异步发电机和同步发电机两种，风力发电机组中的发电机一般采用异步发电机。异步发电机的转速取决于电网的频率，只能在同步转速附近很小的范围内变化。当风速增加，使齿轮箱高速输出的轴转速达到异步发电机同步转速时，风力发电机并入电网，向电网送电。风速继续增加，发电机转速也略微升高，增加输出功率。达到额定风速后，由于风轮的调节，稳定在额定功率不再增大。反之风速减小，发电机转速低于同步转速时，则从电网吸收电能，处于电动机状态，经过适当延时后应脱开电网。对于定桨距风力发电机，一般还采用单绕组双速异步发电机，如从 4 极 1500r/min 变为 6 极 1000r/min。但是这种发电机仍然可以看做是基本上恒定转速的，这一方案不仅解决了低功率时发电机的效率问题，而且改善了低风速时的叶尖速比，提高了风能利用系数并降低了运行时的噪声。由于同样的考虑，一些变桨距风力发电机也使用双速发电机。

普通异步发电机结构简单，可以直接并入电网，无需同步调节装置，但风轮转速固定后效率较低，而且在交变的风速作用下，承受较大的载荷。为了克服这些不足之处，相继开发出了高滑差异步发电机和变转速双馈异步发电机。

同步发电机的并网一般有两种方式：一种是准同期直接并网，这种方法在大型风力发电中极少采用；另一种是交—直—交并网。近年来，由于大功率电子元器件的快速发展，变速恒频风力发电机得到了迅速的发展，同步发电机也在风力发电机中得到广泛的应用。为了减少齿轮箱的传动损失和发生故障的概率，有的风力发电机采用风轮直接驱动同步多极发电机，又称无齿轮箱风力发电机。其发电机转速与风轮相同而且随着风速变化，风轮可以转换更多的风能，所承受的载荷稳定，减轻部件的重量。缺点是这种发电机结构复杂，制造工艺要求很高，且需要变流装置才能与电网频率同步，经过转换又损失了能量。

控制系统包括控制和监测两部分，控制部分又分为手动和自动。运行维护人员可在现场根据需要进行手动控制，自动控制是在无人值守的条件下自动实施的自动控制系统，保证风力发电机正常安全地运行。监测部分将各种传感器采集到的数据送到控制器，经过处理作为控制参数或作为原始记录储存起来，在风力发电机控制器的显示屏上可以查询，也要送到风力发电场中央控制室的计算机系统。通过网络或电信系统，现场数据还能传输到业主所在城市的办公室。

安全系统要保证机组在发生非正常情况时立即停机，预防或减轻故障损失。关键部件采取了"失效—保护"的原则，一旦发生某些部件失灵或电网停电，保护装置会立即启动制动风轮，防止事故进一步扩大。

(2) 定桨距风力发电机

并网型风力发电机从 20 世纪 80 年代中期开始逐步实现了商品化、产业化。经过近 20 年的发展，容量已从数十千瓦级增大到兆瓦级。尽管在兆瓦级风力发电机组的设计中已逐步采用变桨距技术和变速恒频技术，但增加了控制系统与伺服系统的复杂性，也对风力发电机的成本和可靠性提出了挑战。因此，定桨距风力发电机结构简单、性能可靠的优点是始终存在的，中、小型风力发电机仍将以定桨距失速型为主导机型。

定桨距风力发电机的主要结构特点是：桨叶与轮毂的连接是固定的，即当风速变化时，桨叶的迎风角度不能随之变化。这一特点将给定桨距风力发电机提出了两个必须解决的问题。

一是当风速高于风轮的设计点风速即额定风速时，桨叶必须能够自动地将功率限制在额定值附近，因为风力机上所有材料的物理性能是有限度的。桨叶的这一特性被称为自动失速性能。

二是运行中的风力发电机在突然失去电网（突甩负载）的情况下，桨叶自身必须具备制动能力，使风力发电机能够在大风情况下安全停机。

早期的定桨距风力发电机风轮并不具备制动能力，脱网时完全依靠安装在低速轴或高速轴上的机械刹车装置进行制动。这对于数十千瓦级风力发电机来说问题不大，但对于大型风力发电机组，如果只使用机械刹车，就会对整机结构强度产生严重的影响。为了解决上述问题，桨叶制造商首先在 20 世纪 70 年代用玻璃钢复合材料研制成功了失速性能良好的风力机桨叶，解决了定桨距风力发电机在大风时的功率控制问题。20 世纪 80 年代又将叶尖扰流器成功地应用到风力发电机上，解决了在突甩负载情况下的安全停机问题，使定桨距（失速型）风力发电机在近 20 年的风能开发利用中始终占据主导地位，直到最近推出的兆瓦级风力发电机，仍有机型采用该项技术。

(3) 变桨距风力发电机

变桨距风力发电机是指整个叶片可以绕叶片中心轴旋转，使叶片攻角在一定范围（一般为 0°～90°）内变化，以便调节输出功率不超过设计容许值。在风力发电机出现故障时，需要紧急停机，一般应先使叶片顺桨，这样风力发电机结构受力小，可以保证风力发电机运行的安全可靠性。变桨距叶片一般叶宽小，叶片轻，机头重量比失速风力发电机小，不需很大的制动力，启动性能好，在低空气密度地区仍可达到额定功率，在额定风速之后，输出功率可保持相对稳定，保证较高的发电量。但由于增加了一套变桨距机构，增加了故障发生的概率，而且处理变桨距机构叶片轴承故障难度大。变桨距机组比较适于高原空气密度低的地区运行，避免了当失速机安装角确定后，有可能夏季发电低，而冬季又超发的问题。变桨距机组适合于额定风速以上风速较多的地区，这样发电量的提高比较显著。从风力机的发展趋势看，在大、中型风力发电机组中将会普遍采用变桨距技术。

变桨距风力发电机与定桨距风力发电机相比，具有以下优点。

1) 平稳的输出功率特性　变桨距风力机发电机组的功率调节不完全依靠叶片的气动性能。当功率在额定功率以下时，控制器将叶片节距角置于0°附近，不作变化，可认为等同于定桨距风力发电机组，发电机的功率根据叶片的气动性能随风速的变化而变化。当功率超过额定功率时，变桨距机构开始工作，调整叶片节距角，将发电机的输出功率限制在额定值附近。但是，随着并网型风力发电机组容量的增大，大型风力发电机组的单个叶片已重达数吨。操纵如此巨大的惯性体，并且响应速度要能跟上风速的变化是相当困难的。事实上，如果没有其他措施，变桨距风力发电机组的功率调节对高频风速变化仍然是比较困难的。因此，近年来设计的变桨距风力发电机组，除了可以对桨叶进行节距控制以外，还通过控制发电机转子电流来控制发电机转差率，使得发电机转速在一定范围内能够快速响应风速的变化，以吸收瞬变的风能，使输出的功率曲线更加平稳。

2) 在额定点具有较高的风能利用系数　变桨距风力发电机组与定桨距风力发电机组相比，在相同的额定功率点，额定风速比定桨距风力发电机组要低。对于定桨距风力发电机组，一般在低风速段的风能利用系数较高，当风速接近额定点，风能利用系数开始大幅下降。因为这时随着风速的升高功率上升已趋缓，而过了额定点后，桨叶已开始失速，风速升高，功率反而有所下降。对于变桨距风力发电机组，由于桨叶节距可以控制，无需担心风速超过额定点后的功率控制问题，可以使得在额定功率点仍然具有较高的功率系数。

3) 确保高风速段的额定功率　由于变桨距风力发电机组的桨叶节距角是根据发电机输出功率的反馈信号来控制的，它不受气流密度变化的影响，无论是由于温度变化还是海拔引起的空气密度变化，变桨距系统都能通过调整叶片角度，使之获得额定功率输出。这对于功率输出完全依靠桨叶气动性能的定桨距风力发电机组来说，具有明显的优越性。

4) 启动性能与制动性能更好　变桨距风力发电机组在低风速时，桨叶节距可以转动到合适的角度，使风轮具有最大的启动力矩，从而使变桨距风力发电机组比定桨距风力发电机组更容易启动。在变桨距风力发电机组上，一般不再设计电动机启动的程序。

当风力发电机组需要脱离电网时，变桨距系统可以先转动叶片，使之减小功率，在发电机与电网断开之前，功率减小至0。这意味着当发电机与电网脱开时，没有转矩作用于风力发电机组，避免了在定桨距风力发电机组上每次脱网时所要经历的突甩负载的过程。

2.3　风力机的基本参数与基本理论

2.3.1　风力机空气动力学的基本概念

(1) 风力机空气动力学的几何定义

风力机空气动力学主要研究空气流过风力机时的运动规律。

1) 风轮的几何参数　有关风轮的几何参数定义如下（见图2-5）。

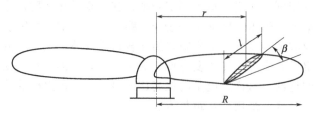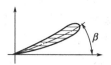

图 2-5 风轮的几何参数

① 风轮轴线。风轮旋转运动的轴线。

② 旋转平面。与风轮轴垂直，叶片在旋转时的平面。

③ 风轮直径。风轮在旋转平面上的投影圆的直径。

④ 风轮中心高。风轮旋转中心到基础平面的垂直距离。

⑤ 风轮扫掠面积。风轮在旋转平面上的投影圆面积。

⑥ 风轮锥角。叶片相对于和旋转轴垂直的平面的倾斜度。

⑦ 风轮仰角。风轮的旋转轴线和水平面的夹角。

⑧ 叶片轴线。叶片纵向轴线，绕其可以改变叶片相对于旋转平面的偏转角（安装角）。

⑨ 风轮翼型（在半径 r 处的叶片截面）。叶片与半径为 r 并以风轮轴为轴线的圆柱相交的截面。

⑩ 安装角或桨距角。在叶片径向位置（通常为 100％叶片半径 R 处）叶片翼型弦线与风轮旋转面间的夹角 β。

2）翼型的几何参数（见图 2-6）

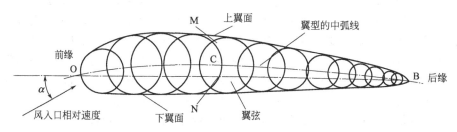

图 2-6 叶片翼型几何参数

① 前缘与后缘。翼型的尖尾点 B 称为后缘，圆头上 O 点称为前缘。

② 翼弦。连接前、后缘的直线 OB 称为翼弦。OB 的长度称为弦长，记为 C。弦长是翼型的基本长度，也称几何弦。此外，翼型上还有气动弦，又称零升力线。

③ 翼型上表面（上翼面）。凸出的翼型表面 OMB。

④ 翼型下表面（下翼面）。平缓的翼型表面 ONB。

⑤ 翼型的中弧线。翼型内切圆圆心的连线。对称翼型的中弧线与翼弦重合。

⑥ 厚度。翼弦垂直方向上下翼面间的距离。

⑦ 弯度。翼型中弧线与翼弦间的距离。

⑧ 攻角。气流相对速度与翼弦间所夹的角度，记做 α，又称迎角、冲角。

(2) 流线概念

① 气体质点。体积无限小的具有质量和速度的流体微团。

② 流线。在某一瞬时沿着流场中各气体质点的速度方向连成的平滑曲线。流线描述了该时刻各气体质点的运动方向（切线方向）。一般情况下，各流线彼此不会相交。

③ 流线簇。流场中众多流线的集合称为流线簇（见图 2-7）。

当流体绕过障碍物时，流线形状会改变，其形状取决于所绕过的障碍物的形状。不同形状的物体对气流的阻碍效果也各不相同。

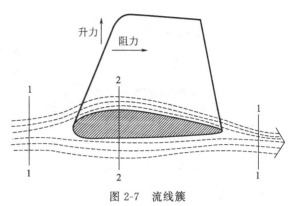

图 2-7　流线簇

(3) 阻力与升力

1) 升力和阻力试验　很多人都有放风筝的体验，当手抓着风筝奔跑时，前缘稍稍朝上，会感到一种向上的力，如果前缘朝下一点，会感到一个向下的力，在向上和向下的力之间有一个角度，不产生升力，称为零升力角。在处于零升力角时，会产生很小的阻力。升力和阻力是同时产生的，将风筝的前缘从零升力角开始慢慢地向上抬起，开始时升力增加，阻力也增加，但升力比阻力增加快得多，感觉风筝明显受到向上的升力作用；到某一个角度之后，升力突然下降，但阻力继续增加，感觉风筝明显受到向后的阻力作用，这时的攻角大约是 20°。水平轴风力机的叶片受力情况与风筝类似。

当坐在帆船上时，可以看到风帆在开始时有一面受风的阻力作用，并做弯曲运动，当风帆弯曲运动到一定角度时，另一面受风，继续做弯曲运动。达里厄垂直轴风力机就是利用空气的阻力作用转换风能的。

2) 升力和阻力产生机理　气动升力和阻力是像飞行器的机翼产生的一种力，当气流与机翼有相对运动时，气体对机翼有垂直于气流方向的作用力——升力，以及平行于气流方向的作用力——阻力。

下面就来定性分析飞机机翼附近的流线及压力变化情况。

当机翼相对气流保持图 2-7 所示的方向与方位时，在机翼上、下面流线簇的疏密程度是不相同的。

① 根据流体运动的质量守恒定律，有连续性方程：

$$A_1 v_1 = A_2 v_2 + A_3 v_3 \tag{2-10}$$

式中，A、v 分别表示机翼的截面积和气流的速度。下角标 1、2、3 分别代表远前方或远后方、上表面和下表面处。

② 根据流体运动的伯努利方程，有

$$p_0 = p + \frac{1}{2}\rho v^2 = 常数 \tag{2-11}$$

式中　p_0——气体总压力；

p——气体静压力。

下翼面处流场横截面面积 A_3 变化较小，空气流速 v_3 几乎保持不变，进而静压力 $p_3 \approx p_1$。

上翼面突出，流场横截面面积减小，空气流速增大，$v_2 > v_1$，使得 $p_2 < p_1$，即压力减小。

机翼运动时，机翼表面气流方向有所变化，在其上表面形成低压区，下表面形成高压区，合力向上并垂直于气流方向。

在产生升力的同时也产生阻力，风速因此有所下降。

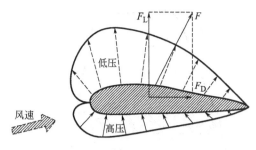

图 2-8 翼型压力分布与受力

(4) 翼型的空气动力特性

1) 作用在机翼上的气动力　风力机的风轮一般由 2~3 个叶片组成。现在先考虑一个不动的翼型受到风吹的情况。

设风的速度为 v，风吹过叶片时在翼型面上产生压力（见图 2-8），上翼面压力为负，下翼面压力为正。由于机翼上、下翼面所受的压力差，实际上存在着一个指向上翼面的合力，记为 F。F 在翼弦上的投影称为阻力，记为 F_D；而在垂直于翼弦方向上的投影称为升力，记为 F_L。合力 F 对（除自己的作用点外）其他点的力矩，记为气动力矩 M，又称扭转力矩。

此处，F_L、F_D、M 分别为翼型沿展向单位长度上的升力、阻力和气动力矩。

合力 F 可用式(2-12)表达，即

$$F = \frac{1}{2}\rho C S v^2 \tag{2-12}$$

式中　ρ——空气密度；
　　　S——叶片面积；
　　　C——总的气动力系数。

升力 F_L 为

$$F_L = \frac{1}{2}\rho C_L S v^2 \tag{2-13}$$

阻力 F_D 为

$$F_D = \frac{1}{2}\rho C_D S v^2 \tag{2-14}$$

$$F^2 = F_L^2 + F_D^2 \tag{2-15}$$

2) 翼型剖面的升力和阻力特性　为方便使用，通常用无量纲数值表示翼剖面的启动特性，故定义几个气动力系数。

升力系数：

$$C_L = \frac{2F_L}{\rho S v^2} \tag{2-16}$$

阻力系数：

$$C_D = \frac{2F_D}{\rho S v^2} \tag{2-17}$$

翼型剖面的升力特性用升力系数 C_L 随攻角 α 变化的曲线（升力特性曲线）来描述（见图 2-9）。

当 $\alpha=0°$ 时，$C_L>0$，气流为层流。

在 $\alpha_0 = \alpha_{CT}$（15°左右）时，C_L 与 α 呈近似的线性关系，即随着 α 的增加，升力 F_L 逐渐加大，气流仍为层流。

当 $\alpha=\alpha_{CT}$ 时，C_L 达到最大值 C_{Lmax}。α_{CT} 称为临界攻角或失速攻角。当 $\alpha>\alpha_{CT}$ 时，C_L 将下降，气流也变为紊流。

当 $\alpha=\alpha_0$（<0°）时，$C_L=0$，表明无升力。α_0 称为零升力角，对应零升力线。

翼型剖面的阻力特性用阻力系数 C_D 随攻角 α 变化的曲线（阻力特性曲线）来描述（见图 2-9）。

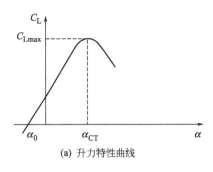
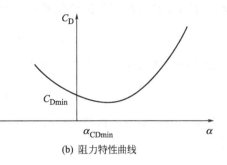

(a) 升力特性曲线　　　　　　　　　(b) 阻力特性曲线

图 2-9　升力和阻力特性曲线

在 $\alpha > \alpha_{CDmin}$ 时，C_D 随 α 的增加而逐渐加大。

在 $\alpha = \alpha_{CDmin}$ 时，C_D 达最小值 C_{Dmin}。

2.3.2　风力机基本理论

(1) 贝兹理论

1) 贝兹理论中的假设　贝兹理论是世界上第一个关于风力机风轮叶片接受风能的完整理论，它是 1919 年由贝兹（Betz）建立的。贝兹理论的建立，首先假定风轮是"理想风轮"，即：

① 风轮叶片全部接受风能（没有轮毂），叶片无限多，对空气流没有阻力；

② 空气流是连续的、不可压缩的，气流在整个叶轮扫掠面上是均匀的；

③ 叶轮处在单元流管模型中，气流速度的方向不论在叶片前或流经叶片后都是垂直叶片扫掠面的（或称平行风轮轴线的）（见图 2-10）。

分析一个放置在移动空气中的"理论风轮"叶片上所受到的力及移动空气对风轮叶

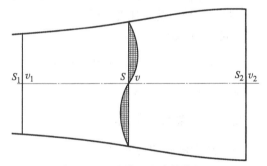

图 2-10　贝兹理论计算简图

片所做的功。设风轮前方的风速为 v_1，v 是实际通过风轮的风速，v_2 是叶片扫掠后的风速，通过风轮叶片前风速面积为 S_1，叶片扫掠面的风速面积为 S 及扫掠后风速面积为 S_2。风吹到叶片上所做的功是将风的动能转化为叶片转动的机械能，则必有 $v_2 < v_1$，$S_2 > S_1$。

由流体连续性条件可得

$$S_1 v_1 = S v = S_2 v_2 \tag{2-18}$$

2) 风轮受力及风轮吸收功率　应用气流冲量原理，风轮所受的轴向推力：

$$F = m(v_1 - v_2) \tag{2-19}$$

式中，$m = \rho S v$，m 为单位时间内通过风轮的气流质量，ρ 为空气密度，取决于温度、气压、湿度，一般可取 1.225kg/m^3。

风轮吸收的功率（即风轮单位时间内吸收的风能）为

$$P = F v = \rho S v^2 (v_1 - v_2) \tag{2-20}$$

3) 动能定理的应用　应用动能定理，气流所具有的动能为

$$E = \frac{1}{2} m v^2$$

则风功率（单位时间内气流所做的功）为

$$P' = \frac{1}{2}mv^2 = \frac{1}{2}\rho Svv^2 \tag{2-21}$$

在叶轮前后，单位时间内气流动能的改变量为

$$\Delta P' = \frac{1}{2}\rho Sv(v_1^2 - v_2^2) \tag{2-22}$$

此即气流穿越风轮时，被风轮吸收的功率。

因此

$$\rho Sv^2(v_1 - v_2) = \frac{1}{2}\rho Sv(v_1^2 - v_2^2) \tag{2-23}$$

整理得

$$v = \frac{v_1 + v_2}{2} \tag{2-24}$$

即穿越风轮扫风面的风速等于风轮远前方与远后方风速和的一半（平均值）。

4）贝兹极限　下面引入轴向干扰因子进一步讨论。

令

$$v = v_1(1-a) = v_1 - U$$

则有：

$$v_2 = v_1(1-2a) \tag{2-25}$$

式中　a——轴向干扰因子，又称入流因子；

U——轴向诱导速度，$U = v_1 a$。

讨论 a 的范围：

当 $a = \frac{1}{2}$ 时，$v_2 = 0$，因此 $a < \frac{1}{2}$。

又 $v < v_1$，有 $1 > a > 0$。

所以 a 的范围为 $\frac{1}{2} > a > 0$。

由于风轮吸收的功率为

$$P = \Delta P' = \frac{1}{2}\rho Sv(v_1^2 - v_2^2) = 2\rho Sv_1^3 a(1-a)^2 \tag{2-26}$$

令 $\mathrm{d}P/\mathrm{d}a = 0$，可得吸收功率最大时的入流因子。

解得 $a = 1$ 和 $a = \frac{1}{3}$。取 $a = \frac{1}{3}$，得

$$P_{\max} = \frac{16}{27}\left(\frac{1}{2}\rho Sv_1^3\right) \tag{2-27}$$

这里 $\frac{1}{2}\rho Sv_1^3$ 是远前方单位时间内气流的功率，并定义风能利用系数 C_P 为

$$C_P = P/\left(\frac{1}{2}\rho Sv_1^3\right) \tag{2-28}$$

于是最大风能利用系数 $C_{P\max}$ 为

$$C_{P\max} = \frac{P_{\max}}{\frac{1}{2}\rho Sv_1^3} = \frac{16}{27} \approx 0.593 \tag{2-29}$$

此乃贝兹极限，它表示理想风力机的风能利用系数 C_P 的最大值是 0.593（风轮理论可达的最大效率）。对实际使用的风力机来说，二叶片高性能风力机效率可达 0.47，达里厄风

力机效率可达 0.35。C_P 值越大，则风力机能够从自然风中获得的能量百分比也越大，风力机效率越高，即风力机对风能的利用率也越高。

(2) 叶素理论

1) 叶素理论的基本思想

① 将叶片沿展向分成若干微段叶片元素，即叶素。
② 把叶素视为二元翼型，即不考虑叶素在展向的变化。
③ 假设作用在每个叶素上的力互不干扰。
④ 将作用在叶素上的气动力元沿展向积分，求得作用在叶轮上的气动扭矩与轴向推力。

2) 叶素模型

① 叶素模型的端面：在桨叶的径向距离 r 处取微段，展向长度 dr，在旋转平面内的线速度：$U = r\omega$。
② 叶素模型的翼型剖面：翼型剖面的弦长 C，安装角 θ。

假设 v 为来流的风速，由于 U 的影响，气流相对于桨叶的速度应是旋转平面内的线速度 U 与来流的风速 v 的合成，记为 W。

W 与叶轮旋转平面的夹角为入流角，记为 φ，则有叶片翼型的攻角为

$$\alpha = \varphi - \theta$$

③ 叶素上的受力分析（见图 2-11） 在 W 的作用下，叶素受到一个气动合力 dR，可分解为平行于 W 的阻力元 dD 和垂直于 W 的升力元 dL。

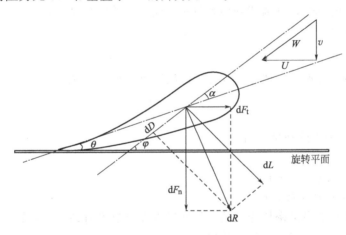

图 2-11 叶素理论分析简图

另一方面，dR 还可分解为轴向推力元 dF_n 和旋转切向力元 dF_t，由几何关系可得

$$dF_n = dL\cos\varphi + dD\sin\varphi \tag{2-30}$$

$$dF_t = dL\sin\varphi - dD\cos\varphi \tag{2-31}$$

扭矩元 dT 为：

$$dT = r\,dF_t = r(dL\sin\varphi - dD\cos\varphi) \tag{2-32}$$

由可利用阻力系数 C_D 和升力系数 C_L 分别求得 dD 和 dL：

$$dL = \frac{1}{2}\rho C_L W^2 C\,dr \tag{2-33}$$

$$dD = \frac{1}{2}\rho C_D W^2 C\,dr \tag{2-34}$$

故 dR 和 dT 可求。

将叶素上的力元沿展向积分,得

作用在叶轮上的推力为: $$R = \int dR$$

作用在叶轮上的扭矩为: $$T = \int dT$$

叶轮的输出功率: $$P = \int d(T\omega) = \omega T$$

2.3.3 风力机性能参数

(1) 风能利用系数 C_P

风能利用系数 C_P 是指风力机的风轮能够从自然风中获得的能量与风轮扫掠面积内的未扰动气流所含风能的百分比。风能利用系数是评定风轮气动特性优劣的主要参数。风的能量只有部分可被风轮吸收成为机械能,因此风能利用系数定义为

$$C_P = \frac{204P}{\rho v^3 A} \tag{2-35}$$

式中 P——实际获得的输出功率,kW;
ρ——空气密度,kg/m³;
A——风力机的扫掠面积,m²;
v——风速,m/s。

对于不同类型的风轮,其风能利用系数是不同的,并网型风力发电机组的风能利用系数一般都应在 0.4 以上。

(2) 叶尖速比

叶尖速比,简称尖速比,风轮叶片叶尖的线速度与风速 v 之比用 λ 表示,即

$$\lambda = \frac{v_{叶}}{v} = \frac{2\pi R n}{60 v} \tag{2-36}$$

式中 $v_{叶}$——叶片尖端线速度,m/s;
v——风速,m/s;
n——风轮转速,r/min;
R——风轮转动半径,m。

叶尖速比与风轮效率是密切相关的,只要风力发电机没有超速,运转处于较高叶尖速比状态下的风力发电机风轮就具有较高的效率。

低速风轮,λ 取小值;高速风轮,λ 取大值。

(3) 升阻比(失速)

风在叶片翼型上产生的升力 F_L 与阻力 F_D 之比称为翼型的升阻比,用 L/D 来表示,即

$$\frac{L}{D} = \frac{F_L}{F_D} = \frac{C_L}{C_D} \tag{2-37}$$

式中 C_L——升力系数;
C_D——阻力系数;
F_L——升力,N 或 kN;
F_D——阻力,N 或 kN。

翼型的升阻比(L/D)值越高,则风力发电机组的效率越高。

在攻角达临界值之前,升力 F_L 随攻角 α 的增大而增大,阻力 F_D 随迎角的增大而减

小。当攻角增大到某一临界值 α_{CT} 时，升力突然减小而阻力急剧增加，此时风轮叶片突然丧失支撑力，这种现象称为失速。

(4) 实度 S_A

风力机实度的定义是风轮的叶片面积之和与风轮扫掠面积之比值，用 S_A 表示。风力机实度是标志风力机性能的重要特征系数。实度的大小取决于叶尖速比，一般来说，实度大的风力机属于叶尖速比小的大扭矩、低转速型，如风力提水机；而实度小的风力机则属于叶尖速比大的小扭矩、高转速型。对风力发电机，因为要求转速高，因此风轮实度取得小。自启动风力发电机的实度是由预定的启动风速来决定的，启动风速小，要求实度大。通常风力发电机实度大致在 5%～20%范围之间。

(5) 设计风速（额定风速）v_r

风力发电机达到额定功率输出时规定的风速叫额定风速。

(6) 切入风速 v_C

风力发电机开始发电时，轮毂高度处的最低风速叫切入风速（通常为 3～4m/s）。

(7) 切出风速 v_S

风力发电机组正常运行的最大风速，称为切出风速；风力发电机组结构所能承受的最大设计风速叫安全风速。

(8) 风力机功率

风力机功率是指风力机轴的输出功率，风力机轴功率的大小是评价风轮气动特性优劣的主要参数。它取决于风的能量和风轮的风能利用系数，即风轮的气动效率。

风力机功率与转速、风速的关系如图 2-12 所示，以风速为变量，表示了输出功率和风轮转速之间的关系。一般来说，风力机在无负载

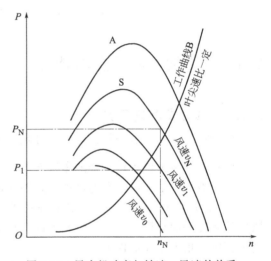

图 2-12　风力机功率与转速、风速的关系

时达到最高转速（图中曲线 A 所示），随着负荷的增加，转速降低，当与负荷平衡时，转速就保持稳定。如果负荷增加到 S 点，则输出功率和转速降低，叶片失速。

(9) 风力发电机功率

风力发电机功率是指风力发电机的输出功率，可用式(2-38)来计算，即

$$P_E = C_P C_Q \frac{\rho v^3 A}{204} \quad (\text{kW}) \tag{2-38}$$

式中　C_P——风能利用系数；
　　　C_Q——传动装置及发电机的效率系数。

风力发电机的额定输出功率是与机组配套的发电机的铭牌功率，其定义是在正常工作情况下，当风速达到额定风速时，风力发电机组的设计功率要达到最大连续输出电功率。

风力发电机的功率随风速变化，在风速很低的时候，风力发电机风轮会保持不动，当到达切入风速时，风轮开始旋转并带动发电机开始发电，随着风力越来越强，输出功率会增加。当风速达到额定风速时，风力发电机会输出其额定功率。此后风速再增加，由于风轮的调节，功率保持不变。定桨距风轮失速有个过程，超过额定风速后功率略有上升，然后又下

降。当风速进一步增加,达到切出风速时,风力发电机会刹车,与电网脱开,不再输出功率,以免受损。

在风力发电机组产品样本中都有一个功率曲线图,如图 2-13 所示。

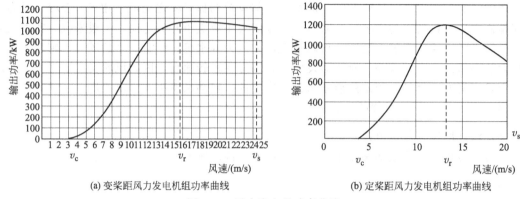

(a) 变桨距风力发电机组功率曲线　　　　(b) 定桨距风力发电机组功率曲线

图 2-13　风力发电机功率曲线

2.4　风力发电机种类与特性

2.4.1　风力发电机分类

根据风力机采用的不同结构类型、不同特征及不同组合,风力发电机可以有以下几种分类。

(1) 根据风力机旋转主轴的布置方向(即主轴与地面相对位置)**分类**

可分为水平轴式风力发电机和垂直轴式风力发电机。

1) 水平轴式风力发电机　水平轴式风力发电机的风轮围绕一个水平轴旋转,工作时,风轮的旋转平面与风向垂直。风轮上的叶片是径向安置的,与旋转轴相垂直,并与风轮的旋转平面成一角度 φ(安装角)。

水平轴式风力发电机组有两个主要优点:一是实度较低,进而能量成本低于垂直轴式风力发电机组;二是叶轮扫掠面的平均高度可以更高,利于增加发电量。

用于风力发电的风力机一般叶片数取 1~4(大多为 2 片或 3 片)。

2) 垂直轴式风力发电机　垂直轴式风力发电机转动轴与地面垂直,设计较简单,风轮在风向改变时无需对风,可减小风轮对风时的陀螺力。

垂直轴式风力发电机的优点如下。

① 可以接受来自任何方向的风,因而当风向改变时,无需对风,由于不需要调向装置,使它们的结构设计简化。

② 齿轮箱和发电机可以安装在地面上,检修维护方便。

(2) 根据桨叶受力方式分类

可分为升力型风力机和阻力型风力机。升力型风力机主要是利用叶片上所受升力来转换风能的,是目前的主要形式。

阻力型风力机主要是利用叶片上所受阻力来转换风能的,这种形式较少采用。

(3) 根据桨叶数量分类

可分为单叶片、双叶片、3 叶片和多叶片型风力机。

叶片数目由很多因素决定，其中包括空气动力效率、复杂度、成本、噪声、美学要求等因素。大型风力发电机可由1、2或3个叶片构成。叶片较少的风力发电机通常需要更高的转速以捕获风中的能量，因此噪声比较大。但叶片太多，它们之间会相互作用而降低系统效率。目前3叶片风力机是主流。从美学角度上看，3叶片风力发电机看上去较为平衡和美观。

(4) 根据风轮设置位置分类

可分为上风向风力发电机和下风向风力发电机。

上风向风力发电机：风轮在塔架前面迎着风向旋转的风力发电机，大部分风力发电机采用上风向。

下风向风力发电机：风轮在塔架的下风位置顺着风向旋转的风力发电机，一般用于小型风力发电机。

上风向风力发电机必须有某种调向装置来保持风轮迎风。对小型风力发电机，这种对风装置采用尾舵；而对于大型风力发电机，则利用风向传感元件及伺服电动机组成的传动机构。

下风向风力发电机则能够自动对准风向，从而免除了调向装置。但对于下风向风力发电机，由于一部分空气通过塔架后再次吹向风轮，这样塔架就干扰了流过叶片的气流而形成所谓的塔影效应，使性能有所降低。

(5) 根据机械传动方式分类

可分为有齿轮箱型风力发电机和无齿轮箱直驱型风力发电机。

有齿轮箱型风力发电机的桨叶通过齿轮箱及其高速轴及万能弹性联轴器将转矩传递到发电机的传动轴。联轴器具有很好的吸收阻尼和震动的特性，可吸收适量的径向、轴向和一定角度的偏移，并且联轴器可阻止机械装置的过载。

无齿轮箱直驱型风力发电机则另辟蹊径，配合采用了多项先进技术，桨叶的转矩可以不通过齿轮箱增速而直接传递到发电机的传动轴，使风力发电机发出的电能同样能并网输出。这样的设计简化了装置的结构，减小了故障概率，优点很多，现多用于大型风力发电机组上。

(6) 根据桨叶是否可调节分类

可分为定桨距（失速型）风力发电机和变桨距风力发电机。

定桨距（失速型）风力发电机组的桨叶与轮毂的连接是固定的。当风速变化时，桨叶的迎风角度不能随之变化。由于定桨距（失速型）机组结构简单、性能可靠，以前在风能开发利用中一直占据主导地位。

变桨距风力发电机组的叶片可以绕叶片中心轴旋转，使叶片攻角可在一定范围内（一般0°～90°）调节变化，其性能比定桨距型提高许多，但结构也较复杂，多用于大型风力发电机组上。

(7) 根据风轮转速是否恒定分类

可分为恒速风力发电机组和变速风力发电机组。

恒速风力发电机组的设计简单可靠，造价低，维护量少，直接并网；但空气动力效率低，结构载荷高，容易造成电网波动，从电网吸收无功功率。

变速风力发电机组的气动效率高，机械应力小，功率波动小，成本效率高，支撑结构轻。但功率对电压敏感，电气设备的价格较高，维护量大。现常用于大容量的风力发电机组上。

(8) 根据风力发电机的发电机类型分类

可分为异步发电机型和同步发电机型。

(9) 根据风力发电机的输出端电压高低分类

可分为高压风力发电机和低压风力发电机。

高压风力发电机的输出端电压为 10～20kV，甚至达 40kV，可省掉风力发电机的升压变压器直接并网。它与直驱型永磁体极结构一起组成的同步发电机总体方案，是目前风力发电机中一种很有发展前途的机型。

低压风力发电机的输出端电压为 1kV 以下，目前市面上大多为此机型。

(10) 根据风力发电机的额定功率分类

可分为大型、中型、小型、微型风力发电机。

一般按照风力发电机的额定功率进行划分，10kW 以下风力发电机为微型风力发电机，10～100kW 的为小型风力发电机，100～1000kW 的为中型风力发电机，1000kW 以上的兆瓦级风力发电机为大型风力发电机。

2.4.2 风力发电系统的种类及特征

主要有恒速恒频风力发电系统和变速恒频风力发电系统两大类。

恒速恒频风力发电系统一般使用同步电机或者笼型异步电机作为发电机，通过定桨距失速控制的风轮机使发电机的转速保持在恒定的数值，继而保证发电机端输出电压的频率和幅值恒定，其运行范围比较窄。

变速恒频风力发电系统是 20 世纪 70 年代中、后期逐渐发展起来的一种发电系统，其结构和运行原理与传统的恒速恒频风力发电机有较大的不同。在该系统中，风力机可在很宽的风速范围内保持近乎恒定的最佳叶尖速比，可以最大限度地捕获风能，减小风力机的机械应力，使风力机在大范围内按照最佳效率运行，从而提高了风力机的运行效率和系统的稳定性。该系统可以比定速风力发电系统多从风中捕获 3%～28%的能量。变速恒频系统还可以减小风轮过塔架时或者因为阵风而引起的转矩脉动，在低速运行时噪声也比较小。此外，还可以实现无电流冲击的软并网。变速恒频风力发电技术因其高效性和实用性正越来越受到重视。

1) 恒速恒频风力发电系统　恒速恒频发电系统一般来说结构比较简单，所采用的发电机主要有两种，即同步发电机和笼型感应发电机。前者运行于由电机极数和频率所决定的同步转速，后者则以稍高于同步速的转速运行。

① 同步发电机。风力发电机中所用的同步发电机绝大部分是三相同步发电机，其输出连接到邻近的三相电网或输配电线。同步发电机在运行时既能输出有功功率，又能提供无功功率，且频率稳定，电能质量高，因此被电力系统广泛采用。

② 异步发电机。异步发电机有笼型和绕线型两种。在恒速恒频系统中，一般采用笼型异步电机。

2) 变速恒频风力发电系统　该系统在结构上和运行中具有很多优越性，利用电力电子学是实现变速运行最佳化的方法之一。虽然与恒速恒频系统相比可能使风力发电转换装置的电气部分变得较为复杂和昂贵，但电气部分的成本在中、大型风力发电机组中所占比例不大，因而发展中、大型变速恒频风力发电机组受到很多国家的重视。

变速恒频风力发电系统按照发电机的不同，主要分为同步发电机系统和异步发电机系统。其中同步发电机系统包括永磁同步发电系统和电励磁同步发电机系统；异步发电机系统包括笼型异步发电机系统和绕线型异步发电机系统。变速运行的风力发电机又分为不连续变速和连续变速两大类。

① 不连续变速系统。一般说来，利用不连续变速发电机获得连续变速运行有某些好处，但不是全部好。主要效果是比以单一转速运行的风力发电机组有较高的年发电量，因为它能在一定的风速范围内运行于最佳叶尖速比附近。但它面对风速的快速变化（湍流）实际上只是一台单速风力发电机，因此不能期望它像连续变速系统那样有效地获取变化的风能。更重要的是，它不能利用转子的惯性来吸收峰值转矩，所以这种方法不能改善风力发电机的疲劳寿命。

不连续变速发电机主要采用双速异步发电机。双速异步发电机是指具有两种不同同步转速（低同步转速及高同步转速）的发电机，一般有 1000r/min 和 1500r/min 两种同步转速。

② 连续变速系统。连续变速系统可以通过多种方法得到，目前最具有应用前景的主要是电力电子学方法。这种变速风力发电系统主要由两部分组成，即发电机和电力电子变换装置。发电机可以是市场上已有的普通发电机，如同步发电机、笼型感应发电机、绕线型感应发电机等；也有近来研制的新型发电机，如磁场调制发电机、无刷双馈发电机等。电力电子变换装置有交流—直流—交流变换器和交流—交流变换器等。

3）小型直流风力发电系统　直流发电系统大都用于 10kW 以下的微、小型风力发电装置，与蓄电池储能配合使用。在这种系统中所用的发电机主要是交流永磁发电机和无刷自励发电机，经整流器整流后输出直流电。

① 交流永磁发电机。交流永磁发电机的定子结构与一般同步发电机相同，转子采用永磁结构。交流永磁发电机特点有：发电机没有励磁绕组，不消耗励磁功率，因而有较高的效率；发电机转子上没有滑环，运转时更安全可靠；发电机重量轻，体积小，制造工艺简便；电压调节性能差。因此在小型及微型风力发电机中被广泛采用。

交流永磁发电机采用的永磁材料主要有铁硼、铁氧体。在微型及小型风力发电机中采用铁硼材料（效率高）的更多，但与铁氧体比较，价格要贵些。无论是哪种永磁材料，都要先在永磁机中充磁才能获得磁性。

交流永磁发电机的定子与普通交流发电机相同，包括定子铁芯及定子绕组，定子铁芯槽内安放定子三相绕组或单相绕组。

交流永磁发电机的转子按照永磁体的布置及形状，有凸极式及爪极式两类。

凸极式永磁发电机磁通走向为：N 极—气隙—定子齿槽—定子轭—定子齿槽—气隙—S 极，形成闭合磁通回路。

爪极式永磁发电机磁通走向为：N 极—左端爪极—气隙—定子—气隙—右端爪极—S 极。

爪极式永磁发电机的所有左端爪极皆为 N 极，所有右端爪极皆为 S 极，爪极与定子铁芯间的气隙距离远小于左、右两端爪极之间的间隙，因此磁通不会直接由 N 极爪进入 S 极爪而形成短路。左端爪极与右端爪极做成相同的形状。

采用永磁发电机的微、小型风力发电机组常省去增速齿轮箱，发电机直接与风力机相连。在这种低速永磁发电机中，定子铁耗和机械损耗相对较小，而定子绕组铜耗所占比例较大。为了提高发电机效率，主要应降低定子用铜，因此采用较大的定子槽面积和较大的绕组导体截面，额定电流密度取得较低。

永磁发电机的运行性能是不能通过其本身来进行调节的，为了调节其输出功率，必须另加输出控制电路。但这往往与对微、小型风电装置的简单和经济性要求相矛盾，实际使用时应综合考虑。

② 硅整流自励交流发电机。硅整流自励交流发电机的定子由定子铁芯和定子绕组组成。定子绕组为三相，Y形连接，放在定子铁芯内圆槽内。

硅整流自励交流发电机的转子由转子铁芯、转子绕组（即励磁绕组）、滑环和转子轴组成。转子铁芯可做成凸极式或爪形，一般多用爪形磁极，转子励磁绕组的两端接到滑环上，通过与滑环接触的电刷与硅整流器的直流输出端相连，从而获得直流励磁电流。

独立运行的小型风力发电机组的风力机叶片多数是固定桨距的。当风力变化时，风力发电机组的转速随之发生变化，发电机的出口电压会产生波动，导致硅整流器输出的直流电压及发电机励磁电流的变化，并造成励磁磁场的变化，这样又会造成发电机出口电压的波动。这种连锁反应使得发电机出口电压的波动范围不断增大。显而易见，如果电压波动得不到控制，在向负载独立供电的情况下，将会影响供电的质量，甚至会造成用电设备损坏。此外，独立运行的风力发电机都带着蓄电池组，电压的波动会导致蓄电池组过充电，从而降低了蓄电池组的使用寿命。

励磁调节器的作用就是自动调节励磁，控制因风速变化而引起的电压波动，保护用电设备及蓄电池组。

励磁调节器主要由电压继电器、电流继电器、逆流继电器及其所控制的动断触点和动合触点以及电阻等组成。

当发电机转速较低，发电机端电压低于额定值时，电压继电器不动作，其动断触点闭合，硅整流器输出端电压直接施加在励磁绕组上，发电机属于正常励磁状况。当风速加大，发电机转速增高，发电机端电压高于额定值时，动断触点断开，励磁回路中被串入了电阻，励磁电流及磁通随之减小，发电机输出端电压也随之下降；当发电机电压降至额定值时，触点重新闭合，发电机恢复到正常励磁状况。

电流继电器的作用就是为了抑制发电机过负荷运行。

风力发电机组运行时，当用户投入的负载过多时，可能出现负载电流过大，超过额定值的状况，如不加以控制，使发电机过负荷运行，就会对发电机的使用寿命产生较大影响，甚至会损坏发电机的电子绕组。

电流继电器的动断触点串接在发电机的励磁回路中，发电机输出的负荷电流则通过电流继电器的绕组。当发电机的输出电流低于额定值时，继电器不工作，动断触点闭合，发电机属于正常励磁状况。当发电机输出电流高于额定值时，动断触点断开，电阻被串入励磁回路，励磁电流减小，从而降低发电机输出端电压，并减小了负载电流。

逆流继电器由电压线圈、电流线圈、动合触点及电阻组成，它的作用是防止无风或风速太低时，蓄电池组向发电机励磁绕组送电。

发电机正常工作时，逆流继电器的电压线圈及电流线圈内流过的电流产生的吸力使动合触点闭合。当风速太低，发电机端电压低于蓄电池组电压时，继电器电流线圈瞬间流过反向电流。此电流产生的磁场与电压线圈内流过的电流产生的磁场作用相反。而电压线圈内流过的电流由于发电机电压下降也减小了，由其产生的磁场也减弱了，故由电压线圈及电流线圈内电流所产生的总磁场的吸力减弱，使得动合触点断开，从而断开了蓄电池向发电机励磁绕组送电的回路。

实训1 风速风向仪安装调试

一、实训目的
1. 了解风速风向仪的基本原理和结构。
2. 熟悉风速风向仪的安装调试方法。

二、实训设备
1. 10kW 水平轴风力发电机用风速风向仪及测试系统装置。
2. 安装工具一套。

三、实训内容及步骤
1. 风速风向仪的工作原理

（1）风向部分

由风向标、风向度盘（磁罗盘）等组成，风向示值由风向指针在风向度盘上的位置来确定。

风向传感器的变换器为码盘和光电组件。当风向标随风向变化而转动时，通过轴带动码盘在光电组件缝隙中转动，产生的光电信号对应当时风向的格雷码输出。传感器的变换器可采用精密导电塑料电位器，从而在电位器活动端产生变化的电压信号输出。

（2）风速部分

采用传统的三环旋转架结构，仪器内的单片机对风速传感器的输出频率进行采样、计算，最后仪器输出瞬时风速、1分钟平均风速、瞬时风级、1分钟平均风级、平均风速及对应的水浪高度。测得的参数在液晶显示器上用数字直接显示出来。

风速传感器的感应元件是三风杯组件，由三个碳纤维风杯和杯架组成。转换器为多齿转杯和狭缝光耦。当风杯受水平风力作用而旋转时，通过轴转杯在狭缝光耦中的转动，输出频率的信号。

2. 安装风速风向仪

如图 2-14 所示，将风速仪、风向仪安装在风力发电机机身上，并将电源线与信号线引出。

图 2-14 风速风向仪安装

3. 调试风速风向仪

将安装好的风速风向仪放在模拟风场中进行调试，模拟风场如图 2-15 所示。首先通过调节变频器调节模拟风场风速,观察风速仪数据,并记录下频率与风速,绘制出风速-频率曲线。然后调节风场风向,观察风向仪变化情况,并记录下屏幕上对应的风向数据。

图 2-15 模拟风场

四、实训思考题

1. 风速与调节风场风速的电动机频率之间有什么关系?
2. 能否将实时测得的风速风向数据进行存储?

五、实训报告要求

对本次实训过程加以归纳、总结,完成实训报告。实训报告应至少包括以下几部分内容:

1. 实训时间、地点、人员;
2. 实训目的;
3. 实训设备;
4. 实训内容及具体过程;
5. 实训收获与体会。

实训2　小型风力发电机性能测试

一、实训目的

1. 了解小型风力发电机测试装置的基本原理结构。
2. 熟悉小型风力发电机性能测试的方法。
3. 测试小型风力发电机的各项参数,熟悉小型风力发电机的性能数据。

二、实训设备

1. 风力发电机测试平台。
2. 10kW 水平轴风力发电机机头。

三、实训内容及步骤

1. 风力发电机测试平台工作的基本原理

风力发电机测试平台采用交流电动机带动风力发电机运转。交流电动机通过减速器与联轴器拖动永磁发电机转动,来模拟不同风况条件下永磁发电机的发电情况。发电机输出通过开关连接测试平台,测试平台通过测量负载电阻的电压、电流、功率等参数来研究发电机转速与输出能量之间的关系。

2.安装风力发电机机头到测试平台

如图 2-16 所示，将要测试的风力发电机安装到测试平台上。

图 2-16 风力发电机测试平台

3.风力发电机性能测试

启动测试平台，依次测量风力发电机空载特性曲线、负载特性曲线、输出电压与转速关系曲线等特征曲线，并做好实训记录。

四、实训思考题

1.利用现有风力发电机测试平台还可以开展哪些性能测试？

2.如何实现对测试数据的自动实时记录？

五、实训报告要求

对本次实训过程加以归纳、总结，完成实训报告。实训报告应至少包括以下几部分内容：

1.实训时间、地点、人员；

2.实训目的；

3.实训设备；

4.实训内容及具体过程；

5.实训收获与体会。

习题

2-1 自然界的风是如何形成的？

2-2 风的两个基本特性是什么？如何测量？

2-3 叙述风力发电的能量转化过程。

2-4 风力发电机的主要性能参数有哪些？

2-5 试阐述贝兹理论的内容及含义。

2-6 风力发电系统如何分类？

第3章 水平轴风力发电机

3.1 水平轴风力发电机工作原理

3.1.1 水平轴风力发电机运行过程

风力发电机的运行方式主要有独立运行方式和并网运行方式两种。

独立运行的风力发电机主要通过风力机把风能转换为机械能，拖动发电机发电，经整流器得到稳定的直流电供给直流负荷，通过逆变器输出三相交流电，供给三相负载。蓄电池既有储能作用，又起稳定电压的作用，其原理如图3-1所示。

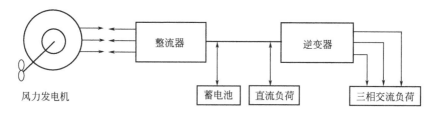

图3-1 风力发电系统原理图

并网运行一般采用的是大型风力发电机，由于容量比较大，一般不再采用蓄电池，而是与公共电网相连，发电机发出的电能通过电网供给用户或其他用电设备。

目前，并网型风力发电机的主导产品为定桨距失速调节型风力发电机。它的桨叶和轮毂连接是固定的。当风速变化时，桨叶迎风角不能改变。当来流速度增大时，叶片利用翼型的失速特性，发生分离后，翼型的升力减小，阻力增加，从而限定了功率的增加。失速调节的叶片截面翼型安装角由根部向叶尖逐渐减小，因而根部先进入失速，随风速增大，失速部分向叶尖扩展，原先失速的部分失速程度加深，没有失速的部分逐渐进入失速区。失速部分使功率减小，没有失速的部分继续增加功率，使风力机功率基本保持不变。这种风力机充分利用翼型的自动失速性能来控制功率的额定输出。由于它的机构简单，性能可靠，目前一些风力发电机常采用该设计方案。

从气动性能来考虑，通过调节桨叶的节距角（即叶片安放角）可以有效地改变风力机的气动转矩，所以从优化叶片气动性能的角度来看，发展变桨距叶片风力机是一种必然的选择。这种技术利用现代控制手段，随着来流风速的变化，不断对风力机的桨距角进行调整，达到风力机风能利用系数的最优值。变桨距技术可以通过改变节距角获得更小的启动风速，更好的大风制动性能；使额定点具有更高的风能利用系数，提高和确保高风速段的额定功率；具有功率输出平稳等优点。

(1) 定桨距风力发电机组的基本运行过程

1) 待机状态　当风速 $v>3m/s$，但不足以将风力发电机组拖动到切入的转速，或者风力发电机组从小功率（逆功率）状态切出，没有重新并入电网，这时的风力机处于自由转动状态，称为待机状态。待机状态除了发电机没有并入电网，机组实际上已处于工作状态。这时控制系统已做好切入电网的一切准备：机械刹车已松开；叶尖阻尼板已收回；风轮处于迎风状态；液压系统的压力保持在设定值上；风况、电网和机组的所有状态参数均在控制系统检测之中，一旦风速增大，转速升高，发电机即可并入电网。

2) 风力发电机组的自启动　风力发电机组的自启动是指风轮在自然风速的作用下，不依靠其他外力的协助，将发电机拖动到额定转速。早期的定桨距风力发电机组不具备自启动能力，风轮的启动是在发电机的协助下完成的，这时发电机作电动机运行，通常称为电动机启动（Motor start）。直到现在，绝大多数定桨距风力机仍具备电动机启动的功能。由于桨叶气动性能的不断改进，目前绝大多数风力发电机组的风轮具有良好的自启动性能。一般在风速 $v>4m/s$ 的条件下，即可自启动到发电机的额定转速。

3) 自启动的条件　正常启动前 10min，风力发电机组控制系统对电网、风况和机组的状态进行检测。这些状态必须满足以下条件。

① 电网

a. 连续 10min 电网没有出现过电压、低电压。

b. 电网电压 0.1s 内跌落值均小于设定值。

c. 电网频率在设定范围之内。

d. 没有出现三相不平衡等现象。

② 风况。连续 10min 风速在风力发电机组运行风速的范围内（$0.3m/s<v<25m/s$）。

③ 机组。

a. 发电机温度、增速器油温度应在设定值范围以内。

b. 液压系统所有部位的压力都在设定值。

c. 液压油位和齿轮润滑油位正常。

d. 制动器摩擦片正常。

e. 扭缆开关复位。

f. 控制系统 DC24V、AC24V、DC5V、DC±15V 电源正常。

g. 非正常停机后显示的所有故障均已排除。

h. 维护开关在运行位置。

上述条件满足时，按控制程序，机组开始执行"风轮对风"与"制动解除"指令。

4) 风轮对风　当风速传感器测得 10min 平均风速 $v>3m/s$ 时，控制器允许风轮对风。

偏航角度通过风向仪测定。当风力机向左或右偏离风向时，需延迟10s后才执行向左或向右偏航，以避免在风向扰动情况下的频繁启动。

释放偏航刹车1s后，偏航电动机根据指令执行左右偏航。偏航停止时，偏航刹车投入。

5) 制动解除 当自启动的条件满足时，控制叶尖扰流器的电磁阀打开，压力油进入桨叶液压缸，扰流器被收回与桨叶主体合为一体。控制器收到叶尖扰流器已回收的反馈信号后，压力油的另一路进入机械盘式制动器液压缸。松开盘式制动器。

6) 风力发电机组并网与脱网 当平均风速高于3m/s时，风轮开始逐渐启动；风速继续升高，当$v>4$m/s时，机组可自启动直到某一设定转速，此时发电机将按控制程序自动地连入电网。一般总是小发电机先并网；当风速继续升高到7～8m/s时，发电机将被切换到大发电机运行。如果平均风速处于8～20m/s，则直接从大发电机并网。

发电机的并网过程，是通过三相主电路上的三组晶闸管完成的。当发电机过渡到稳定的发电状态后，与晶闸管电路平行的旁路接触器合上，机组完成并网过程，进入稳定运行状态。为了避免产生火花，旁路接触器的开与关都是在晶闸管关断前进行的。

① 大小发电机的软并网程序

a.发电机转速已达到预置的切入点。该点的设定应低于发电机同步转速。

b.连接在发电机与电网之间的开关元件晶闸管被触发导通（这时旁路接触器处于断开状态），导通角随发电机转速与同步转速的接近而增大。随着导通角的增大，发电机转速的加速度减小。

c.当发电机达到同步转速时，晶闸管导通角完全打开，转速超过同步转速进入发电状态。

d.进入发电状态后，晶闸管导通角继续完全导通，但这时绝大部分的电流是通过旁路接触器输送给电网的，因为它比晶闸管电路的电阻小得多。

并网过程中，电流一般被限制在大发电机额定电流以下，如超出额定电流时间持续3.0s，可以断定晶闸管故障，需要安全停机。由于并网过程是在转速达到同步转速附近进行的，这时转差不大，冲击电流较小，主要是励磁涌流的存在，持续30～40ms，因此无需根据电流反馈调整导通角。晶闸管按照0°、15°、30°、45°、60°、75°、90°、180°导通角依次变化，可保证启动电流在额定电流以下。晶闸管导通角由0°增大到180°完全导通，时间一般不超过6s，否则被认为故障。

晶闸管完全导通1s后，旁路接触器吸合，发出吸合命令1s内应收到旁路反馈信号，否则旁路投入失败，正常停机。在此期间，晶闸管仍然完全导通，收到旁路反馈信号后，停止触发，风力发电机组进入正常运行。

② 从小发电机向大发电机的切换。为提高发电机运行效率，风力发电机采用了双速发电机。低风速时，小发电机工作，高风速时，大发电机工作。小发电机为6极绕组，同步转速为1000r/min，大发电机为4极绕组，同步转速为1500r/min。小发电机向大发电机切换的控制，一般以平均功率或瞬时功率参数为预置切换点。

执行小发电机向大发电机的切换时，首先断开小发电机接触器，再断开旁路接触器。此时，发电机脱网，风力将带动发电机转速迅速上升，在到达同步转速1500r/min附近时，再次执行大小发电机的软并网程序。

③ 大发电机向小发电机的切换。当发电机功率持续10min内低于预置值P_0时，或10min内平均功率低于预置值P_1时，将执行大发电机向小发电机的切换。

首先断开大发电机接触器，再断开旁路接触器。由于发电机在此之前仍处于出力状态，转速在1500r/min以上，脱网后转速将进一步上升。由于存在过速保护和计算机超速检测，因此，应迅速投入小发电机接触器，执行软并网。由电网负荷将发电机转速拖到小发电机额定转速附近。只要转速不超过超速保护的设定值，就允许执行小发电机软并网。

由于风力机是一个巨大的惯性体，当它转速降低时要释放出巨大的能量，这些能量在过渡过程中将全部加在小发电机轴上而转换成电能，这就必然使过渡过程延长。为了使切换过程安全、顺利地进行，可以考虑在大发电机切出电网的同时释放叶尖扰流器，使转速下降到小发电机并网预置点以下，再由液压系统收回叶尖扰流器。稍后，发电机转速上升，重新切入电网。

④ 电动机启动。电动机启动是指风力发电机组在静止状态时，把发电机用作电动机，将机组启动到额定转速并切入电网。电动机启动目前在大型风力发电机组的设计中不再进入自动控制程序，因为气动性能良好的桨叶在风速 $v>4m/s$ 的条件下即可使机组顺利地自启动到额定转速。

电动机启动一般只在调试期间无风时或某些特殊的情况下，比如气温特别低，又未安装齿轮油加热器时使用。电动机启动可使用安装在机舱内的上位控制器按钮或是通过主控制器键盘的启动按钮操作，总是作用于小发电机。发电机的运行状态分为发电机运行状态和电动机运行状态。发电机启动瞬间，存在较大的冲击电流（甚至越过额定电流的 10 倍），将持续一段时间（由静止至同步转速之前），因而发电机启动时需采用软启动技术，根据电流反馈值，控制启动电流，以减小对电网冲击和机组的机械振动。电动机启动时间不应超出 60s，启动电流小于小发电机额定电流的 3 倍。

(2) 风力发电机组的基本控制要求

1）控制系统的基本功能。

① 根据风速信号自动进入启动状态或从电网切出。

② 根据功率及风速大小自动进行转速和功率控制。

③ 根据风向信号自动对风。

④ 根据功率因数自动投入（或切出）相应的补偿电容。

⑤ 当发电机脱网时，能确保机组安全停机。

⑥ 在机组运行过程中，能对电网、风况和机组的运行状况进行监测和记录，对出现的异常情况能够自行判断并采取相应的保护措施，能够根据记录的数据，生成各种图表，以反映风力发电机组的各项性能指标。

⑦ 对在风电场中运行的风力发电机组还应具备远程通信的功能。

2）运行过程中的主要参数监测

① 电力参数监测。风力发电机组需要持续监测的电力参数包括电网三相电压、发电机输出的三相电流、电网频率、发电机功率因数等。这些参数无论风力发电机组是处于并网状态还是脱网状态都被监测，用于判断风力发电机组的启动条件、工作状态及故障情况，还用于统计风力发电机组的有功功率、无功功率和总发电量。此外，还根据电力参数，主要是发电机有功功率和功率因数，确定补偿电容的投入与切出。

a. 电压测量。电压测量主要检测以下故障。

(a) 电网冲击。相电压超过 450V　0.2s。

(b) 过电压。相电压超过 433V　50s。

(c) 低电压。相电压低于 329V　50s。

(d) 电网电压跌落。相电压低于 260V　0.1s。

(e) 相序故障。

对电压故障要求反应较快。在主电路中设有过电压保护，其动作设定值可参考冲击电压整定保护值。发生电压故障时，风力发电机组必须退出电网，一般采取正常停机，而后根据情况进行处理。

电压测量值经平均值算法处理后，可用于计算机组的功率和发电量的计算。

b. 电流测量。关于电流的故障如下。

(a) 电流跌落。0.1s 内一相电流跌落 80%。

(b) 三相不对称。三相中有一相电流与其他两相相差过大，相电流相差 25%；平均电流低于 50A 时，相电流相差 50%。

(c) 晶闸管故障。软启动期间，某相电流大于额定电流或者触发脉冲发出后电流连续 0.1s 为 0。

对电流故障同样要求反应迅速。通常控制系统带有两个电流保护，即电流短路保护和过电流保护。电流短路保护采用断路器，动作电流按照发电机内部相间短路电流整定，动作时间 0～0.05s。过电流保护由软件控制，动作电流按照额定电流的 2 倍整定，动作时间 1～3s。

电流测量值经平均值算法处理后，与电压、功率因数合成为有功功率、无功功率及其他电力参数。

电流是风力发电机组并网时需要持续监视的参量，如果切入电流不小于允许极限，则晶闸管导通角不再增大，当电流开始下降后，导通角逐渐打开直至完全开启。并网期间，通过电流测量可检测发电机或晶闸管的短路及三相电流不平衡信号。如果三相电流不平衡超出允许范围，控制系统将发出故障停机指令，风力发电机组退出电网。

c. 频率。电网频率被持续测量。测量值经平均值算法处理与电网上、下限频率进行比较，超出时风力发电机组退出电网。

电网频率直接影响发电机的同步转速，进而影响发电机的瞬时输出。

d. 功率因数。功率因数通过分别测量电压相角和电流相角获得，经过移相补偿算法和平均值算法处理后，用于统计发电机有功功率和无功功率。

由于无功功率导致电网的电流增加，线损增大，且占用系统容量，因而送入电网的功率，感性无功分量越小越好，一般要求功率因数保持在 0.95 以上。为此，风力发电机组使用了电容器补偿无功功率。考虑到风力发电机组的输出功率常在大范围内变化，补偿电容器一般按不同容量分成若干组，根据发电机输出功率的大小来投入与切出。这种方式投入补偿电容时，可能造成过补偿。此时会向电网输入容性无功功率。

电容补偿并未改变发电机运行状况。补偿后，发电机接触器上电流应大于主接触器电流。

e. 功率。功率可通过测得的电压、电流、功率因数计算得出，用于统计风力发电机组的发电量。

风力发电机组的功率与风速有固定的函数关系，如测得的功率与风速不符，可以作为风力发电机组故障判断的依据。当风力发电机组功率过高或过低时，可以作为风力发电机组退出电网的依据。

② 风力参数监测

a. 风速。风速通过机舱外的数字式风速仪测得。计算机每秒采集一次来自于风速仪的风速数据；每 10min 计算一次平均值，用于判别启动风速（$v>3m/s$）和停机风速（$v>25m/s$）。安装在机舱顶上的风速仪处于风轮的下风向，本身并不精确，一般不用来产生功率曲线。

b. 风向。风向标安装在机舱顶部两侧，主要测量风向与机舱中心线的偏差角。控制器根据风向信号启动偏航系统。当风速低于3m/s时,偏航系统不会启动。

③ 机组状态参数检测

a. 转速。风力发电机组转速的测量点有两个,即发电机转速和风轮转速。

转速测量信号用于控制风力发电机组并网和脱网,还可用于启动超速保护系统,当风轮转速超过设定值 n_1 或发电机转速超过设定值 n_2 时,超速保护动作,风力发电机组停机。

风轮转速和发电机转速可以相互校验。如果不符,则提示风力发电机组故障。

b. 机舱振动。为了检测机组的异常振动,在机舱上应安装振动传感器。传感器由一个与微动开关相连的钢球及其支撑组成。异常振动时,钢球从支撑它的圆环上落下,拉动微动开关,引起安全停机。重新启动时,必须重新安装好钢球。

机舱后部还设有桨叶振动探测器。过振动时将引起正常停机。

c. 电缆扭转。由于发电机电缆及所有电气、通信电缆均从机舱直接引入塔筒,直到地面控制柜。如果机舱经常向一个方向偏航,会引起电缆严重扭转,因此偏航系统还应具备扭缆保护的功能。偏航齿轮上安有一个独立的记数传感器,以记录相对初始方位所转过的齿数。当风力机向一个方向持续偏航达到设定值时,表示电缆已被扭转到危险的程度,控制器将发出停机指令并显示故障。风力发电机组停机并执行顺或逆时针解缆操作。为了提高可靠性,在电缆引入塔筒处(即塔筒顶部)还安装了行程开关,行程开关触点与电缆相连,当电缆扭转到一定程度时可直接拉动行程开关,引起安全停机。

为了便于了解偏航系统的当前状态,控制器可根据偏航记数传感器的报告,以记录相对初始方位所转过的齿数,显示机舱当前方位与初始方位的偏转角度及正在偏航的方向。

d. 机械刹车状况。在机械刹车系统中装有刹车片磨损指示器。如果刹车片磨损到一定程度,控制器将显示故障信号,这时必须更换刹车片后才能启动风力发电机组。

在连续两次动作之间有一个预置的时间间隔,使刹车装置有足够的冷却时间,以免重复使用使刹车盘过热。根据不同型号的风力发电机组,也可用温度传感器来取代设置延时程序。这时刹车盘的温度必须低于预置的温度才能启动风力发电机组。

3)功率过高或过低的处理

① 功率过低。如果发电机功率持续(一般设置30~60s)出现逆功率,其值小于预置值 P,风力发电机组将退出电网,处于待机状态。脱网动作过程如下:断开发电机接触器,断开旁路接触器,不释放叶尖扰流器,不投入机械刹车。

重新切入可考虑将切入预置点自动提高0.5%,但转速下降到预置点以下后升起再并网时,预置值自动恢复到初始状态值。

重新并网动作过程如下:闭合发电机接触器,软启动后晶闸管完全导通。当输出功率超过 P_s 3s时,投入旁路接触器,转速切入点变为原定值。功率低于 P_s 时,由晶闸管通路向电网供电,这时输出电流不大,晶闸管可连续工作。

这一过程是在风速较低时进行的。发电机出力为负功率时,吸收电网有功功率,风力发电机组几乎不做功。如果不提高切入设置点,启动后仍然可能是电动机运行状态。

② 功率过高。一般说来,功率过高现象由两种情况引起。一是由于电网频率波动引起的。电网频率降低时,同步转速下降,而发电机转速短时间不会降低,转差较大,各项损耗及风力转换机械能瞬时不突变,因而功率瞬时会变得很大。二是由于气候变化,空气密度的增加引起的。功率过高如持续一定时间,控制系统应作出反应。可设置为:当发电机出力持续10min大于额定功率的15%后,正常停机;当功率持续2s大于额定功率的50%,安全停机。

4)风力发电机组退出电网 风力发电机组各部件受其物理性能的限制,当风速超过一定的限度时,必须脱网停机。例如风速过高将导致叶片大部分严重失速,受剪切力矩超出承受限度而导致过早损坏,因而在风速超出允许值时,风力发电机组应退出电网。

由于风速过高引起的风力发电机组退出电网有以下几种情况。

① 风速高于 25m/s,持续 10min。一般来说,由于受叶片失速性能限制。在风速超出额定值时发电机转速不会因此上升。但当电网频率上升时,发电机同步转速上升,要维持发电机出力基本不变,只有在原有转速的基础上进一步上升,可能超出预置值。这种情况通过转速检测和电网频率监测可以做出迅速反应。如果过转速,释放叶尖扰流器后还应使风力发电机组侧风 90°,以便转速迅速降下来。当然,只要转速没有超出允许限额,只需执行正常停机。

② 风速高于 33m/s,持续 2s,正常停机。

③ 风速高于 50m/s,持续 1s,安全停机,侧风 90°。

(3) 变桨距风力发电机组的运行状态

从空气动力学角度考虑。当风速过高时,只有通过调整桨叶节距,改变气流对叶片的攻角,从而改变风力发电机组获得的空气动力转矩,才能使功率输出保持稳定。同时,风力机在启动过程也需要通过变距来获得足够的启动转矩。

变桨距风力发电机组根据变距系统所起的作用可分为三种运行状态,即风力发电机组的启动状态(转速控制)、欠功率状态(不控制)和额定功率状态(功率控制)。

1) 启动状态 变距风轮的桨叶在静止时,节距角为 90°,这时气流对桨叶不产生转矩,整个桨叶实际上是一块阻尼板。当风速达到启动风速时,桨叶向 0°方向转动,直到气流对桨叶产生一定的攻角,风轮开始启动。在发电机并入电网以前,变桨距系统的节距给定值由发电机转速信号控制。转速控制器按一定的速度上升斜率给出速度参考值,变桨距系统根据给定的速度参考值,调整节距角,进行所谓的速度控制。为了确保并网平稳,对电网产生尽可能小的冲击,变桨距系统可以在一定时间内保持发电机的转速在同步转速附近,寻找最佳时机并网。虽然在主电路中也采用了软并网技术,但由于并网过程的时间短(仅持续几个周期),冲击小,可以选用容量较小的晶闸管。

为了使控制过程比较简单,早期的变桨距风力发电机在转速达到发电机同步转速前对桨叶节距并不加以控制。在这种情况下,桨叶节距只是按所设定的变距速度,将节距角向 0°方向打开,直到发电机转速上升到同步转速附近,变桨距系统才开始投入工作。转速控制的给定值是恒定的,即同步转速。转速反馈信号与给定值进行比较。当转速超过同步转速时,桨叶节距就向迎风面积减小的方向转动一个角度,反之则向迎风面积增大的方向转动一个角度。当转速在同步转速附近保持一定时间后发电机即并入电网。

2) 欠功率状态 欠功率状态是指发电机并入电网后,由于风速低于额定风速,发电机在额定功率以下的低功率状态运行。与转速控制道理相同,在早期的变桨距风力发电机组中,对欠功率状态不加控制。这时的变桨距风力发电机组与定桨距风力发电机组相同,其功率输出完全取决于桨叶的气动性能。

3) 额定功率状态 当风速达到或超过额定风速后,风力发电机组进入额定功率状态。在传统的变桨距控制方式中,这时将转速控制切换到功率控制,变桨距系统开始根据发电机的功率信号进行控制。控制信号的给定值是恒定的,即额定功率。功率反馈信号与给定值进行比较,当功率超过额定功率时,桨叶节距就向迎风面积减小的方向转动一个角度,反之则向迎风面积增大的方向转动一个角度。控制系统框图如图 3-2 所示。

由于变桨距系统的响应速度受到限制,对快速变化的风速,通过改变节距来控制输出功

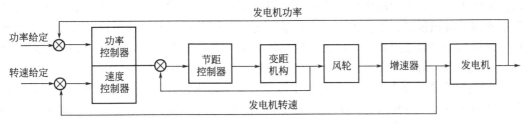

图 3-2　控制系统框图

率的效果并不理想，因此，为了优化功率曲线，最新设计的变桨距风力发电机组在进行功率控制的过程中，其功率反馈信号不再作为直接控制桨叶节距的变量。变桨距系统由风速低频分量和发电机转速控制，风速的高频分量产生的机械能波动，通过迅速改变发电机的转速来进行平衡，即通过转子电流控制器对发电机转差率进行控制。当风速高于额定风速时，允许发电机转速升高，将瞬变的风能以风轮动能的形式储存起来；速转降低时，再将动能释放出来，使功率曲线达到理想的状态。

(4) 风力发电机的安全运行

为了确保风力发电机正常运行，应制定"设备运行安全操作规程"，其中包括对风电机组的日常维护、小修、中修、大修的时间和标准，以确保风力发电机正常运行，提高其利用率，创造更大的经济效益。同时也包括维修人员高处作业的安全保护措施及维修人员必须遵守的条例，以保证维修人员和管理人员的人身安全。

另外，自然灾害和其他人为因素也会造成对风力发电机的破坏和危及他人的人身安全。不论是单机使用还是风电场的使用者、维修人员及管理人员，都应注意防范。

1) 提高使用、维护、管理人员的技术能力

① 对单机使用的用户应进行技术培训。风力发电机是综合性很强的风能发电设备，其中包括机械、电机、电控、液压机械及微机多种学科。要将风力发电机使用好、管理好、维护好，使风力发电机为用户创造更好的经济效益，风力发电机制造企业应对用户进行培训，使他们掌握简单的风力发电机的机理、结构、使用、维护、修理常识，及对自然灾害的防范等。

② 对风电场的员工进行培训。

2) 风力发电机对自然灾害的防护

① 风力发电机应安装避雷装置。风力发电机的安装地点应避开落雷区，以免遭到雷击，造成人员的伤害及对风力发电机的破坏。即使未安装在落雷区也应防雷击，应安装避雷装置。

单机使用的应在不妨碍风力发电机运行而又靠近风力发电机的地方安装避雷装置。风电场应根据风力发电机所占面积的大小确定避雷装置的数量，以保证风力发电机不遭雷击而安全运行。避雷装置应高于风力发电机的总高度并且要可靠接地，起到避雷的作用。

② 防止台风、强风暴对风力发电机的袭击。单机使用的风力发电机及风电场的风力发电机都应注意防止台风、强风暴对风力发电机的袭击。尤其沿海或沿海岛屿的风力发电机更要注意台风、强风暴对风力发电机的袭击。在台风、强风暴未到来之前应采取安全措施，比如刹车停机，对塔架临时打拉线加固，对叶片用绳索加固等，以防塔架被刮弯、刮倒或叶片被吹弯、吹断，造成损失或破坏。

③ 风力发电机应防止风雪的袭击。在我国东北、华北、西北陆地型风能资源区安装的风力发电机，应防止风雪对风力发电机的袭击。在这些区域的秋冬之交、冬春之交，常发生

先雨后雪的天气，风力发电机的叶片先被雨淋湿，再落上大雪，继而结成厚冰，边落边冻，叶片上的冰雪越积越厚，不仅加大叶片重量，还会因积雪厚度的不同造成叶片重量不平衡，这样叶片转动会引起强烈振动。因此，遭到风雪袭击时，应及时刹车停机。待风雪过后，清理叶片上的积雪，清除转盘周围的冰雪之后，再让风力发电机运行。

④ 风力发电机的防腐蚀。由于地球上以煤、重油等为燃料的火电厂、冬季采暖的锅炉、汽车尾气都在向大气中排放着SO_2、CO_2和烟尘，SO_2与水蒸气结合，在下雨时形成酸雨，对裸露在空间的风力发电机造成严重的腐蚀，所以风力发电机应定期进行防锈涂漆处理，以保证风力发电机安全运行。

在沿海和海岛上安装的风力发电机，除受酸雨的腐蚀外，还要受到含盐的空气的侵蚀，所以防腐蚀处理更为重要。应定期进行防锈涂漆处理。

⑤ 由微机控制的风力发电机应注意防干扰。微机控制的风力发电机应注意强电磁场的干扰。强电磁场的频率十分宽，强度高，往往造成误指令，甚至强电磁波会使控制电器误动作，从而造成十分麻烦甚至很严重的破坏事故。微机控制的风力发电机的各部传感器输入线、执行指令的输出线等，都应进行可靠的屏蔽，以确保微机不受强电磁波的干扰，能够正确可靠地运行。

⑥ 防止风力发电机叶片断裂。风力发电机长期运行，叶片接受风能转动去驱动发电机发电，叶片在转动中其根部的轴受各种应力的作用，往往使叶片根部发生疲劳裂纹而折断。所以风力发电机在运行3万~4万小时后每月都应细致检查，或对叶片根部的轴及与轮毂连接处进行探伤检查，发现裂纹即时停机，更换新轴，以防叶片在运行中断裂发生事故。风力发电机运行3万~4万小时后应更换叶片连接轴。

3) 安全保护措施　对于大中型风力发电机组来说，要保证其在多种恶劣环境下稳定可靠运行，对大中型风力发电机组必须采取必要的安全保护措施。归纳起来，主要有以下几种保护方法：防雷击保护、超速保护、机组振动保护、发电机过热保护、过压及短路保护等。

a. 防雷击保护。风力发电机组安装在旷野比较高的塔上，在雷电活动地区极易遭雷击。统计表明，不论叶片是木材还是玻璃钢，也不管叶片里是否有导电部件，均可能遭受雷击。叶片完全绝缘并不能减小雷击的危险，反而只能增加损伤量。大多数事故中，叶片遭受雷击区是叶尖的隐蔽面（负压面）。

风力机防雷方法主要是采用避雷针保护和风力发电机组的防雷接地。

b. 超速保护。当风轮转速超过允许范围时，为了防止风轮飞车而损坏叶片，造成更大的损失，风力发电机组都有速度检测环节，及时采取刹车办法。

c. 机组振动保护。风力发电机组中有一个振动传感器，当主机振动较大时，振动传感器发出信号，刹车停机。

d. 发电机过热保护。发电机内设温度传感器，当温度超过允许时，控制系统自动停机。

(5) 风力发电机的维护与常见故障分析

1) 风力发电机的维护　风力发电机主要部件设计寿命为20~30年。在不受到意外灾害时不会出现大的故障。风力发电机需日常维护的主要是检查各紧固部件是否松动，各转动部件、轴承的润滑，有刷励磁交流发电机的滑环、碳刷的清洗，更换碳刷，电控系统接触器触点等的维护。

① 风力发电机转动部分的轴承每隔3个月应注一次润滑油或脂，最长不能超过6个月，机舱内的发电机等最长时间不能超过1年，视风力发电机运行情况而定。

② 增速器内的润滑、冷却用油，每月都应检查1次是否缺油、漏油。1年更换一次，最

多不能超过 2 年。

③ 有刷励磁的发电机，每周都应检查 1 次碳刷、滑环是否打火烧出坑，应检查、维修或更换。

④ 制动器的刹车片每月都应检查 1 次，调整间隙，确保制动刹车。

⑤ 每月应检查 1 次液压系统是否漏油。

⑥ 每月应检查 1 次所有紧固件是否松动，往往由于紧固件的松动造成大的事故和损失。

⑦ 对于发电机输出用集电环和碳刷，每月应检查 1 次碳刷和集电环是否接触良好。用电缆直接输出的也应检查电缆是否打结，以防解绕失灵而机械停机开关未起作用造成电缆过缠绕。

⑧ 单机使用的风力发电机经整流（或直接）给蓄电池充电，再经蓄电池至"直—交"逆变器的，或"交—交"逆变器的，应每天检查 1 次蓄电池的充、放电情况及联锁开关是否正常，以防蓄电池过充、放电而报废。并对逆变器进行检查，以防交流频率发生变化可能对用电器造成损害。

⑨ 每天都应检查电控系统是否正常。

⑩ 对微机控制的风力发电机也应按上述各条进行日常维护，应尽量减少因故障停机修理，以提高风力发电机的利用率。

风力发电机靠日常维护，保持良好状态才能正常运行，以达到 20～30 年的使用寿命。

2）常见故障及故障排除　风力发电机在允许的风速范围内正常运行发电，只要保证日常维护，一般是不会出现故障的。但风力发电机由于长期运转或遭强风袭击等因素也会出现故障。表 3-1 列出了常见故障及故障排除的方法。

表 3-1　风力发电机常见故障及故障排除的方法

序　号	故障现象	故障原因	故障排除方法
1	风轮转动时发出异常声响	机舱罩松动或松动后碰到转动件	重新紧固机舱罩紧固螺栓
		风轮轴承座松动或轴承损坏	重新调整风轮轴和增速器的同轴度，将固定螺栓拧紧，紧固牢靠；若轴承损坏，应更换轴承，重新安装轴承座
		增速器松动或齿轮箱轴损坏	调整增速器的同轴度，重新紧固其固定螺栓；拆下增速器，更换轴承及油封，重新安装增速器
		制动器松动	重新固定制动器及调整刹车片间隙
		发电机松动	重新调整发电机的同轴度并将紧固螺栓紧固牢靠
		联轴器损坏	更换联轴器
2	风速达到额定风速以上，但风轮达不到额定转速，发电机不能输出额定电压	调速器卡滞，停留在一个位置上	扭头、仰头、离心飞球、空气动力调速的平衡弹簧断裂或拉力（压力）变化，应更换或调整；找出变桨距驱动系统的卡滞位置，消除卡滞现象；液压驱动变桨距的油缸卡死或漏油，更换油缸或解决漏油
		发电机转子和定子接触摩擦	发电机轴承损坏，应拆下更换；发电机轴弯，拆下转子进行校直或更换
		增速器轴承或风轮轴轴承损坏	拆下更换，重新调整同轴角度安装好
		刹车片回位弹簧失效，致使刹车片处在半制动状态	更换弹簧，重新调整刹车片间隙
		微机调速失灵	检查微机输出信号，控制系统故障，排除；微机可能受干扰而误发指令，排除干扰接受部位，屏蔽好；或速度传感器坏，更换
		变桨距轴承坏	更换轴承
		变桨距同步器坏	更换或修理变桨距同步器

续表

序 号	故障现象	故障原因	故障排除方法
3	调向不灵或不能调向	下风向或尾舵调向的阻尼器阻力太大	将阻尼器弹簧压力调小
		扭头、仰头调速的平衡弹簧拉力小或失效	将平衡弹簧调整到额定风速以上的位置,扭头或仰头,弹簧失效更换
		调向电机失控或带病运转或其轴承坏;风速计或测速发电机有误	启动调向电机电控坏,更换或更换电机轴承,重新安装调向电机;调向电机定子部分短路或开路,拆下检查,重新布线,修好再重新安装;检查风速计和测速发电机,坏者更换
		调向转盘轴承进土且润滑不良,阻力太大或转盘轴承坏,不能转动	检查转盘轴承,进土应清除,清洗注油,更换油封;转盘轴承坏,需要拆下机舱更换,此时应进行一次大修,更换所有轴承,更换润滑油等
		微机指令有误,调向失灵	检查微机各芯片,检查程序,检查控制用磁力启动器或放大器。芯片坏,更换;程序有误,重新输入正确程序;启动器坏或放大器坏,更换;有屏蔽坏,重新屏蔽好;传感器失效,更换
4	风轮时快时慢(风速变化不大)	扭头、仰头调速弹簧失效	更换调速弹簧
		调速油缸有气或液压管路有气,密封圈磨损漏油	更换油缸密封圈,找出管路接头漏油进气点,更换密封垫,将管路气体排除,消除液压油缸活塞摆动现象
		调速电机电压波动太大	查出电压波动原因,消除电压波动
		叶片变桨距轴滚键	拆下叶片,更换新轴滚键,重新安装
		微机调速输出失灵	检查微机程序和微机输出,驱动芯片坏,更换;驱动模块坏,更换;接触器触点烧坏,更换
5	风轮转动而发电机不发电(无电压)	发电机不励磁	停机检修
		励磁路断或接触不良	励磁回路断线或接触不良,查出接好
		电刷与滑环接触不良或碳刷烧坏	有刷励磁应检查电刷、滑环,接触不良应调整刷握弹簧。电刷表面烧坏应更换,对滑环表面应清洗、磨圆
		励磁绕组断线	找出重新接好
		晶闸管不起励	检查触发线路,修理;晶闸管击穿或断路,更换
		发电机剩磁消失	重新用直流电源励磁,待发电机正常发电再切除直流电源
		晶闸管烧毁	更换晶闸管
		励磁发电机转子绕组短路、断路	拆下发电机,再从发电机上拆下励磁机,修理好再安装上
		发电机定子绕组断、短路	拆下发电机,重新下定子绕组,重新安装发电机
		直流发电机转子绕组断、短路	更换新发电机或修理转子,重新下线,焊接铜头(换向器)
		定子或转子输出断、短路	检查,排除,重新更换线圈
6	发电机电压振荡	电网电压振荡	向电网管理部门报告,待电压稳定后再合闸送电
		发电机励磁电流小	增加励磁电流,若励磁电压低,应全面检查励磁系统,查出故障,即行排除
		电刷跳动	调整刷握弹簧,消除电刷跳动
		发电机输出线松动	拧紧螺栓
		集电环和碳刷跳动	调整刷握弹簧,消除跳动,同时检查碳刷,表面跳火出坑,更换
		谐波引起的电压振荡	更换整流管、滤波电容,消除振荡

续表

序　号	故障现象	故障原因	故障排除方法
7	发电机组正常运转,输出电压低	励磁电流不足	调整励磁电流,使发电机达到额定输出电压
		无刷励磁的整流器处在半击穿状态	停机,拆下励磁机,检查整流器,更换
		负荷重	减轻负荷
8	发电机过热	负载太重	减轻负荷
		发电机轴承损坏或磨损严重,定子碰到转子	更换轴承,重新安装发电机
		散热不良	冷却空气不流通,清洗
9	发电机机舱振动	风轮轴承座松动	停止检查,拧紧风轮轴承座固定螺栓
		可变桨距轴承损坏	停机检查
		转盘上推轴承间隙太大	调整转盘上推轴承间隙,使之减小,消除振动
10	塔架振动或频繁晃动	塔架基础地脚螺母松动	拧紧地脚螺母

3.1.2　水平轴风力发电机的功率控制

所有风力发电机的功率输出都是随着风力而变化的。在风速很低的时候,风力发电机风轮会保持不动。当到达切入风速时(通常3～4m/s),风轮开始旋转并牵引发电机开始发电。随着风力越来越强,输出功率会增加。当风速达到额定风速时,风力发电机会输出额定功率,之后输出功率会保持大致不变。当风速进一步加强,达到切出风速时,风力发电机会刹车,不再输出功率,以免受损。

风力发电机按功率控制方式可分为定桨距、变桨距和主动失速调节。对于变桨距和主动失速控制方式,叶片和轮毂都通过变桨轴承连接,即都通过变桨距实现控制。

变桨距调节:风速低于额定风速时,保证叶片在最佳攻角状态,以获得最大风能;当风速超过额定风速后,变桨距系统减小叶片攻角,保证输出功率在额定范围内。

主动失速调节:风速低于额定风速时,控制系统根据风速分几级控制,控制精度低于变桨距控制;当风速超过额定风速后,变桨距系统通过增加叶片攻角,使叶片"失速",限制风轮吸收功率增加。这一点与定桨风机的失速调节类似,称为"主动失速"。

(1) 定桨距失速调节型风力发电机的功率控制

定桨距风力发电机组的主要特点是桨叶与轮毂固定连接,桨叶的迎风角度固定不变,即当风速变化时,桨叶的迎风角度不能随之变化。失速型是指利用桨叶翼型本身的失速特性,在高于额定风速下,气流的攻角增大到失速条件,使桨叶的表面产生紊流,效率下降,达到限制功率的目的。

为了提高风力发电机组在低风速时的效率,通常采用双速发电机(即大/小发电机)。在低风速段运行时,采用小发电机,使桨叶具有较高的气动效率,提高发电机的运行效率。采用这种方式的风力发电系统控制调节简单可靠。风速变化引起的输出功率的变化,只通过桨叶的被动失速调节,而控制系统不作任何控制。但为了产生失速效应,叶片设计较重,结构复杂,机组整体效率较低,当风速达到一定值时必须停机。

1) 功率输出　根据风能转换的原理,风力发电机组的功率输出主要取决于风速,但除此以外,气压、气温和气流扰动等因素也显著地影响其功率输出,因为定桨距叶片的功率曲线是在空气的标准状态下测出的。而桨叶的失速性能只与风速有关,只要达到了叶片气动外形所决定的失速调节风速，不论是否满足输出功率，桨叶的失速性能都要起作用，影响功率输出。因此，当气温升高，空气密度就会降低，相应的功率输出就会减少，反之功率输出就会增大。对于一台750kW容量的定桨距风力发电机组，最大的功率输出可能会出现偏差。因此在冬季与夏季，应对桨叶的安装角各作一次调整。

为了解决这一问题，近年来定桨距风力发电机组制造商又研制了主动失速型定桨距风力发电机组。采取主动失速的风力机开机时，将桨叶节距推进到可获得最大功率的位置，当风力发电机组超过额定功率后，桨叶节距主动向失速方向调节，将功率调整在额定值上。由于功率曲线在失速范围的变化率比失速前要低得多，所以控制相对容易，输出功率也更加平稳。

2) 节距角与额定转速的设定对功率输出的影响　定桨距风力发电机组的桨叶节距角和转速都是固定不变的，这一限制，使得风力发电机组的功率曲线上只有一点具有最大功率系数，这一点对应于某一个叶尖速比。当风速变化时，功率系数也随之改变。要在变化的风速下保持最大功率系数，必须保持转速与风速之比不变，也就是说，风力发电机组的转速要能够跟随风速的变化。对同样直径的风轮驱动的风力发电机组，其发电机额定转速可以有很大变化，而额定转速较低的发电机在低风速时具有较高的功率系数，额定转速较高的发电机在高风速时具有较高的功率系数，这就是采用双速发电机的根据。需说明的是额定转速并不是按在额定风速时具有最大的功率系数设定的。因为风力发电机组与一般发电机组不一样，它并不是经常运行在额定风速点上，并且功率与风速的3次方成正比。只要风速超过额定风速，功率就会显著上升，这对于定桨距风力发电机组来说是根本无法控制的。事实上，定桨距风力发电机组早在风速达到额定值以前就已开始失速了，到额定点时的功率系数已相当小，如图3-3所示。

另一方面，改变桨叶节距角的设定，也显著影响额定功率的输出。根据定桨距机的特点，应当尽量提高低风速时的功率系数和考虑高风速时的失速性能。为此需要了解桨叶节距角的改变究竟如何影响风力机的功率输出。图3-4中所示是一组200kW风力发电机组的功率曲线。

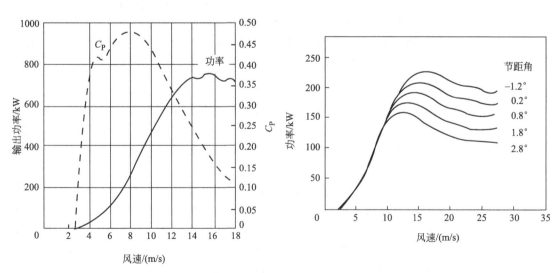

图3-3　定桨距风力发电机组的功率曲线与功率系数　　图3-4　桨叶节距角对输出功率的影响

无论从实际测量还是理论计算所得的功率曲线都可以说明，定桨距风力发电机组在额定风速以下运行时，在低风速区，不同的节距角所对应的功率曲线几乎是重合的；但在高风速区,节距角的变化对其最大输出功率(额定功率点)的影响是十分明显的。事实上,调整桨叶的节距角,只是改变了桨叶对气流的失速点。根据实验结果,节距角越小,气流对桨叶的失速点越高,其最大输出功率也越高。这就是定桨距风力机可以在不同的空气密度下调整桨叶安装角的根据。

(2) 变桨距调节型风力发电机的功率控制

变桨距风力发电机的叶片与轮毂通过轴承连接,桨距角可改变。其调节方法为:当风力发电机组达到运行条件时,控制系统命令调节桨距角调到45°,当转速达到一定时,再调节到0°,直到风力发电机达到额定转速并网发电。在风力机中,通过对桨距角的主动控制,可以克服定桨距/被动失速调节的许多缺点。

图3-17表示了输出功率对桨距角变化的敏感性。

桨距角最重要的应用是功率调节,桨距角的控制还有其他优点。当风轮开始旋转时,采用较大的正桨距角,可以产生一个较大的启动力矩。停机的时候,经常使用90°的桨距角,因为在风力机刹车制动时,这样做使得风轮的空转速度最小。在90°正桨距角时,叶片称为"顺桨"。

在额定风速以下时,风力发电机组应该尽可能地捕捉较多的风能,所以这时没有必要改变桨距角,桨距角保持在0°位置不变,不做任何调节。此时的空气动力载荷通常比在额定风速上时小,因此也没有必要通过变桨距来调节载荷。然而,恒速风力发电机组的最佳桨距角随着风速的变化而变化,因此对于一些风力发电机组,在额定风速以下时,桨距角随风速仪或功率输出信号的变化而缓慢地改变角度。

在额定风速以上时,变桨距控制可以有效调节风力发电机组吸收功率及叶轮载荷,使其不超过设计的限定值。然而,为了达到良好的调节效果,变桨距控制应该对变化的情况作出迅速的响应。这种主动的控制器需要仔细设计,因为它会与风力发电机组的动态特性产生相互影响。

当达到额定功率时,调节系统根据输出功率的变化调整桨距角的大小,使发电机的输出功率保持在额定功率。随着桨距角的增加,攻角会减小。攻角的减小将使升力和力矩减小,气流仍然附着在叶片上。图3-5和图3-6针对相同的风力机,只表示了低于额定

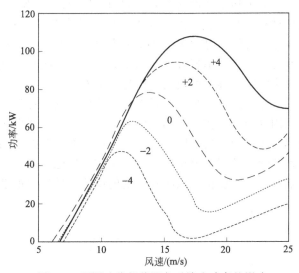

图3-5 不同叶片的桨距角对输出功率的影响

功率时的零桨距角的功率曲线。高于额定功率时,桨距角所对应的功率曲线与额定功率曲线相交,在交点处给出了所必需的桨距角,用以维持风速下的额定功率。

从图3-6中可以看到,需要的桨距角随着风速的变化逐渐增大,而且通常比桨距角失速的方式所需要的大很多。在阵风的条件下,需要大的桨距角来保持功率恒定,而叶片的惯性将限制控制系统反应的速度。

随着风电控制技术的发展,当输出功率小于额定功率时,变桨距风力发电机组采用Optitip技术,即根据风速的大小调整发电机转差率,使其尽量运行在最佳叶尖速比,优化输出功率。变桨距调节的优点是桨叶受力较小,桨叶做得较为轻巧,桨距角可以随风速的大

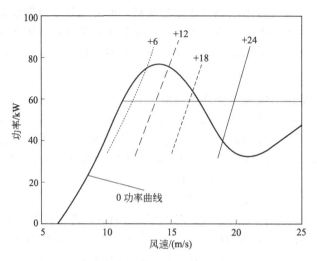

图 3-6 低于额定功率时的零桨距角的功率曲线

小而进行自动调节,因而能够尽可能多地吸收风能转换为电能,同时在高速段保持功率平稳输出,缺点是结构比较复杂,故障率相对较高。

1) 变桨距风力发电机组的特点

① 输出功率特性。变桨距风力发电机组与定桨距风力发电机组相比,具有在额定功率点以上输出功率平稳的特点,如图 3-7、图 3-8 所示。变桨距风力发电机组的功率调节不完全依靠叶片的气动性能。当功率在额定功率以下时。控制器将叶片节距角置于 0°附近,不作变化,可认为等同于定桨距风力发电机组,发电机的功率根据叶片的气动性能随风速的变化而变化。当功率超过额定功率时,变桨距机构开始工作,调整叶片节距角,将发电机的输出功率限制在额定值附近。但是,随着并网型风力发电机组容量的增大,大型风力发电机组的单个叶片已重达数吨,对操纵如此巨大的惯性体,并且响应速度要能跟得上风速的变化是相当困难的。事实上,如果没有其他措施,变桨距风力发电机组的功率调节对高频风速变化仍然是无能为力的。因此,近年来设计的变桨距风力发电机组,除了对桨叶进行节距控制以外,还通过控制发电机转子电流来控制发电机转差率,使得发电机转速在一定范围内能够快速响应风速的变化,以吸收瞬变的风能,使输出的功率曲线更加平稳。

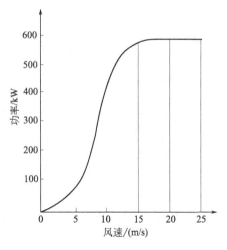

图 3-7 变桨距风力发电机组功率曲线

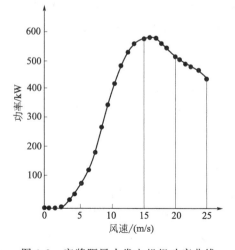

图 3-8 定桨距风力发电机组功率曲线

② 在额定功率点具有较高的风能利用系数。变桨距风力发电机组与定桨距风力发电机组相比，在相同的额定功率点，额定风速比定桨距风力发电机组要低。对于定桨距风力发电机组，一般在低风速段的风能利用系数较高。当风速接近额定功率点时，风能利用系数开始大幅下降。因为这时随着风速的升高，功率上升已趋缓，而过了额定功率点后，桨叶已开始失速，风速升高，功率反而有所下降。对于变桨距风力发电机组，由于桨叶节距可以控制，无需担心风速超过额定功率点后的功率控制问题，可以使得额定功率点仍然具有较高的功率系数。

③ 确保高风速段的额定功率。由于变桨距风力发电机组的桨叶节距角是根据发电机输出功率的反馈信号来控制的，它不受气流密度变化的影响。无论是由于温度变化还是海拔引起的空气密度变化，变桨距系统都能通过调整叶片角度，使之获得额定功率输出。这对于功率输出完全依靠桨叶气动性能的定桨距风力发电机组来说，具有明显的优越性。

④ 启动性能与制动性能。变桨距风力发电机组在低风速时，桨叶节距可以转动到合适的角度，使风轮具有最大的启动力矩，从而使变桨距风力发电机组比定桨距风力发电机组更容易启动。在变桨距风力发电机组上，一般不再设计电动机启动的程序。

当风力发电机组需要脱离电网时，变桨距系统可以先转动叶片使之减小功率，在发电机与电网断开之前，功率减小至 0。这意味着当发电机与电网脱开时，没有转矩作用于风力发电机组，避免了在定桨距风力发电机组上每次脱网时所要经历的突甩负载的过程。

2）功率控制　为了有效地控制高速变化的风速引起的功率波动，新型的变桨距风力发电机组采用了 RCC（Rotor Current Control）技术，即发电机转子电流控制技术。通过对发电机转子电流的控制来迅速改变发电机转差率，从而改变风轮转速，吸收由于瞬变风速引起的功率波动。新型变桨距控制系统框图如图 3-9 所示。

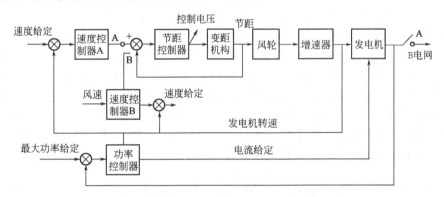

图 3-9　新型变桨距控制系统框图

在发电机并入电网前，发电机转速由速度控制器 A 根据发电机转速反馈信号与给定信号直接控制；发电机并入电网后，速度控制器 B 与功率控制器起作用。功率控制器的任务主要是根据发电机转速给出相应的功率曲线，调整发电机转差率，并确定速度控制器 B 的速度给定。

节距的给定参考值由控制器根据风力发电机组的运行状态给出。当风力发电机组并入电网前，由速度控制器 A 给出；当风力发电机组并入电网后，由速度控制器 B 给出。

① 功率控制系统。功率控制系统如图 3-10 所示，它由两个控制环组成。外环通过测量转速产生功率参考曲线。发电机的功率参考曲线如图 3-11 所示，参考功率以额定功率的百分比的形式给出，在点画线限制的范围内，功率给定曲线是可变的。内环是一个功率伺服环，它通过转子电流控制器（RCC）对发电机转差率进行控制，使发电机功率跟踪功率给定

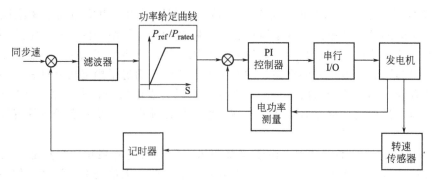

图 3-10 功率控制系统

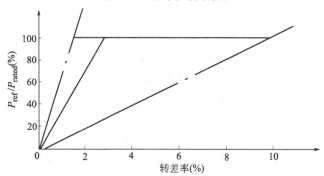

图 3-11 功率给定曲线

值。如果功率小于额定功率值,这一控制环将通过改变转差率,进而改变桨叶节距角,使风轮获得最大功率。如果功率参考值是恒定的,电流参考值也是恒定的。

② 转子电流控制器原理。图 3-12 所示的功率控制环实际上是一个发电机转子电流控制环。转子电流控制器由快速数字式 PI 控制器和一个等效变阻器构成。它根据给定的电流值,通过改变转子电路的电阻来改变发电机的转差率。在额定功率时,发电机的转差率能够从 1%到 10%(1515~1650r/min)变化,相应的转子平均电阻从 0 到 100%变化。当功率变化即转子电流变化时,PI 调节器迅速调整转子电阻,使转子电流跟踪给定值。如果从主控制器传出的电流给定值是恒定的,它将保持转子电流恒定,从而使功率输出保持不变。与此同时,发电机转差率却在作相应的调整以平衡输入功率的变化。

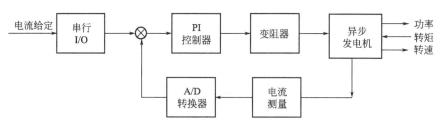

图 3-12 转子电流控制系统

为了进一步说明转子电流控制器的原理,从电磁转矩的关系式来说明转子电阻与发电机转差率的关系。从电机学可知,发电机的电磁转矩为

$$T_e = \frac{m_1 p U_1^2 \frac{R_2}{s}}{\omega_1 \left[\left(R_1 + \frac{R_2'}{s}\right)^2 + (X_1 + X_2')^2\right]} \quad (3-1)$$

式中　　p——发电机极对数；
　　　　m_1——发电机定子相数；
　　　　ω_1——定子角频率，即电网角频率；
　　　　U_1——定子额定相电压；
　　　　s——转差率；
　　　　R_1——定子绕组的电阻；
　　　　X_1——定子绕组的漏抗；
　　　　R'_2——折算到定子侧的转子每相电阻；
　　　　X'_2——折算到定子侧的转子每相漏抗。

由式(3-1)可知，只要 R'_2/s 不变，电磁转矩 T_e 就可保持不变，从而发电机功率就可保持不变。因此，当风速变大，风轮及发电机的转速上升，即发电机转差率 s 增大，只要改变发电机的转子电阻 R'_2，使 R'_2/s 保持不变，就能保持发电机输出功率不变，如图 3-13 所示。当发电机的转子电阻改变时，其特性曲线由 1 变为 2，运行点也由 a 点变到 b 点，而电磁转矩 T_e 保持不变，发电机转差率则从 s_1 上升到 s_2。

③ 转子电流控制器的结构。转子电流控制器技术必须使用在绕线转子异步发电机上，用于控制发电机的转子电流，使异步发电机成为可变转差率发电机。采用转子电流控制器的异步发电机结构图如图 3-14 所示。

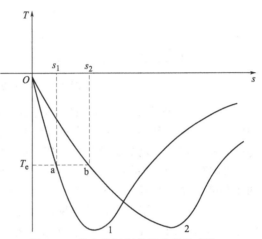

图 3-13　发电机运行特性曲线的变化

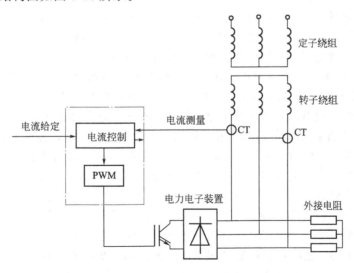

图 3-14　采用转子电流控制器的异步发电机结构图

转子电流控制器安装在发电机的轴上，与转子上的三相绕组连接，构成一电气回路。将普通三相异步发电机的转子引出，外接转子电阻，使发电机的转差率增大至 10%，通过一组电力电子元器件来调整转子回路的电阻，从而调节发电机的转差率。转子电流控制器电气原理如图 3-15 所示。

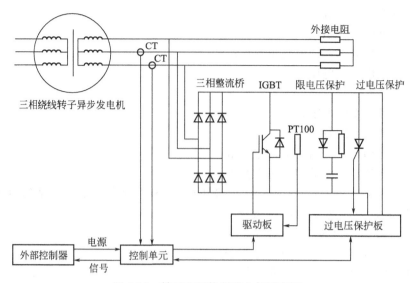

图 3-15 转子电流控制器电气原理图

　　RCC 依靠外部控制器给出的电流基准值和两个电流互感器的测量值，计算出转子回路的电阻值，通过 IGBT（绝缘栅极双极型晶体管）的导通和关断来进行调整。IGBT 的导通与关断受一宽度可调的脉冲信号（PWM）控制。

　　IGBT 是双极型晶体管和 MOSFET（场效应晶体管）的复合体，所需驱动功率小，饱和压降低，在关断时不需要负栅极电压来减少关断时间，开关速度较高，饱和压降低，减少了功率损耗，提高了发电机的效率；采用脉宽调制（PWM）电路，提高了整个电路的功率因数，同时只用一级可控的功率单元，减少了元件数，电路结构简单；由于通过对输出脉冲宽度的控制就可控制 IGBT 的开关，系统的响应速度加快。

　　转子电流控制器可在维持额定转子电流（即发电机额定功率）的情况下，在 0 至最大值之间调节转子电阻，使发电机的转差率大约在 0.6%（转子自身电阻）至 10%（IGBT 关断，转子电阻为自身电阻与外接电阻之和）之间连续变化。

　　为了保护 RCC 单元中的主元件 IGBT，设有阻容回路和过压保护。阻容回路用来限制 IGBT 每次关断时产生的过电压峰值；过电压保护采用晶闸管，当电网发生短路或短时中断时，晶闸管全导通，使 IGBT 处于两端短路状态。转子总电阻接近于转子自身的电阻。

　　④ 采用转子电流控制器的功率调节。如图 3-9 所示，并网后，控制系统切换至状态 B。由于发电机内安装了 RCC 控制器，发电机转差率可在一定范围内调整，发电机转速可变。因此，在状态 B 中增加了转速控制环节。当风速低于额定风速，转速控制环节 B 根据转速给定值（高出同步转速 3%～4%）和风速，给出一个节距角。此时发电机输出功率小于最大功率给定值，功率控制环节根据功率反馈值，给出转子电流最大值，转子电流控制环节将发电机转差率调至最小。发电机转速高出同步转速 1%，与转速给定值存在一定的差值，反馈回速度控制环节 B，速度控制环节 B 根据该差值，调整桨叶节距参考值。变桨距机构将桨叶节距角保持在 0°附近，优化叶尖速比。当风速高于额定风速时，发电机输出功率上升到额定功率。当风轮吸收的风能高于发电机输出功率时，发电机转速上升，速度控制环节 B 的输出值变化。反馈信号与参考值比较后又给出新的节距参考值，使得叶片攻角发生改变，减少风轮能量吸入，将发电机输出功率保持在额定值上。功率控制环节根据功率反馈值和速度反馈值，改变转子电流给定值，转子电流控制器根据该值调节发电机转差率，使发电机转速发生变化，以保证发电机输出功率的稳定。

如果风速仅为瞬时上升,由于变桨距机构的动作滞后,发电机转速上升后,叶片攻角尚未变化,风速下降,发电机输出功率下降,功率控制单元将使 RCC 控制单元减小发电机转差率,使得发电机转速下降。在发电机转速上升或下降的过程中,转子的电流保持不变,发电机输出的功率也保持不变。如果风速持续增加,发电机转速持续上升,转速控制器 B 将使变桨距机构动作,改变叶片攻角,使得发电机在额定功率状态下运行。风速下降时,原理与风速上升时相同,但动作方向相反。由于转子电流控制器的动作时间在毫秒级以下,变桨距机构的动作时间以秒计,因此在短暂的风速变化时,仅仅依靠转子电流控制器的控制作用就可保持发电机功率的稳定输出,减小对电网的不良影响;同时也可降低变桨距机构的动作频率,延长变桨距机构的使用寿命。

⑤ 转子电流控制器在实际应用中的效果。由于自然界风速处于不断的变化中,较短时间 3~4s 内的风速上升或下降总是不断地发生,因此变桨距机构也在不断地动作。在转子电流控制器的作用下,RCC 控制单元有效地减小了变桨距机构的动作频率及动作幅度,使得发电机的输出功率保持平衡,实现了变桨距风力发电机组在额定风速以上的额定功率输出,有效地减小了风力发电机因风速的变化而造成的对电网的不良影响。

(3) 主动失速调节型风力发电机

将定桨距失速调节型与变桨距调节型两种风力发电机组相结合,充分吸收了被动失速和桨距调节的优点,桨叶采用失速特性,调节系统采用变桨距调节。在低风速时,将桨叶节距调节到可获得最大功率的位置,桨距角调整优化机组功率的输出;当风力发电机的功率超过额定功率后,桨叶节距主动向失速方向调节,将功率调节在额定值以下,限制机组最大功率输出,随着风速的不断变化,桨叶仅需要微调维持失速状态。制动刹车时,调节桨叶相当于气动刹车,很大程度上减小了机械刹车对传动系统的冲击。主动失速调节型的优点是具有了定桨距失速型的特点,并在此基础上进行变桨距调节,提高了机组功率后并入电网。机组在叶片设计上采用变桨距结构。其调节方法是:在启动阶段,通过调节变桨距系统控制发电机转速,将发电机转速保持在同步转速附近,寻找最佳并网时机,然后并入电网;在额定风速以下时,主要调节发电机反力转矩,使转速跟随风速变化,保持最佳叶尖速比以获得最大风能;在额定风速以上时,采用失速与桨叶节距双重调节,通过变桨距系统调节,限制风力机获取能量,保证发电机功率输出的稳定性,获取良好的动态特性;而变速调节主要用来响应快速变化的风速,减轻桨距调节的频繁动作,提高传动系统的柔性。变速恒频这种调节方式是目前公认的最优化调节方式,也是未来风力发电技术发展的主要方向。变速恒频的优点是大范围内调节运行转速,来适应因风速变化而引起的风力机功率的变化,可以最大限度地获得风能,因而效率较高。控制系统采取的控制手段可以较好地调节系统的有功功率、无功功率,但控制系统较为复杂。

3.2 水平轴风力发电机结构分析

水平轴风力机可分为升力型和阻力型两类。升力型旋转速度快,阻力型旋转速度慢。对于风力发电,多采用升力型水平轴风力机。另外,按其容量划分,可分为小型(10kW 以下)、中型(10~100kW)和大型(100kW 以上)风力发电机。大多数水平轴风力机具有对风装置,能随风向改变而转动。对小型风力发电机,这种对风装置采用尾舵,而对于大型的风力机,则利用风向传感元件及伺服电动机组成的传动机构。本节主要对小型、中型和大型的水平轴风力发电机的基本结构进行分析。

3.2.1 小型风力发电机基本结构

小型风力发电机结构简单，一般由风轮、发电机、尾舵、限速装置、塔架组成，如图 3-16 所示。它主要是通过风轮把风能转换成机械能，拖动发电机旋转。在限速装置的调节下，保证风力发电机在允许的范围内运行，输出基本稳定的电压电流频率和功率。

图 3-16 小型风力发电机

(1) 风轮

风轮是风力发电机最重要的部件之一，接受风能，把风能转换成机械能。风轮的设计性能好坏，对整台风力发电机组有很大影响。

(2) 发电机

发电机也是风力发电机组中重要的部件之一。叶片接受风能而转动，最终传给发电机，发电机是将风能最终转变成电能的设备。在小型风力发电机组中，风轮和发电机之间多采用直接连接，省去增速装置，从而降低制造成本。在小型风力发电机组中，发电机主要采用交流永磁发电机、感应式发电机和直流发电机。

1) 交流永磁发电机 小型风力发电机组多为供给无电地区一家一户用，要求风力发电机组成本低廉，运行可靠。由氧化铁、氧化锶和添加剂用粉末冶炼法制成的锶铁氧体，性能可满足风力发电机的性能要求，而且价格比较便宜。永磁发电机无励磁损耗，效率较高。目前，国内大批量生产的永磁发电机多采用切向式结构。这种结构制造工艺简单，可以做成较多的磁极（一般都在 8 极以上），便于和风轮直连。而一般小容量发电机受结构尺寸限制，要做成多极的比较困难。

2) 感应式发电机 感应式发电机转子绕组呈齿状结构，定子有励磁绕组嵌在定子铁芯的大槽内，按一正一反集中绕组下线，构成 N、S、N……极性。当励磁绕组通以直流电时，每个线圈的磁势在其宽度范围内建立起磁通，磁极的极性是交替的，励磁是可调的。电枢绕组嵌在定子的小槽内，按一般交流电机下线的方式进行嵌线，极数应和励磁绕组的极数相等。发电机可做成单相，也可做成三相。当发电机转子用风力机拖动时（转速为 n），气隙磁密在最大值和最小值之间脉动，电枢绕组元件的磁链发生变化，因而在电枢绕组中感应出基波电势，其频率决定于转子齿数和转子转速，即

$$f = zn/60 \tag{3-2}$$

式中 z——转子齿数；
　　　n——转子转速。

从式(3-2)可以看出，频率 f 与励磁绕组磁势形成的极数无关，而决定于转子齿数。同时，转子在励磁线圈的磁势形成的异性磁极下旋转，转子铁芯受到交变磁化，其频率为：

$$f_\tau = pn/60 \tag{3-3}$$

式中 p——激磁线圈的磁势形成的极对数。

由于转子铁芯受到交变磁化，在其中要产生损耗。为了减小损耗，转子必须采用绝缘处理后的硅钢片叠成。感应子式发电机在结构和制造工艺上都比较简单，使用方便，在风力发电机组中得到应用。但因其效率低，和永磁发电机比缺乏竞争力。

3) 直流发电机 直流发电机可以直接产生直流电，给蓄电池充电，不需要整流装置。

但直流发电机本身有换向器,使制造成本增高,增加了维护工作量。在直流发电机中,采用三刷电机较好,这种电机在转速变化很大时,充电电流可大致维持恒定。

(3) 尾舵

小型风力发电机多采用尾舵达到对风的目的。自然界风速的大小和方向在不断地变化,因此风力发电机组必须采取措施适应这些变化。尾舵的作用就是使风轮能随风向的变化而作相应的转动,以保持风轮始终和风向垂直。尾舵调向结构简单,调向可靠,至今还用在小型风力发电机的调向上。尾舵由尾舵梁固定,尾舵梁另一端固定在机舱上,尾舵板一直顺着风向,所以使风轮也对准风向,达到对风的目的。

(4) 限速装置

由于风速是不断变化的,为防止小型风力发电机组超速,必须有限速装置,其作用是使风轮桨叶或风轮在风速过高时作相应的调整,使风轮转速不超过规定的范围。常用的限速方法有三种。

1) 风轮摆动法 这种方法适用于小功率风轮机,当风速超过规定速度时,机头摆动一个角度建立新的平衡条件。

2) 桨叶偏转法 这种方法利用适当机构在风速过高时使桨叶自动绕桨叶纵轴偏转一角度,以减小升力保持规定转速。

3) 襟翼法 这种方法通过增大桨叶阻力以达到控制风轮转速的目的,所以也称空气制动法。这是在桨叶端部装设襟翼,如图 3-17 所示。在正常运行时襟翼处于图示位置并不增加阻力,当超速时,离心重块在离心力作用下向桨叶端外移,再经摇杆使襟翼转到与桨叶纵轴相平行的位置,因而加大空气阻力,制止转速增加,当风速降低后,襟翼由弹簧作用而回复原位。

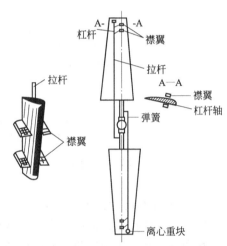

图 3-17 空气制动法

(5) 塔架

塔架用来支撑风力发电机等主要部件,并使风轮回转中心距地面有一定的高度,以便风轮更好地捕获风能。塔架有钢结构塔架和钢筋混凝土塔架两种形式。为防止钢制塔架生锈,往往对钢制塔架热镀锌。

3.2.2 大中型风力发电机基本结构

大中型风力发电机比小型风力发电机结构复杂得多。它主要由叶轮、主传动系统、偏航系统、制动系统、发电机、塔架、控制系统及附属部件(机舱、机座、回转体等)组成,如图 3-18 所示。其中风轮是获取风中能量的关键部件,由叶片和轮毂组成。

(1) 叶片

叶片是风力发电机组关键零部件之一。叶片具有空气动力外形,在气流作用下产生转矩,驱动风轮转动,通过轮毂将扭矩输入传动系统。现代的风力发电机的叶片数常为 1~4 枚,大中型风力发电机组多采用 2 叶片或 3 叶片组成风轮,其中以 3 叶片最多。

图 3-18 大中型风力发电机结构

1—桨叶；2—轮毂；3—桨距调节；4—制动器；5—低速轴；6—齿轮箱；7—发电机；
8—控制器；9—风速计；10—风向标；11—机舱；12—高速轴；
13—偏航驱动器；14—偏航电机；15—塔架

1) 叶片的材料及结构类型

① 叶片材料

a. 实心木质叶片。木材作为叶片材料，常用多层合成板与树脂黏结而成，易于加工成形。但需选用结构紧致的优质木材，这样木材来源稀缺，且有吸潮等问题。由于木材吸收水分容易变形，在其表面要覆上一层玻璃钢。

b. 金属材料叶片。由管梁、金属肋条和蒙皮组成。金属蒙皮做成气动外形。用钢钉和环氧树脂将蒙皮、肋条和管梁粘接在一起。金属材料常见的有钢、铝、钛，拉伸强度较其他材料大，但易腐蚀，缺口敏感性高，难以承受损伤。

c. 玻璃钢叶片。由梁和具有气动外形的玻璃钢蒙皮做成。玻璃钢蒙皮较厚，可以在玻璃钢蒙皮内填充泡沫，以增加强度。玻璃钢常用的材料有碳纤维增强树脂与玻璃纤维增强树脂，重量轻，抗拉强度及疲劳强度高，是理想的叶片材料。

目前，叶片材料多采用玻璃钢。玻璃钢叶片归纳起来主要有以下优点：

（a）可充分根据叶片的受力特点设计强度和刚度；

（b）容易成形，可加工出气动性能很高的翼型；

（c）优良的动力性能和较长的使用寿命；

（d）耐腐蚀、疲劳强度好；

（e）易于修补；

（f）维修方便。

② 常见的叶片结构

a. 空腹薄壁结构。该结构工艺简单，但承载能力相对减弱，抗失稳能力相对较差，如图 3-19(a) 所示。

b. 空腹薄壁填充泡沫结构。这种结构由玻璃钢薄壳和泡沫芯组成，如图 3-19(b) 所示。

抗失稳和局部变形能力较强，工艺简单。但充泡沫在提高刚度的同时也提高了叶片的成本。

c. C形梁结构。如图 3-19(c) 所示。这种结构通过局部加强而提高叶片整体的强度和刚度，使叶片在运行过程中更为稳定，不易产生由不良振动引起的叶片附加载荷，改善了叶片的动力性能。

d. D形梁结构。如图 3-19(d) 所示。D形结构是在C形结构的基础上发展起来的，C形梁为开口薄壁加强梁，承载能力较差，特别是抗扭转刚度。采用D形梁后，抗扭能力得到大大提高。

e. 矩形梁结构。如图 3-19(e) 所示。主梁布置在叶片轴心位置，承力性能较好。尤其适于失速型叶片控制系统安置。

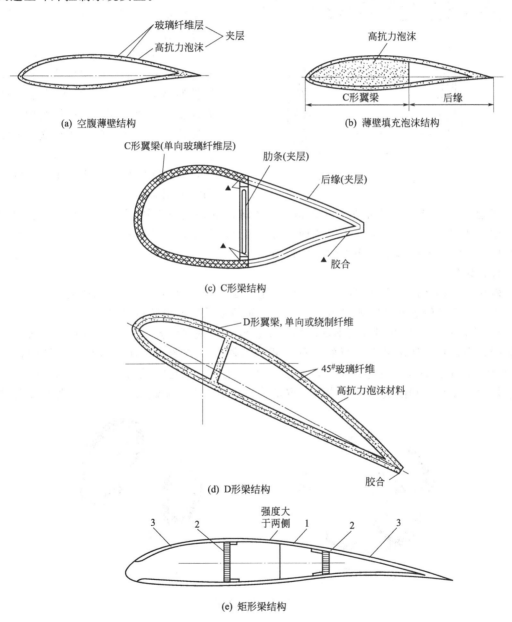

图 3-19 常见的叶片结构

1—桁架（纤维强度居中）；2—肋条（纤维强度最大）；3—抗扭层（纤维强度较弱）

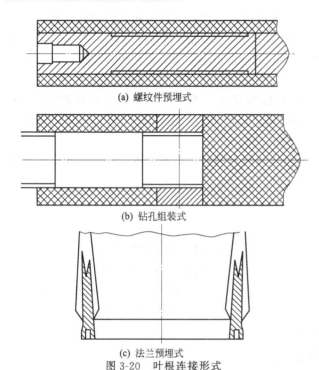

(a) 螺纹件预埋式

(b) 钻孔组装式

(c) 法兰预埋式

图 3-20 叶根连接形式

2）叶根连接结构形式　叶片通过叶根用螺栓与轮毂连接。叶根的结构有螺纹件预埋式、钻孔组装式和法兰预埋式等几种结构。

① 螺纹件预埋式。在叶片成形过程中，直接将经过特殊表面处理的螺纹件预埋在玻璃钢中。这种叶根连接结构形式连接最为可靠，避免了对玻璃钢结构层的加工损伤，唯一缺点是每个螺纹件定位必须准确。其结构形式如图3-20(a) 所示。

② 钻孔组装式。叶片成形后，用专用钻床和工装在叶根部位钻孔，将螺纹件装入，如图 3-20(b) 所示。这种方式要在叶片根部的玻璃钢结构层上加工出几十个钻孔，破坏了玻璃钢的结构整体性，大大降低了叶片根部的结构强度，而且螺纹件的垂直度不易保证，现场组装困难。

③ 法兰预埋式。将预先加工并经钻孔、攻螺纹的铝制或不锈钢制法兰预埋到玻璃钢结构层中，如图 3-20(c) 所示。采用这种结构，由于法兰是预制的，易于保证安装螺栓孔的位置精度，但法兰与玻璃钢结构层的连接较困难。

(2) 轮毂

轮毂是连接叶片和主轴的零部件。将叶轮承受的各种力和力矩传递到传动系统。常用的轮毂形式有刚性轮毂和铰链式轮毂两种类型。轮毂多采用球墨铸铁成形。

1）刚性轮毂　具有制造成本低、维护少、没有磨损等特点。三叶片风轮大部分采用刚性轮毂，也是目前使用最为广泛的一种形式。结构上有球形和三通形两种，其结构如图 3-21 所示。百千瓦级风力发电机组的轮毂多采用三通形，兆瓦级风力发电机组由于叶片连接法兰较大，轮毂受到制造和运输体积、重量等的限制，不可能做得很大。多采用球形轮毂。

(a) 球形轮毂

(b) 三通形轮毂

图 3-21 轮毂结构

2）铰链式轮毂（又称柔性轮毂或跷跷板）　常用于两叶片风轮。这是一个半固定式轮毂，铰链轴与叶片长度方向及风轮轴互相垂直。两叶片之间固定连接，可绕联轴器活动，像跷跷板一样，称为摆动铰链轮毂或跷跷板铰链轮毂。由于铰链式轮毂具有活动部件，相对于刚性轮毂来说，制造成本高，所受力和力矩较小。对于两叶片风轮，两个叶片之间是刚性连接的，可绕连接轴活动。当气流有变化或阵风时，叶片上的载荷可以使叶片离开原风轮旋转平面。铰链式轮毂在叶片旋转过程中驱动力矩的变化很大，因此风轮噪声也很大。

(3) 主传动系统

主传动系统由主轴、增速齿轮箱、联轴器等组成。主传动系统将风轮的各种载荷传递到机舱，并将风轮的转速、扭矩转换为发电机相匹配的转速、扭矩传递给发电机。

1) 主轴　主轴也称低速轴。大中型风力电机组由于其叶片长、重量大，所以为了使桨叶的离心力与叶尖的线速度不至于太大，其转速一般小于 50r/min，因此主轴承受的扭矩较大。大中型风力发电机组主轴材料可选用 40Cr 或其他高强度的合金钢，必须经过调质处理，保证钢材在强度、塑性、韧性三个方面都有较好的综合力学性能。

2) 增速齿轮箱　其主要作用是将风轮在风力作用下所产生的动力传递给发电机，并使其得到相应的转速。由于风力机工作在低转速下，而发电机工作在高转速下，风轮的转速远达不到发电机发电所要求的转速。为了实现风力机和发电机匹配，必须采用增速装置。实现增速的方法很多，最常用的有齿轮、皮带轮和链轮传动三种方法。在大中型风力发电机组中都采用齿轮箱作为增速装置。可见齿轮箱是风力发电机组中关键的零部件之一。齿轮箱可以将很低的风轮转速变为很高的发电机转速，同时也使得发电机易于控制，实现稳定的频率和电压输出。增速装置的增速比 i 是发电机额定转数 n_D 与风轮额定转数 n 的比，即 $i=n_D/n$。在风力发电机组中，对齿轮箱的要求非常严格，不仅要体积小、重量轻、效率高、噪声小，而且要承载能力大、启动力矩小、寿命长（一般超过 10 万小时）。一般功率大于 500kW 的齿轮箱采用行星斜齿结构，噪声低，寿命长。

根据机组的总体布置要求，有时将与风轮轮毂相连的传动轴（主轴）与齿轮箱合为一体。主轴成为齿轮箱的一部分，承担风轮的全部载荷，同时齿轮箱箱体又成为机舱底盘的一部分，减小了机舱底盘的尺寸和重量。采用这种结构的传动系统结构紧凑，轴向尺寸短。因主轴、齿轮箱为一体，同轴度好，省去了连接装置，并且主轴轴承与齿轮箱一起采用油润滑，润滑效果好，维护也很方便。除此之外，也有将主轴与齿轮箱分别布置，其间利用胀紧套装置或联轴器连接的结构。为了增加机组的制动能力，常常在齿轮箱的输入端或输出端设置刹车装置，配合叶尖制动（定桨距风轮）或变桨制动装置共同对机组传动系统进行联合制动。

3) 联轴器　增速器与发电机之间用联轴器连接，将齿轮箱的输出扭矩传递到发电机。为了减小占地空间，往往将联轴器与制动器设计在一起。风轮轴与增速器之间也有用联轴器的，称低速联轴器。风力机中的联轴器常采用挠性联轴器，用于补偿齿轮箱输出轴与发电机轴的不同心。常用的联轴器有十字轴式双万向联轴器、橡胶弹性联轴器、膜片式联轴器等。

① 十字轴式双万向联轴器。利用十字轴之间的关节轴承补偿连接轴之间的不同心。采用这种联轴器需要定期润滑关节轴承，维护量大，并且关节轴承间为刚性连接，没有缓冲作用，耐冲击性能差。目前已很少采用。

② 橡胶弹性联轴器。采用橡胶弹性元件补偿连接轴之间的不同心，具有很好的补偿和缓冲作用，无需维护。橡胶有老化现象，需要定期检查并更换。

③ 膜片式联轴器。采用复合材料做成的膜片作为弹性元件。由于复合材料强度高、弹性好，因此这种联轴器重量轻，并有很好的缓冲和补偿能力。目前被广泛使用。

(4) 偏航系统

风力发电的关键就是要对准风向，这样才能最大限度地让风吹动叶片。因为风具有不稳定的特点，风向经常发生变动，这就要求风力机具有一种调整方向的能力，使风力机时刻对准风向。风力发电机的偏航系统就担负这样的职责，偏航系统可以使风轮扫过面积总是垂直于主风向。

风力机的偏航系统也称对风装置，其作用是当风向变化时，能及时作出反应，快速平稳地对准风向，以使风轮获得最大的风能。偏航系统由偏航轴承、偏航驱动装置、偏航制动器或阻尼器等几部分组成。

1) 偏航轴承　常用的偏航轴承有滑动轴承和回转支承两种类型。

滑动轴承常用工程塑料做轴瓦。这种材料即使在缺少润滑的情况下也能正常工作。轴瓦分为轴向上推力瓦、径向推力瓦和轴向下推力瓦三种类型，分别用来承受机舱和叶片重量产生的平行于塔筒方向的轴向力、叶片传递给机舱的垂直于塔筒方向的径向力和机舱的倾覆力矩，从而将机舱受到的各种力和力矩通过这三种轴瓦传递到塔架。

回转支承是一种特殊结构的大型轴承，它除能够感受径向力、轴向力外，还能承受倾覆力矩。回转支承通常有带内齿轮或外齿轮的结构类型。目前大多数风力发电机都采用这种偏航轴承。

2) 偏航驱动和控制装置　主要由风向传感器（感应风向的风向标）、偏航电机、偏航行星齿轮减速器等组成。其工作原理如下：风向标作为感应元件，将风向的变化用电信号传递到偏航电机控制回路的处理器，经过比较后处理器给偏航电机发出顺时针或逆时针的偏航命令。为了减小偏航时的陀螺力矩，电机转速将通过同轴连接的减速器减速后，将偏航力矩作用在回转体大齿轮上，带动风轮偏航对风。当对风完成，风向标失去电信号，电机停止工作，偏航过程结束。

3) 偏航制动器或阻尼器　为了保证风力机在停止偏航时，不会发生因叶片受风载荷而被动偏离风向的情况，偏航系统上装有偏航制动器或阻尼器，采用回转支承的偏航系统。因回转支承为滚动摩擦，摩擦阻力小，因此常安装有偏航制动器，以防止停止偏航时机舱被动偏离风向。偏航制动器主要有鼓式制动器和盘式制动器两种，多采用液压制动器。

(5) 制动系统

制动器是使风力发电机停止运转的装置，也称刹车。风力发电系统通常采用两套独立的制动器：空气制动器和机械制动器。

1) 空气制动器　是风力机的主制动器。空气制动器具有对风力机传动系统无冲击、无机械磨损等优点。但空气制动器不能使风轮完全停止转动，在维修或需要风轮完全停止转动的情况下，还需要机械制动器配合使用。

定桨距风力机的空气制动器采用叶尖扰流器结构。安装在每根叶片根部的液压缸通过连接在液压缸活塞杆和叶尖轴之间的钢丝绳，驱动叶尖运动。正常运行时，液压缸驱动叶尖收回，使叶尖与叶片主体靠拢并成一整体工作。制动停机时，液压系统泄压，叶尖在离心力和弹簧力的作用下弹出，由于叶尖轴上螺旋导槽的作用，叶尖在弹出的同时绕叶尖轴旋转，与叶片主体呈 90°角，以起到空气制动器的作用。

变桨距风力机通过变桨系统的全叶片应急顺桨，实现空气制动，应急顺桨的速度很快，应急顺桨后，桨叶可调至与桨平面大约为 90°角。无论采用液压变桨还是电动变桨，变桨系统都具备在电网掉电和控制器故障的情况下，不需要通过变桨控制器而应急顺桨的功能，以保证机组的安全。

2) 机械制动器　是风力机的辅助制动器，用以配合空气制动器进行制动停机或维修时需要机组安全停止时使用。风力机中的机械制动器一般采用液压制动器。

定桨距风力机的机械制动器用于配合风力机进行停机操作。正常停机时,叶尖扰流器先工作,当风轮转速下降到大约为额定转速的一半时,机械制动器工作,制动停机。在紧急停机情况下,和主制动器同时制动停机,即使在叶尖扰流器失效的情况下,也能起到主制动器的作用进行制动停机。定桨距风力机的机械制动器常安装在齿轮箱高速轴上,或高、低轴上均安装有制动器。

变桨距风力机的机械制动器在正常停机时一般不工作,在紧急停机情况下配合主制动器一起制动停机。这种制动器一般只能起到阻止叶轮转动的作用,不能作为主制动器进行制动停机。变桨距风力机的机械制动器常安装在齿轮箱高速轴上。

(6) **发电机**

发电机是将风轮的机械能最终转变成电能的设备。发电机性能的好坏直接影响整机效率和可靠性。发电机可采用同步发电机,也可选用异步发电机。在大中型风力发电机组中,都采用同步励磁发电机和异步发电机,对于600kW以上的大型发电机机组,又采用变极方式。

1) 同步发电机　同步发电机由定子和转子组成。定子由开槽的定子铁芯和放置在定子铁芯槽内、按一定规律连接的定子绕组(也叫定子线圈)构成。转子上装有磁极(即转子铁芯)和使磁极磁化的励磁绕组(也称转子绕组或转子线圈)。当励磁绕组中通过直流电后,转子上的磁极就磁化,产生磁场,当原动机带动转子转动后,转子所产生的磁场同时转动,该磁场与定子绕组之间发生相对运动,定子绕组中感应出交流电动势,这时发电机就输出交流电。

2) 异步电机　异步电机是一种交流电机,一般也称为感应电机,既可作为电动机,也可以作为发电机。异步电机作为电动机,应用非常广泛,其总容量约占电网总负荷的2/3左右,其中笼式异步电动机占绝大多数。但异步电机作为发电机的比较少。由于异步电动机具有结构简单、价格便宜、坚固耐用、维修方便、启动容易、并网简单等特点,在大中型风力发电机组中得到广泛应用。

异步电机结构和同步电机一样,也是由定子和转子两大部分组成。异步电机的定子与同步电机的定子基本相同,其转子可分为绕线式和笼型。绕线式异步电机的转子绕组和定子绕组相同。笼型异步电机的转子绕组是由端部短接的铜条或铸铝制成。异步电机是利用电磁感应原理,通过定子的三相电流产生旋转磁场,并与转子绕组中的感应电流相互作用产生电磁转矩,以进行能量转换的。在正常情况下,异步电机的转子转速总是略低于或略高于旋转磁场的转速。

① 笼型异步发电机。由于风力机经常工作在额定功率以下,因此要求这种发电机在低负载情况下要有高的效率。为了提高低风速段的风能转化效率,这种发电机常做成双绕组双速发电机,通过切换绕组进行高低速切换。笼型异步发电机多用于定桨距风力机,通过晶闸管软并网系统,直接与电网连接,其转差率大约为0.01,并且不可调整,因此使用这种发电机的风力发电机组是恒速风力机。早期的百千瓦级的定桨距风力机多采用这种发电机。

② 绕线转子异步发电机。也是一种感应发电机,其转子做成绕线转子结构,通过外接电阻调整转子的转差,从而提高发电机的启动性能。由于转差可调,因此其转速可以在一定范围内调整。已经具备一些变速风力机的特征。

③ 双馈发电机。在绕线转子异步发电机的转子上通过变频器加上交流励磁,通过调整转子变频器的频率即可控制发电机的转速。这种发电机具有功率因数可调的特点,并且在超同步状态下,转子可向电网输送有功功率。这种发电机使用在变桨、变速风力机上,也是目前主流风力发电机组所使用的发电机。

(7) 塔架

塔架和基础是风力机的主要承载部件,起到支撑风力机的作用,将机组支撑安装到一定的高度,以便风轮更好地利用风能。随着机组容量的增加,塔架重量占机组重量的比例越来越大。塔架应有足够的强度和刚度,能够承受台风和暴风的袭击。塔架按照结构材料可分为钢结构塔架和钢筋混凝土塔架。塔架的主要形式有以下几种。

1) 单管拉线式 塔架由一根钢管和 3~4 条拉线组成,如图 3-22 所示。它具有简单、轻便、稳定等优点。微型风力机几乎都采用这种形式的塔架。

2) 桁架拉线式 小中型风力机的塔架通常都采用桁架拉线式结构。它由钢管或角钢焊接而成的桁架,再辅以 3~4 根拉线组成,如图 3-23 所示。桁架的断面形状最常见的有等边三角形与正方形两种。

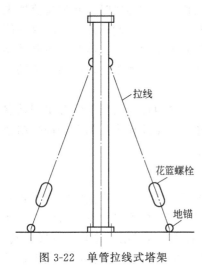

图 3-22 单管拉线式塔架

为了便于整机起吊(中型以下风力机几乎采用这种形式),这两种塔架的底部往往都做成铰接式,而拉线可采用钢丝绳或镀锌钢绞线,拉线上应装有拉紧用的花篮螺栓。

3) 桁架式 它是由钢管或角钢焊接而成的底大顶小的桁架,其断面最常用的是正方形,也有采用多边形的,如图 3-24 所示。这种结构不带拉线,沿着桁架立柱的脚手架可爬往机舱。下风向布置的风力机多采用这种结构的塔架。

4) 圆台式 它是由钢板卷制(或轧制)焊接而成的上小下大的圆台(或棱台),如图 3-25 所示。机组的动力盘与控制柜通常就吊挂在塔架的内壁上,无需再另建控制室。塔内有直梯通往机舱。它外形美观、结构紧凑,很受用户的欢迎。因此,近年来广泛用于上风向布置的大型风力机上。这种塔架上下相邻两节的连接,多采用法兰,有的利用本身的锥底进行套装。从加工工艺讲,圆台比棱台简单,因此大型风力机多采用圆台塔架。

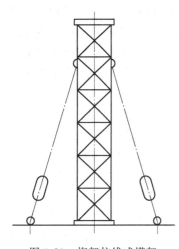 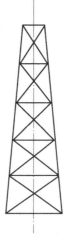 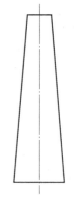

图 3-23 桁架拉线式塔架　　图 3-24 桁架式塔架　　图 3-25 圆台式塔架

(8) 控制系统

控制系统是大、中型风力发电机组非常重要的组成部分,风力发电机组自动启停、并网、保护全部依靠控制系统完成。

1) 风力发电机组对控制系统的基本要求

① 自动完成单机自动开停机控制、自动并网控制和自动偏航对风控制，并能通过手动方式完成以上功能。

② 具备完善的保护功能，确保机组的安全。保护功能有电网故障保护、风机超速保护、机舱的振动保护、发电机齿轮箱的热保护、发电机油泵及偏航电机的过载保护、主轴过热保护、电缆扭绞保护、液压系统的超压和低压保护以及控制系统的自诊断。

③ 机组运行状态的自动监测及显示功能。

④ 具有以微型计算机为核心的中央监控系统（上位机），可以对风电场一台或多台风机进行监测、显示及控制，甚至可以实现异地遥控等。

2) 控制系统的基本结构　风电场一般由多台大中型风力发电机组成。由于机组多，占地面积大，设备分散，环境恶劣，要求控制系统做到无人值守或少人值守。风电场控制系统由上位机系统和下位机系统两部分组成。上位机系统安装在主控室内，负责监控所有风机的运行，具备显示、打印报表与远方遥控等功能；下位机系统安装在每台风机的塔筒内，负责本台机组的运行，实现就地监控。上、下位机之间的通信采用有线或无线通信方式。

下位机系统直接控制每台风机的运行，要求具备高可靠性和高抗干扰能力，因此把二次侧的隔离电路、控制单元的接口驱动电路和计算机单元放在一个柜子中，称为微机柜。将一次侧回路中的互感器和接触器、开关、大功率晶闸管、补偿电容等放在另一个柜子中，称为开关柜。

(9) 附属部件

附属部件包括机舱、机座、回转体等，下面分别简要介绍。

1) 机舱　风力机常年在野外运转，不但要经受狂风暴雨的袭击，还时刻面临尘沙磨损和盐雾侵蚀的威胁。为了使塔架上方的主要设备及附属部件（桨叶及尾舵或舵轮除外）免受风沙、雨雪、冰雹以及盐雾的直接侵害，往往用罩壳把它们密封起来。这罩壳就是"机舱"。包括主传动系统、偏航系统、液压系统、制动系统、发电机等主要部件都存在机舱底盘上，机舱底盘的底部与塔架连接，因此，要求机舱底盘有足够的机械强度和刚度，并且重量轻，有足够的抗震性能。机舱底盘常采用铸造或焊接结构。随着机组容量和体积的增大，为了改善其加工性能，机舱底盘多设计成分体结构拼接而成。

2) 机座　机座用来支撑塔架上方风力机的所有设备及附属部件，它的牢固与否将直接关系到整机的安全和使用寿命。机座的设计要与整体布置统一考虑，在满足强度和刚度要求的前提下，应力求耐用、紧凑、轻巧。中、大型风力机的机座通常以纵梁、横梁为主，再辅以台板、腹板、肋板等焊接而成。焊接时必须严格遵守焊接工艺，并采取必要的技术措施以减小变形。主要焊缝需经探伤检查，决不允许有未熔合、未焊透，更不得有裂纹、夹渣、气孔等缺陷。焊好后还要进行校正、找平等工作。

3) 回转体　回转体实际上就是机座与塔架之间的连接件，通常由固定套、回转圈以及位于它们之间的轴承组成。固定套锁定在塔架上部，而回转圈则与机座相连，当风向变化时，风力机就能绕其回转而自动迎风。

实训3　水平轴风力发电机机头组装

一、实训目的

1. 了解水平轴风力发电机的机头构成。

2.掌握各部件的结构和功能。

二、实训设备

水平轴风力发电机及相关工具。

三、实训内容

1. 熟悉水平轴风力发电机各组成部分。
2. 了解发电机定子绕组的绕制。
3. 熟悉风力发电机机头的组装。

四、实训步骤

1. 风力发电机的组成

小型风力发电机结构比较简单，主要由导流罩、叶片、发电机、尾杆、尾翼等组成。导流罩起到减小风的阻力的作用；叶片接收风能，转化成机械能，最终带动发电机发电；发电机主要由定子和转子组成，通过切割磁力线将机械能转换为电能；尾杆连接尾翼和机身；尾翼起到对风的作用。

大型风力发电机主要由叶轮、主传动系统、偏航系统、制动系统、发电机、控制系统及附属部件（机舱、机座、回转体等）组成。叶轮包括叶片和轮毂。叶片是风力发电机组关键零部件之一，具有空气动力外形，在气流作用下产生转矩驱动风轮转动，通过轮毂将转矩输入传动系统。主传动系统由主轴、增速齿轮箱、联轴器等组成。主传动系统将风轮的各种载荷传递到机舱，并将风轮的转速、转矩转化为与发电机相匹配的转速、转矩传递给发电机。偏航系统起到自动对风的作用，主要由风向传感器（感应风向的风向标）、偏航电机、偏航行星齿轮减速器等组成。其工作原理如下：风向标作为感应元件，将风向的变化用电信号传递到偏航电机控制回路的处理器，经过比较后处理器给偏航电机发出顺时针或逆时针的偏航命令。为了减小偏航时的陀螺力矩，电机转速将通过同轴连接的减速器减速后，将偏航力矩作用在回转体大齿轮上，带动风轮偏航对风。当对风完成，风向标失去电信号，电机停止工作，偏航过程结束。

2. 发电机定子绕组的绕制

发电机由定子、转子及轴承等部件构成，其中定子由定子铁芯和线圈绕组等组成。转子由转子铁芯及转轴等部件组成。由轴承及端盖将发电机的定子、转子连接组装起来，使转子能在定子中旋转，做切割磁力线的运动，从而产生感应电势，通过接线端子引出，接在回路中，便产生了电流。

根据发电机的极数、定子线圈槽数等进行定子绕组的绕制。先确定极数和槽数，再合理分配线圈匝数和线圈节距等。例如，图3-26所示为极对数为5，槽数为48的定子绕组绕线图。

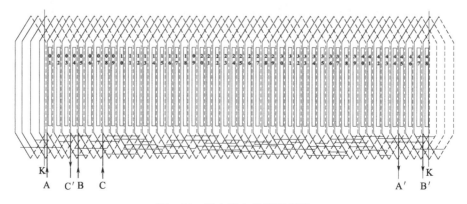

图3-26 风力发电机线圈绕组

3. 机头的组装

对于小型风力发电机，其整个结构组成如图 3-27 所示。根据图 3-27，用相应的工具进行组装。此风力发电机的对风装置采用的是尾翼。

图 3-27　小型风力发电机的组成部件

对于不带尾翼的风力发电机，其对风装置采用的是自动偏航装置，所以要有检测风速和风向的传感器，即风速仪和风向仪，其组成如图 3-28 所示。

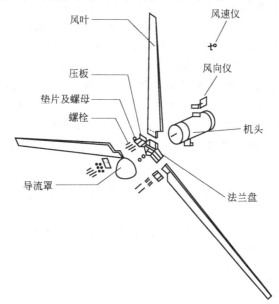

图 3-28　不带尾翼风力发电机的组成部件

五、实训思考题

1. 如何根据极对数和定子线圈槽数确定节距？
2. 采用自动偏航系统的风力发电机是如何实现对风的？

六、实训报告要求

对本项实训内容加以归纳、总结、提高，写出实训报告。实训报告应至少包括以下内容：

1. 实训目的；

2. 实训设备；
3. 实训内容；
4. 实训过程记录；
5. 写出心得体会和收获。

实训4　水平轴风力发电机控制器组装

一、实训目的

1. 了解风力发电系统的组成，掌握其发电原理。
2. 了解风力发电机控制器各组成部分的功能。
3. 掌握控制器组装过程中工具的使用。

二、实训设备

风力发电机控制器、旋具、尖嘴钳、万用表等。

三、实训内容

1. 画出风力发电机控制器的原理图。
2. 根据原理图组装控制器。

四、实训步骤

控制器控制风力发电机的正常运转。在大风或过电压状态下，控制器将自动启动电磁刹车，以保护风机和蓄电池。控制器由中央处理板和外围接口板构成。中央处理板由中央控制单元电路、中央运算单元电路和双端口存储单元电路构成。外围接口板由通信接口电路、模数转换电路、LCD显示控制电路、键盘输入控制电路、数模转换电路、光纤输出转换和控制电路构成。中央控制单元电路与通信接口电路、模数转换单元电路、双端口存储单元电路、LCD显示控制电路、键盘输入控制电路、数模转换电路、光纤输出转换和控制电路相连接。双端口存储电路分别与中央控制单元电路、中央运算单元电路相连接。数模转换电路也分别与中央控制单元电路、中央运算单元电路相连接。其外形和各部分组成如图3-29所示。

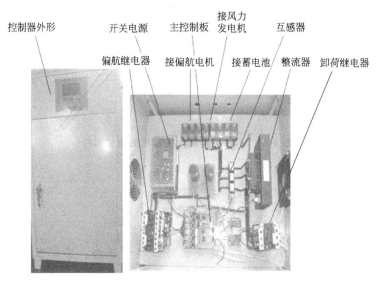

图 3-29　控制器外形及内部结构

根据内部结构组成画出控制器的原理图，并根据原理图进行组装。

五、实训思考题
1. 简述风力发电系统的工作原理。
2. 控制器中的大电容起什么作用？
3. 风力发电系统中为什么要有卸荷装置？

六、实训报告要求
对本项实训内容加以归纳、总结、提高，写出实训报告。实训报告应至少包括以下内容：
1. 实训目的；
2. 实训设备；
3. 实训内容；
4. 实训过程记录；
5. 写出心得体会和收获。

实训5　水平轴风力发电机安装调试

一、实训目的
1. 了解水平轴风力发电机各部分的组成。
2. 了解水平轴风力发电机各组成设备的安全操作规程。
3. 掌握水平轴风力发电机各设备的安装步骤。
4. 了解风力发电机组调试的基本过程，掌握风力发电机的调试步骤。

二、实训设备
水平轴风力发电机模型、吊装视频等。

三、实训内容
1. 测风设备（风向仪、风速仪）的安装。
2. 拆装风机模型，熟悉风力发电机组成部分（发电机和叶片、塔架和机舱等）在整机中的位置及构造。
3. 组织现场观看风力发电机吊装过程或观看吊装视频。
4. 对风力发电机进行调试。

四、实训步骤
1. 风速仪、风向仪的安装。
2. 塔架和机舱的吊装。
3. 发电机和叶轮的吊装。
4. 调试。
   （1）上电。
   （2）电压检查。
   （3）根据控制柜显示面板上的操作按钮进行操作。

五、实训思考题
1. 塔架吊装前应做好哪些工作？
2. 叶轮在现场如何摆放？

六、实训报告要求
对本项实训内容加以归纳、总结、提高，写出实训报告；实训报告应至少包括以下内容：

1. 实训目的；
2. 实训设备；
3. 实训内容；
4. 实训过程记录；
5. 写出心得体会和收获。

习题

3-1 水平轴风力发电机有哪些种类？
3-2 简述风力发电的原理。
3-3 简述风力发电机的运行过程。
3-4 水平轴风力发电机的功率控制有哪几种方法？分别是怎样实现的？
3-5 简述风力发电机的结构组成及各部分的功能。
3-6 风力发电机为什么要有对风装置？它是怎样实现对风的？

第4章
垂直轴风力发电机

作为用来发电的风力发电机组，垂直轴风力发电机组（VAWT：Vertical Axis Wind

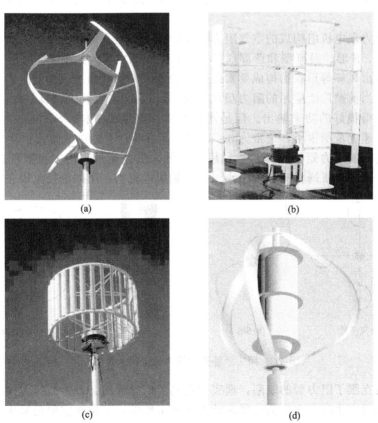

图 4-1 垂直轴风力发电机实物举例

Turbine)有着诸多的优越性。但是对于垂直轴风力发电机组来说,由于以往在空气动力学以及构造力学等方面的技术积累较少,大型实用机型的研发相对滞后。然而,对于小型升力型垂直轴风力发电机组来说,在空气动力学、构造力学以及发电特性等方面经过了多年的研究已经进入了实用阶段。图4-1所示为几种垂直轴风力发电机的实物图。

本章将首先对垂直轴风力发电机组的分类以及一般特性进行简要介绍。然后从空气动力学的角度对垂直轴风力发电机组进行深入研究,进而分析其结构特性和运行特性。最后完成实训项目。

4.1 垂直轴风力发电机组基本概念

4.1.1 垂直轴风力发电机组的分类

垂直轴风力发电机是指风轮转轴与风向成直角(大多数与水平面垂直)的风力发电机。垂直轴风力机很早就被应用于人类的生活中。几千年前,人们就开始利用垂直轴风力机来提水。但是,垂直轴风力发电机的发明则要比水平轴的晚一些。

垂直轴风力发电机叶轮的转动与风向无关,可以接受来自任何方向的风,因此不需要水平轴风力发电机使用的迎风转向装置,使它们的结构设计简化。垂直轴风力发电机的另一个优点是齿轮箱和发电机可以安装在地面上,这对于一个往往需要在呼啸的大风中为一台离地面几十米高的水平轴风力机进行维修的人员来说,无疑是一个值得高度评价的特点。

垂直轴风力发电机组的形式多种多样,分类方法也有几种。按照工作原理可以分为阻力型和升力型。

主要依靠风力发电机组构成的空气阻力产生的旋转力矩来工作的称为阻力型风力发电机组,包括风杯型、S形、涡流型和萨渥纽斯型(Savonius)等,如图4-2所示。这些阻力型风力发电机组多由风杯等形状的构成要素组成,利用风推动其凸凹两侧的阻力不同而产生旋转力矩来工作。当前被广泛应用的阻力型风机是Savonius风机。设计良好的Savonius风机在低风速时能获得很好的功率输出。但是同其他阻力型风机一样,Savonius风机存在固有的缺陷,即工作速比范围很小,通常为$0<\lambda<1$,而且叶片在逆风区时会产生较大的反向力矩,降低了转动轴的总力矩,故其能量利用率较低,最大能量利用率系数仅能达到0.3左右。因此,Savonius风机通常只适合于小型垂直轴风电机组,用来给抽水设备等供电。

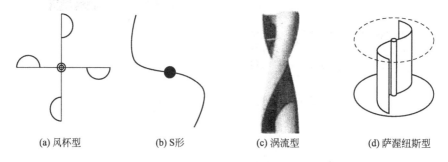

(a) 风杯型　　(b) S形　　(c) 涡流型　　(d) 萨渥纽斯型

图4-2 阻力型垂直轴风力发电机示意图

升力型风机克服了阻力型的缺陷,现实中得到了广泛应用。升力型风力发电机组主要是利用风力发电机组产生的升力作为主要旋转力矩来工作的。其构成主要是采用飞机机翼翼型断面的形状。这类风力发电机组主要包括直线翼型和达里厄型(Darrieus)等,如图4-3

所示。

直线翼型风机的直叶片形式使其结构简单，而且可实现变攻角控制，因此直线翼型风机具备自启动功能，低风速性能良好。但是，高风速时叶片将承受很大的弯矩，故直线翼型风机很难实现大型化。目前，直线翼型风机在风力发电中应用较少，但是在潮流能开发中却深受重视。

达里厄（Darrieus）型风机叶片形状采用 TroPoskien 曲线（如图 4-4 所示，其中 R 为叶轮的半径，H_0 为叶轮的半高）。其特点是：叶片类似于一根两端固定的柔性绳索，不计重力时，在离心力的作用下自然形成弯曲形状，故叶片主要承受展向张力，极大地减小了弯曲应力。加拿大魁北克安装的一台直径 64m 的 Darrieus 型 Eole 风机，设计额定功率为 4MW，如图 4-5 所示。美国 Sandia 国家实验室研制的直径 17m，额定功率 60kW 的试验风机，如图 4-6(a) 所示。直径 34m，额定功率 625kW，且叶片首次采用变截面形式的风机，如图 4-6(b)

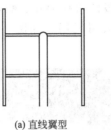
(a) 直线翼型

(b) 达里厄型

图 4-3　升力型垂直轴风力发电机示意图

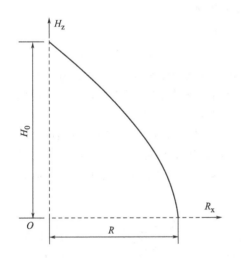

图 4-4　TroPoskien 曲线

图 4-5　Eole 风机（$H=96m$，$D=64m$）

(a) Sandia/DOE-17（$H=17m$, $D=17m$）

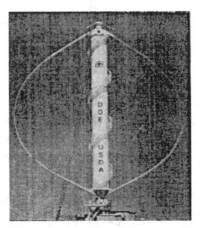
(b) Sandia/DOE-34（$H=42m$, $D=34m$）

图 4-6　Sandia 实验室研制的 17m 和 34m Darrieus 风机

所示。Flowind 公司开发的直径 19m、额定功率 250kW 的 Flowind19 机型和改进机型 FlowindEHD17 在 Flowind 公司风场（如图 4-7 所示）中安装了 500 多台，获得了很好的经济效益。

图 4-7 Flowind 公司风场

Darrieus 型风力机有多种形式，如图 4-8 所示的 Φ 形、H 形、Δ 形、Y 形和菱形等。基本上是直叶片和弯叶片两种，以 H 形风轮和 Φ 形风轮为典型。叶片具翼型剖面，空气绕叶片流动，产生的合力形成转矩。H 形风轮结构简单，但这种结构造成的离心力，使叶片在其连接点处产生严重的弯曲应力。另外，直叶片需要采用横杆或拉索支撑，这些支撑将产生气动阻力，降低效率。Φ 形风轮所采用的弯叶片只承受张力，不承受离心力载荷，从而使弯曲应力减至最小。由于材料可承受的张力比弯曲应力要强，所以对于相同的总强度，Φ 形叶片比较轻，且比直叶片可以以更高的速度运行。但 Φ 形叶片不便采用变桨距方法实现自启动和控制转速。另外，对于高度和直径相同的风轮，Φ 形转子比 H 形转子的扫掠面积要小一些。

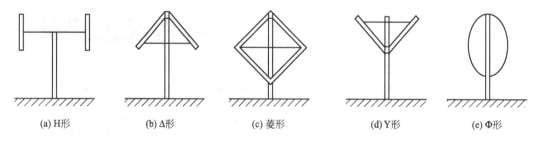

(a) H 形　　(b) Δ 形　　(c) 菱形　　(d) Y 形　　(e) Φ 形

图 4-8 达里厄风力机的风轮结构

在垂直轴风力发电机组得到广泛研究的今天，有学者提出了功率系数曲线具有阻力型垂直轴风力机和升力型垂直轴风力机双重特点的升阻复合型垂直轴风力发电机组，如图 4-9 和图 4-10 所示。这种升阻复合型垂直轴风力机采用半活半固组合型叶片，低风速时，活叶打开，阻力做功，提供启动转矩；高风速时，活叶合拢，转换为升力做功，获得高效率。

尽管水平轴风电技术已经相当成熟，且占领了当前风力发电的大部分市场，但是水平轴风电机组在进一步大型化时因其自身的缺陷受到限制。于是，人们逐渐开始投向大型垂直轴风电机组的研制工作。同水平轴风电机组相比，垂直轴风电机组具有以下优势。

① 垂直轴风电机组不需要复杂的偏航对风系统，可以实现任意风向下正常运行发电。

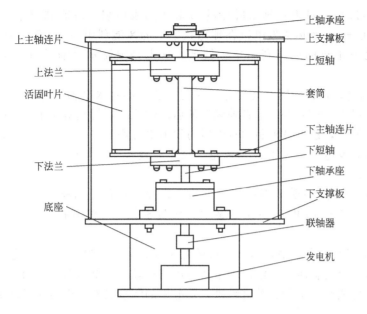

图 4-9　升阻复合型垂直轴风力机整体结构示意图

这样不仅大大简化了控制系统,而且不会因对风系统的偏差造成能量利用率系数的下降。研究表明,若风向偏离 40°,则水平轴风机的能量利用率系数将下降约 50%。

② 水平轴风机的主要设备(发电机、变速箱、制动系统等)需安置在塔柱顶部,安装和维护比较困难;而垂直轴风电机组的设备可放置在地面,大幅降低安装与维护费用,且机组整体稳定性好。

③ 水平轴风机叶片通常采用锥形或螺旋形变截面,翼型剖面复杂,故叶片的设计及制造工艺复杂,造价高;而垂直轴风机的叶片多采用等截面翼型,制造工艺简单,造价低。

图 4-10　升阻复合型垂直轴风力机

④ 水平轴风机叶片仅由一端固定,类似于悬臂梁,当叶片处于水平位置时,因重力和气动力作用形成很大的弯矩,对叶片结构强度很不利;垂直轴风机叶片通常采用 Troposkien 曲线形状,叶片仅受沿展向的张力。

⑤ 垂直轴风电机组可通过适当提高叶轮的高径比(叶轮高度和直径的比值)增加其扫风面积,可以在增加单机容量的同时减小机组占地面积,从而提高风场单位面积风能利用率,有利于垂直轴风电机组向大型化、产业化发展。

当然,垂直轴风力发电机也有其自身存在的缺点。

① 风能利用率低。目前,大型水平轴风力发电机的风能利用率一般在 40% 以上。对于水平轴风力发电机的风能利用率,根据中国空气动力研究与发展中心做的风洞实验,实测的

利用率在 23%～29%。对垂直轴二叶轮的 S 形风力发电机，理想状态下的风能利用率为 15% 左右，而 Darrieus 型风力发电机在理想状态下的风能利用率也不到 40%。其他结构形式的垂直轴风力发电机的风能利用率也较低，这也是限制垂直轴风力发电机发展的一个原因。

② 启动风速高。根据中国空气动力研究与发展中心对水平轴风力发电机所做的风洞实验，启动风速一般在 4～5m/s。垂直轴风轮的启动性能差，特别对于 Darrieus 式 Φ 形风轮，完全没有自启动能力，这也是限制垂直轴风力发电机应用的一个原因。但是，对于某些特殊结构的垂直轴风力发电机，例如 H 形风轮，只要翼型和安装角选择合适，这种风轮的启动风速只需要 2m/s。

③ 机组品种少，产品质量不稳定。目前，企业生产的垂直轴风力发电机组大部分是 1kW 以下的机组，1～20kW 的机组数量少，质量不稳定，没有批量，需进一步完善和产业化。

④ 增速结构复杂。由于垂直轴风力机的叶尖速比较低，叶轮工作转速低于多数水平轴风力机，因此许多垂直轴风力发电机增速器的增速比较大，增速器的结构也比水平轴风力发电机的增速器结构复杂，增加了垂直轴风力发电机的制造成本，也增加了维护和保养增速器的成本。

通过以上分析可以看出，垂直轴风力发电机组具有很好的发展潜力，特别是在大型化发展方面比水平轴更具优势。我国在垂直轴风电机组研制技术基本处于刚刚起步阶段。2005 年研制成功的第一台完全具有自主知识产权的 50kW 垂直轴风电机组小型试验机，如图 4-11 所示。

图 4-11　我国拥有自主知识产权的双 Φ 形垂直轴风电机组

4.1.2　垂直轴风力机的工作原理

垂直轴风力机按驱动力的性质可分为升力型风力机和阻力型风力机。一般情况下，升力型风力机的驱动力矩主要由气动升力提供，风力机转速较高，常用于风力发电；阻力型风力机的驱动力矩主要由气动阻力提供，风力机转速较低，常采用多叶片形式用于风力提水。

(1) 阻力型风力机的工作原理

阻力型风力机是由于风力机的运动部件在迎风方向形状不对称，引起空气阻力不同，从而使风产生一个绕中心轴的力矩，使风轮转动，如图 4-12(a) 所示。风产生的驱动力 F 可以用下式表示：

$$F=\frac{1}{2}\rho S v^2 \psi \tag{4-1}$$

式中 ρ ——空气密度，kg/m^3；
S ——风轮的截面积，m^2；
v ——风速，m/s；
ψ ——空气动力系数。

不同的迎风形状，对应着不同的空气动力系数。当迎风形状为半球的凹面时，ψ 为 1.33，当迎风形状为半球的凸面时 ψ 为 0.34。因此，当迎风向风轮的截面积不同时可以产生一个阻力差使风轮转动。

(2) 升力型风力机的工作原理

图 4-12(b) 中，v 是风速，v_t 是叶片的圆周速度，w 是相对于叶片的风速，w 与叶片弦线的夹角是有效攻角。由空气动力学的相关知识可知，当气流流过有攻角的翼型时，将产生垂直于 w 的升力和平行于 w 的阻力，两者的合力为 F。由 $w=v-v_t$，如果 v 和 v_t 已知，则可求得 w 和叶片所受到的气动力 F。对叶片在不同方位的速度三角形的研究表明，除了当叶片处于与风向平行或近似平行的位置外，在其他方位的气动力都产生一个驱动风轮旋转的力矩。当风轮静止时，相当于 $v_t=0$，这时相对风速 w 与来流风速 v 一致，叶片的攻角很大，甚至大于失速攻角，使得风力机的启动转矩非常小。因此，传统的垂直轴风力机启动性能比较差，不易自启动。

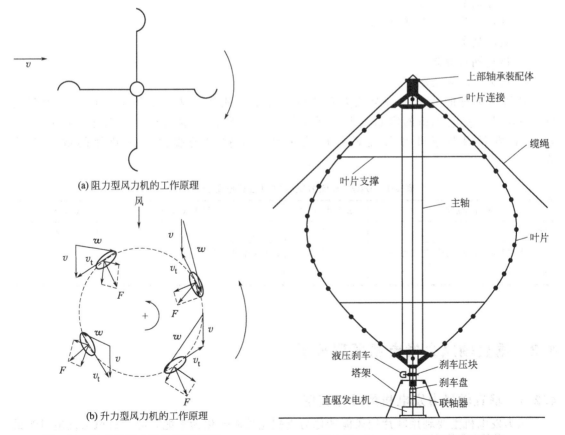

图 4-12 垂直轴风力机的工作原理

图 4-13 Darrieus Φ 形风轮典型结构

4.1.3 垂直轴风力发电机组的基本结构

在各类垂直轴风力机中，Darrieus Φ形风力机具有结构简单、叶片轻、叶尖速比大等特点，适合大型并网发电技术。现以 Darrieus Φ形风力机为例具体介绍垂直轴风力发电机组的组成结构，如图 4-13 和图 4-14 所示。

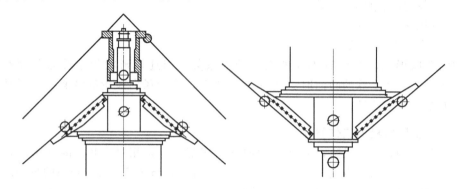

图 4-14　上、下叶片连接及部分轴承装配

Darrieus Φ形风力发电机组主要结构有：
① 上部轴承装配体；
② 主轴；
③ 缆绳及其附件；
④ 下部轴承装配体；
⑤ 叶片及其连接支撑结构；
⑥ 液压刹车；
⑦ 传动轴联轴器；
⑧ 风力机塔架及地基。

各组成部分的成本占整个风力发电机组成本的比例如表 4-1 所示。目前，大多数 Darrieus 风力发电机组的容量为几百千瓦级，单位容量成本已经降到低于 1000 美元/kW。这主要得益于叶片气动性能的改善和加工技术的提高，使叶片的成本大为降低。

表 4-1　Darrieus 风力发电机组各组成部分成本比例

机组组成部分	成本比例/%	机组组成部分	成本比例/%
叶片	15	控制系统	20
叶片支撑部件（主轴、轴承、连接件等）	25	塔架及辅助装置	20
发电装置	20		

4.2　垂直轴风力发电机原理分析

4.2.1　垂直轴风力发电机的叶片翼型

风力发电机主要利用叶片把风能转化为机械能进而转化为电能，叶片是风力发电机组最重要的部件之一，叶片翼型的选择直接影响着风力机功率的输出即风能利用率。

(1) 传统风力机翼型

最常用同时也是最具代表性的传统风力机翼型是 NACA 系列翼型。NACA 系列翼型由基本厚度翼型和中弧线叠加而成。

1) NACA 四位数字翼型族　NACA 四位数字翼型分为对称翼型和有弯度翼型两种。对称翼型即为基本厚度翼型，有弯度翼型由中弧线与基本厚度翼型叠加而成。中弧线为两段抛物线，在中弧线最高点两者水平相切。四位数字翼型的表达形式为

$$\text{NACA} \quad \times\times\times\times$$

第一个数字表示最大相对弯度 $\overline{f}$ 的百倍数值；第二个数字表示最大弯度相对位置 $\overline{x}_f$ 的十倍数值；最后两个数字表示最大相对厚度 $\overline{t}$ 的百倍数值。

2) NACA 五位数字翼型族　NACA 五位数字翼型和四位数字翼型不同的是中弧线。在实验中发现，中弧线最大弯度相对位置离开弧线中点，无论是前移还是后移，对提高翼型最大升力系数都有好处。但是往后移时会产生很大的俯仰力矩，不能采用。而要往前移得太多，原来四位数字翼型中弧线形状要修改，这就变成了五位数字翼型。

五位数字翼型有两组中弧线。第一组中弧线在最大弯度位置以后，而点以前为一立方抛物线，其曲率从前缘向后逐渐减小，点以后一直到尾缘为止是直线。第二组中弧线为 S 形曲线，前段为正弯度的立方抛物线，后段为反弯度的立方抛物线。五位数字翼型的表达形式为

$$\text{NACA} \quad \times\times\times\times\times$$

第一个数字表示弯度，但不是一个直接的几何参数，而是通过设计的升力系数来表达的，这个数乘以 3/2 就等于设计升力系数的 10 倍，但第一个数字近似等于最大相对弯度 $\overline{f}$ 的百倍数值；第二个数字表示最大弯度相对位置 $\overline{x}_f$ 的 20 倍，即 $20\overline{x}_f$；第三个数字表示中弧线后段的类型，"0" 表示直线，"1" 表示反弯度曲线；最后两个数字表示最大相对厚度 $\overline{t}$ 的百倍数值。

3) NACA 四、五位数字修改翼型族　常见的 NACA 四、五位数字修改翼型是改变前缘半径和最大厚度的弦向位置。主要有两组修型。第一组修型的表达形式为

$$\text{NACA} \quad \times\times\times\times\text{-}\times\times$$

或

$$\text{NACA} \quad \times\times\times\times\times\text{-}\times\times$$

横线前面为未修改的 NACA 四、五位数字翼型的表达式，横线后面第一个数字表示前缘半径大小，第二个数字表示最大厚度相对位置 $\overline{x}_f$ 的十倍数值。第二组修型是德国航空研究中心（DVL）做的，这里不作介绍。

4) NACA 层流翼型　NACA 层流翼型是 20 世纪 40 年代研制成功的。层流翼型设计的特点是使翼面上的最低压力点尽量后移，以增加层流附面层的长度，降低翼型的摩擦阻力。目前常用的是 NACA6 族和 NACA7 族层流翼型。

层流翼型的厚度分布和中弧线是分开设计的。最大厚度相对位置 $\overline{x}_f$ 有 0.35、0.40、0.45 和 0.50 四种。中弧线形状是载荷分布设计的，从前缘到某点载荷是常数，从这点到尾缘载荷线性降低到零。该点位置一般在最大厚度点之后。

很多水平轴风力机（HAWT）上采用了 NACA 230×× 系列翼型和 NACA 44×× 系列翼型，最大相对厚度从根部的 28% 左右到尖端的大约 12%。在某些方面，这些翼型并不能令人满意。例如，NACA 230×× 系列中的翼型具有对表面污垢敏感的最大升力系数，而且它们的性能随着厚度增加恶化的比其他翼型快得多。

NACA63-2×× 系列翼型在 NACA 翼型中总体性能表现最好，而且它们对表面粗糙度具有良好的不敏感性，因而在各种水平轴风力机上得到了广泛的应用。现在仍然有很多风力机在叶片靠叶尖的部分使用 NACA 63-2×× 系列翼型。

对于大多数垂直轴风力机（VAWT），通常使用对称翼型，例如四位数字系列 NACA 00××，最大相对厚度从 12% 到 15%。

(2) 风力机专用翼型

由于传统航空翼型作为风力机翼型并不能很好地满足使用要求，因此风能技术发达的国家从 20 世经 80 年代中期开始研究风力机专用翼型，并发展了各自的系列翼型。其中具有代表性的有美国的 SERI/NREL 系列翼型、丹麦的 RISΦ-A 系列翼型、瑞典的 FFA-W 系列翼型族以及荷兰的 DU 系列翼型，下面将对这些翼型进行简单的介绍。

1) NREL-S 系列翼型　S 系列翼型是美国可再生能源实验室（NREL）在 1984 年开始主持研发的风力机专用翼型，使用 Eppler 翼型设计分析码（Eppler Airfoil Design and Analysis Code）。S 翼型系列总体性能要求：具有对粗糙度不敏感的最大升力系数，该翼型系列满足风力机失速调节控制、变桨距、变速的要求。这些翼型能有效减小由于昆虫残骸和灰尘积累使叶片表面粗糙度增加而造成的转子性能下降，并且能增加能量输出和改善功率控制。图 4-15 所示为 NREL 早期（20 世纪 80 年代）设计的几种 S 系列翼型。

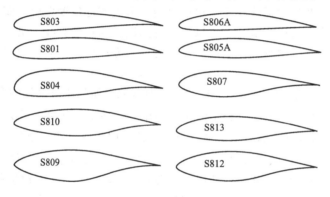

图 4-15　S 系列翼型

2) RISΦ-A 系列翼型　RISΦ-A 系列翼型是丹麦 RISΦ 国家实验室研究设计的，整个系列包括 7 个翼型，最大相对厚度从 12% 到 36%，如图 4-16 所示。该系列翼型的设计攻角为 10°，目标函数是攻角为 2°、4°、6°、8°和 10°时的升阻比之和，各个升阻比的权重相同。设计中采用了 600kW 风力机的典型雷诺数和马赫数作为运行工况，所以对于用在叶尖和中间部位的较薄翼型来说，雷诺数和马赫数相对较高，而对于用在根部的较厚翼型，雷诺数和马赫数则显得较低。RISΦ-A 系列翼型的几何特征是具有一个尖锐的前缘，这使得流体迅速加速并产生一个负压峰值，最终使转捩靠近翼型的前缘。在空气动力学方面，该系列翼型在接近失速时具有最大的升阻比，在攻角为 10°时设计升力系数大约为 1.55，而最大升力系数为 1.65。同时，通过确保在失速攻角情况下负压面上层流到湍流的转捩在靠近前缘的地方发生，RISΦ-A 系列翼型具有对前缘粗糙度的不敏感性。

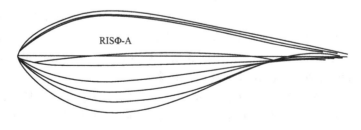

图 4-16　RISΦ-A 系列翼型

3) FFA-W 系列翼型　FFA-W 系列翼型是由瑞典航空研究所研制的，是最具代表性的风力机专用翼型。FFA-W 翼型族有三个翼型系列，分别为 FFA-W1、FFA-W2 和 FFA-W3 系列翼型。

FFA-W1-×××系列翼型包括 6 个翼型，最大相对厚度从 12.8% 到 27.1%；设计升力系数从最大相对厚度 12.8% 的翼型的 0.9，最大相对厚度 12.5% 的翼型的 1.05，到最大相对厚度 27.1% 的翼型的 1.2。该系列翼型具有较高的设计升力系数，可以满足叶尖速比小于风力机的要求。该系列翼型中的薄翼型在表面光滑和层流时具有高升阻比，同时在由于昆虫残骸或制造误差造成前缘粗糙时仍然具有良好的性能。该系列翼型中的厚翼型在前缘粗糙的情况下具有较高的最大升力系数和较低的阻力。

FFA-W2 系列翼型只有两个翼型，最大相对厚度分别为 15.2% 和 21.1%。FFA-W2 系列翼型和 FFA-W1 系列翼型的设计要求和设计目标相同，只是设计升力系数稍微低一点，这是为了像 NACA6 系列翼型一样设计出具有不同设计升力系数的系列翼型，来满足不同的使用要求。这个系列中其他厚度的翼型可以通过减小相应厚度的 FFA-W1 翼型的弯度而得到。

FFA-W3 系列翼型包括 7 个翼型，最大相对厚度从 19.5% 到 36.0%，是为定桨距风力机设计的，翼型外形如图 4-17 所示。其中最大相对厚度为 19.5% 的翼型是由最大相对厚度为 18% 的 NACA63-615 翼型和最大相对厚度为 21.1% 的 FFA-W3-211 对中弧线和厚度分布进行插补得到的。最大相对厚度为 19.5% 和 21.1% 的两种翼型是参照 NACA63-600 系列翼型中的薄翼型设计的，可以用在风力机叶片的靠叶尖部分。较厚的几种翼型在给定的相对厚度下比 NACA63-600 系列翼型中的厚翼型具有更好的气动特性。该系列翼型在光滑表面和粗糙表面上均具有良好的性能，克服了 NACA6 族翼型随着厚度增加粗糙表面翼型的性能下降的缺点，同时也是对在最大相对厚度超过 18% 时一般不使用 NACA63-6XX 翼型的补充。

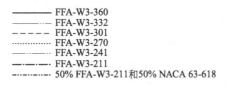

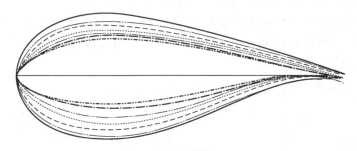

图 4-17　FFA-W3 系列翼型外形

4) DU 系列翼型　DU 系列翼型是荷兰代尔伏特大学主持研发的风力机专用翼型。该系列翼型相对厚度从 18% 到 40%，上表面厚度有一定的限制，并且具有对粗糙度不敏感的特性。

DU 翼型的设计，以 DU 91-W2-250 为例，与 NACA 63-425 相比，吸力面相对厚度减小，这样设计是为了减小对粗糙度的敏感性，而压力面 S 形使后缘加载。现在很多风力机叶片生产商使用 DU 翼型，如：GE-wind、REpower、Dewind、Suzlon、Gamesa、LMGlasfi-

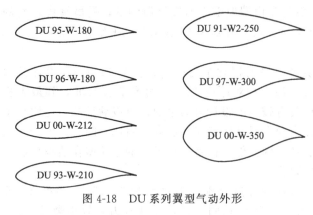

图 4-18 DU 系列翼型气动外形

ber、NOI Rotorechnik、Fuhrlander、Pflelderer、EUROS、NEGMicon、Umoeblades、Ecotecnia 等。图 4-18 为 DU 系列翼型的气动外形。

(3) 垂直轴风力发电机叶片翼型特性

对于垂直轴风力发电机组来说，随着风力发电机组旋转，叶片工作在很宽的一个迎角范围内，低叶尖速比情况下为 ±180°，高叶尖速比情况下为 ±10°左右变化。另外，在不同的叶片旋转角处，由于来流风速、旋转角速度以及穿过风轮内部的风速变化等，会引起叶片上动压的周期性变化，因此，由于流向叶片的气流速度变化的复杂性，使得精确推算垂直轴风力发电机组用叶片翼型的空气动力特性对风力发电机组的性能影响变得相当困难。作为解决方法之一，日本东海大学关和市教授等使用翼型重叠函数的方法提出了垂直轴风力发电机组用叶片翼型所必须具有的特性（叶片翼型如图 4-19 所示）：

① 升力系数大；
② 阻力系数小；
③ 阻力系数要对称于零升力角；
④ 负的纵向摇动力矩系数大。

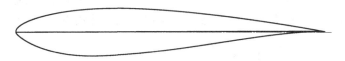

图 4-19　日本东海大学开发的 TWT 叶片翼型

这其中，升力系数的影响特别大，也就是说升阻比很重要。较流行的叶片翼型是采用美国 NACA 的 4 位数系列对称翼型，比较常用的有 NACA0012，NACA0015 和 NACA0018。达里厄风力机在初期多采用 NACA0012 和 NACA0015 这两种薄翼型，后来由于对强度要求的提高而逐渐采用 NACA0018 翼型（如图 4-20 所示）。目前，达里厄风力机的叶片翼型多采用各种翼型组合的方式。

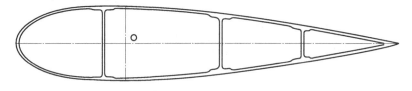

图 4-20　NACA0018 翼型截面

4.2.2　垂直轴风机气动性能研究进展

在设计建造垂直轴风力发电机组之前，必须对风机叶轮气动性能进行准确的预测。目前比较成熟的理论预测方法主要有两种：基于动量定理的流管法和基于势涡理论的涡方法。

(1) 流管法

为计算垂直轴 Darrieus 风机的气动特性，Templin 于 1974 年第一个提出了基于动量定理的单盘面单流管模型（Single Disk Single Stream-Tube Model）。该模型将风机叶轮简化为被一个流管包围的盘面（Actuator Disk），并假设整个盘面上叶片诱导速度均匀分布，将所有叶片经过流管上游区域和下游区域的作用力之和作为该流管上的外力，应用动量定理建立联系这一外力和流管动量变化的方程式，从而求解出诱导速度，然后计算叶轮的气动性能。

这种方法在低速比和低密实度情况下，预测风力机的整体气动力性能是可行的，但是不能反映转子作用盘面范围内上游区域和下游区域以及垂直于流向不同位置处的流动参数的变化，因此是一种比较粗糙的方法。为了提高流管模型预测的精确性，20 世纪 70 年代中后期发展出许多单盘面单流管模型的改进形式，其中著名的有 1975 年 Strickland 提出的单盘面多流管模型（Single Disk Multiple Stream-Tube Model）和 1981 年 Paraschivoiu 提出的双盘面多流管模型（Double Disks Multiple Stream-Tube Model）。

基于动量定理的流管模型在一定速比、密实度和载荷范围内，能够有效地预测风机叶轮的总体气动性能，例如能量利用率-速比特性、风速-转速-功率特性等；而且多流管模型能够计算流场的某些细节，例如上游盘面对下游盘面的影响。流管模型简单快捷，便于工程应用，在垂直轴风机叶轮气动性能预测上得到了广泛的应用和发展。但是，流管法由于其模型本身的局限性，也存在一些不足：首先不太适用于计算较高速比、密实度和载荷情况下的风机叶轮的气动性能，在大速比情况下，动量方程求解容易发散，从而得不到诱导速度；其次动量定理模型忽略了垂直来流方向的诱导速度，在求解风机叶轮侧向受力时有一定的困难；另外由于流管法不能精确地计算流场细节，因而无法准确地预报风机叶片的非定常特性和瞬时载荷。

（2）涡方法

由上述可知，基于动量定理的流管法在计算流场细节及预测风机叶片的非定常特性时存在一定困难，为了能准确预测风机叶轮的瞬时气动载荷，人们逐渐研究出另一种理论预测方法，即涡方法。

1978 年，Wilson 计算 Giromill 风机叶轮气动性能时提出了 VortexSheet 模型：用无限多叶片数的风轮代替实际风轮，即假设叶片数 $Z \to \infty$，叶片弦长 $C \to 0$，而保持 ZC 为常数。这样就可以用分别布置在叶片轨迹圆上游半圆弧和下游半圆弧上强度相等、符号相反的附着涡片来代替无限多的叶片，并且使涡量守恒；而尾涡则用 90°和 270°方位角处的两条无限长的平行于来流的常值涡线来代替，如图 4-21 所示。其强度可以通过 90°和 270°方位角处附着涡片强度的改变、转子转速和尾涡脱泄速度来确定；最后写出用附着涡强度和诱导速度表示的风机叶轮气动力性能的基本表达式。由于该模型只建立了诱导速度和附着涡强度的关系式，无法确定它们的具体值，所以只能得到叶轮性能的极限值，该极限值同贝兹动量定理的

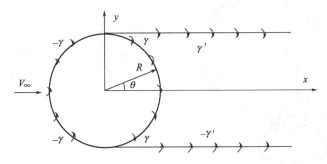

图 4-21 Wilson 模型中涡片分布示意图

极限值一致。Vortex Sheet 模型属于固定涡模型（Fixed-Wake Vortex Model），成为旋涡理论模型的基础。

1979 年，Strickland 等人提出了 V-DART 模型，该模型也是基于升力线理论。将叶片沿展向分为多个小段，在每一小段叶片的中弧线上布置一条附着涡线来代替该段叶片。

D. vandenberghe 和 E. Dick 于 1987 年提出另一种自由涡模型，该模型不再用无限多叶片数的叶轮代替实际叶轮，而是将尾流的一定区域进行分格，将位于单元格内的尾涡丝离散到单元格的四个节点上进行计算，尾涡丝的位置由它所在点的当地流速确定，并且在计算叶片瞬时载荷时考虑了动态失速效应。该模型适用于计算大展弦比叶片的风机叶轮气动性能。

2001 年，阿根廷的 Ponta 和 Jacovkis 提出了一种将自由涡模型和有限元分析结合起来的分区计算模型——FEVDTM 模型。这种模型将计算区域分成大小重叠的两部分，如图 4-22 所示，小的计算区域包括叶片及其周围的流场，大的计算区域包括整个轮机叶片所在的区域。

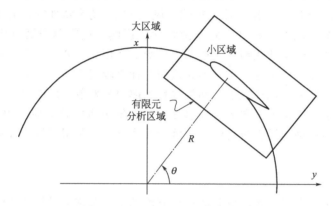

图 4-22 FEVDTM 模型计算区域划分

涡方法尽管能有效地描述流场细节，但是也存在固有的缺陷：首先是不适于小速比范围的计算，风机叶轮在小速比运行时，叶片攻角变化幅值很大，易出现前缘分离流，计算时难以收敛；其次是计算耗时长，不能满足工程设计中快速预测叶轮气动性能的要求。

4.2.3 垂直轴风机叶轮气动性能模型

图 4-23 是垂直轴风机概念的示意图。取叶轮任意高度处作一横截面，得到图 4-24 所示

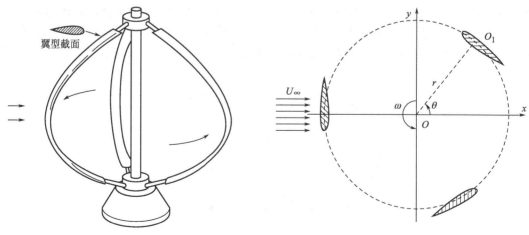

图 4-23 垂直轴风机概念图　　　　图 4-24 叶片运动坐标系

的圆。当风机启动并达到设计转速后,叶轮将以恒定转速做圆周运动,设角速度为ω。叶片在圆周上的位置可通过位置角θ来确定:

$$\theta = \omega t \tag{4-2}$$

则叶片安装位置点O_1在$oxyz$坐标系中可表示为:

$$x_{O1} = r\cos\theta \tag{4-3}$$
$$y_{O1} = r\sin\theta \tag{4-4}$$

通过式(4-2)、式(4-5)和式(4-4)可以确定任意时刻叶片的运动位置。

4.3 垂直轴风力发电机组设计与实验

4.3.1 垂直轴发电机组设计

风力发电机组的设计要综合考虑用户的要求、安装地点的风况条件和现有技术水平等因素,力争达到最佳性价比。风力发电机组设计包括总体设计和分项设计。

在总体设计阶段要进行全面的分析,确定风力发电机组的初步技术方案,主要包括整机的气动布局设计、动力学设计、总体布局设计、总体结构设计、可靠性与安全设计、各零部件与系统的方案选择等。垂直轴风力机与水平轴风力机的总体设计原则与方法是基本一致的。

分项设计主要是对风力发电机组的各组成部分和零、部件等进行设计。

阻力型垂直轴风力机的组成相对简单,因此本节主要介绍以达里厄风力机和直线翼垂直轴风力机为代表的升力型垂直轴风力机主要组成部分的设计。垂直轴风力机主要设计参数包括风轮与叶片、中央支柱与水平支架、拉索、发电机与制动器、传动系统、控制与安全系统。

风电机组设计必须依据标准进行。水平轴风力机相关标准比较完备,国际上主要有IEC标准和德国GL认证标准。要想使产品打入国际市场,必须要通过严格的认证检验。我国也制定了一系列风电机组的相关标准,包括等同采用IEC标准和自行制定的各级标准。但目前专门针对垂直轴风力机的标准较少。

(1) 风轮设计

垂直轴风力机与水平轴风力机的最大区别是风轮形式的不同。风轮设计参数主要包括风轮扫掠面积、实度和高径比等。

1) 扫掠面积　风力机的输出功率P与风力机效率C_P、风轮扫掠面积A和风速U的三次方成正比(式4-5)。因此在一定风速下,要获得更大的功率,需要增加风力机的风轮扫掠面积。

$$P = \frac{1}{2}C_P \rho A U^3 \tag{4-5}$$

式中　P——风力机输出功率;
　　　C_P——风力机效率;
　　　ρ——风密度;
　　　A——风轮扫掠面积;
　　　U——风速。

由于达里厄风力机叶片为曲线型,且曲线形式多样,所以叶片旋转所形成的精确风轮扫掠面积需用积分求得。随着风轮扫掠面积的增大，风轮质量增加，使整机成本提高。研究表明，达里厄风力机风轮质量和成本与风轮直径的三次方成正比。但由于材料和加工技术的不同，该比例也有一定变化。综合考虑土地、管理、基础设施建设等其他要素，大型机的性价比较高。

表 4-2 给出了一些现有达里厄风力机的风轮参数，以供设计时参考。

表 4-2　达里厄风力机的风轮参数

风力机	扫掠面积/m²	风轮质量/kg	单位面积质量/(kg/m²)	用途
FloWind17m	241	7524	26.1	商用
FloWind19m	315	10962	34.8	商用
Magdalen24m	478	14961	31.3	研究
Inda16400	495	17770	35.9	商用
Sandia34m	955	72198	75.6	商用
Eole	4000	300000	75	样机

2）高径比　风轮高度与直径的比值称为风轮的高径比。为了使叶片长度与中央支柱的高度在给定的扫掠面积下最小，以前的设计大多采用小的高径比。然而，小高径比的低速力矩较大，整个驱动部分的成本大幅提高，同时叶片重力产生的应力也会增加，需要通过调整叶片翼型的气动特性来减小其影响。因此，后来的设计趋于采用较大的高径比。另外，增加风轮的高径比，使风轮的高度增加，从而可获得更多和更稳定的风能。但是，大高径比对风轮强度、材料与支撑固定系统的要求也增加，因此在设计时需要均衡考虑。对于直线翼垂直轴风力机，其高径比一般选择为 0.5～3.0。

3）实度　实度是影响垂直轴风力机性能的最主要设计参数之一，它是指所有叶片在风轮旋转平面上的投影面积之和与风轮扫掠面积的比。如式(4-6)所示，实度用叶片弦长与风轮旋转面周长来表示。式(4-7) 是其简化式。

$$\sigma = \frac{nc}{2\pi R} \tag{4-6}$$

$$\sigma' = \frac{nc}{R} \tag{4-7}$$

式中　n——叶片个数；
　　　C——叶片弦长；
　　　R——风力机半径。

实度设计要与叶片个数、叶片弦长和风轮叶尖速比等其他设计参数组合考虑。设计要求不同，实度选取原则也不同。如果为了降低成本，可尽量选择较小的实度。图 4-25 为垂直轴风力机实度与功率系数和叶尖速比关系的示意图。风力机实度较小或较大，都会使功率系数降低。小实度风力机可以达到较大的叶尖速比，大实度风力机所能达到的最大叶尖速比相对较低，其原因是实度增大使风力机对风的阻力增大，吹到叶片上的风速减弱，导致叶片产生的高旋转力矩攻角向低叶尖速比方向移动。另外，大实度风力机的启动特性要好于较小实度的风力机。

(2) 叶片设计

1）叶片翼型　垂直轴风力发电机的叶片翼型在前面已经做了详细介绍，此处不再重复。

2）叶片个数　达里厄风力机的叶片数一般为 2 或 3 枚。从力矩特性与构造力学的角度

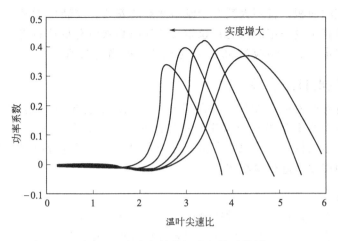

图 4-25　实度与风力机功率关系举例

考虑，3 叶片较为合理；从机械加工、材料与加工建设成本考虑，2 叶片更为有利。另外，在给定的风轮实度下，2 叶片的翼型弦长较大，在结构力学方面有利。随着叶片成形加工技术的提高，制作大弦长的大叶片技术也已趋于成熟。直线翼垂直轴风机的叶片数一般为 2~6 枚。目前较多采用 3 叶片或 4 叶片。叶片数的选择主要根据所选风轮实度而定。另外要考虑风力机安装点的风况条件及风力机特性的侧重点等。

3）叶片材料与结构　初期的达里厄风力机叶片采用拉压成形钢板材料或铝合金与玻璃纤维挤压成形，后来也出现过木质叶片，近年来一般采用多孔铝合金整体成型加工技术。直线翼垂直轴风力机叶片材料及结构与水平轴风力机类似，一般选用铝合金材料或玻璃纤维和碳纤维等增强塑料。目前，较流行的是采用玻璃纤维增强塑料（GFRP），木质材料和重量轻、强度高的高分子纤维材料（FRP）也被广泛采用。

叶片结构主要包括蒙皮和内部结构两部分。内部结构主要有三种形式：①在内部填充发泡体以增加抗弯强度，这种形式较多应用在小型机上；②内部采用桁架结构，增加抗弯强度，不填充加固材料；③蒙皮采用强度好的 FRP 材料承担弯曲强度，内部夹心加固结构可以承担剪切应力和一定的弯曲应力，既达到抗弯曲效果，又保证了轻量性，目前，大多数风力机均采用这种形式。

(3) 中央支柱与水平支架设计

中央支柱一般采用密封圆管或桁架结构。早期多采用三面体桁架结构。自从 1975 年圣地亚 17m 机型采用圆柱形式后，开始流行圆管结构。支柱材料多为钢管或者经过内部加强的铝合金。中央圆柱的理想形状为上下两端采用小直径，风轮中央处为最大直径，其间采用梯状渐变的形式。

水平支架的作用是保证叶片的稳定，减小作用于叶片上的平均应力与疲劳应力，同时将一部分力矩传递给中央支柱。水平支架还减小风轮的固有振动，但增加了重量与成本，也使风轮阻力与能量损失加大。美国的达里厄风力机一般不带有水平支架，而加拿大的达里厄风力机通常都有水平支架。如果叶片弦长很小，建议设置水平支架。水平支架的安装位置与中央支柱上下两端的距离至少为风轮高度的 10%，一般选择 15%。

(4) 拉索设计

采用拉索结构是固定和支撑高耸结构的最有效方法之一。达里厄风力机和直线翼垂直轴风力机一般都要用一组（3 根或 4 根）拉索来加固。拉索重量相对较轻、价格也较为合理。

缺点是要占用一定的面积，且不太适合于倾斜地点的安装。安装拉索时，必须在拉索下设置基础；必须通过计算预设一定的张力；拉索与叶片间必须留有足够的空间；为保证拉索具有最大强度，拉索与水平面夹角应为35°；要考虑拉索的横向振动。

4.3.2 垂直轴风电机组实验

一般来说，所有风力机在设计开发阶段和加工完成后都要进行实验验证。按照实验类型，风力机实验分为原型实验与模型实验；按照实验方法，分为风洞实验和现场实验。另外，还有运用流动显示技术的可视化实验。对于小型风力机可进行原型实验，而对于大中型风力机则要依据相似原理进行模型实验。

(1) 风洞实验

风洞实验是风力机开发设计与性能测试的最主要的实验形式。风洞是指采用适当的动力装置在专门设计的管道中造成空气流动，用来进行各种类型的空气动力学实验的设备。风力机实验一般采用低速风洞。风洞一般有直流开口式、回流开口式或回流闭口式等。回流式风洞的气流比直流式风洞的气流均匀稳定，但风洞造价较高。闭口式风洞比开口式风洞的能量损失小，但由于风力机安装在闭口实验段内，边界的阻塞效应突出，需要控制风力机风轮扫掠面积与风洞实验段截面积的比例，否则要对实验结果进行修正，而开口式风洞不存在这个问题。开口式风洞的实验段截面有矩形和圆形两种，如图4-26所示。达里厄风力机实验宜选择圆形风洞，直线翼垂直轴风力机实验宜选择矩形风洞。

(a) 矩形截面　　　　　　　　　(b) 圆形截面

图 4-26　风洞出口形式

下面以一种直线翼垂直轴风力机性能测试系统来简要介绍风洞实验测试系统的一般构成，如图4-27所示。

风力机风轮中心应与风洞吹出口中心一致，并应固定在下流风速分布稳定之处。风速可用皮托管或热线风速计测量。风力机转轴通过联轴器与力矩仪连接，并通过力矩分析仪采集数据至计算机。多数力矩仪均附带转速传感器，可测风力机转速。另外，还可根据需要添加角度传感器，以获取风力机输出力矩与风力机旋转角的关系。根据实验目的或测试内容的不同，风力机可由电动机带动，由变频器控制转速，或由制动器直接控制转速。

(2) 可视化实验

在风洞中安装流动显示设备，便可以进行可视化实验，获得风力机周围流场的直观显

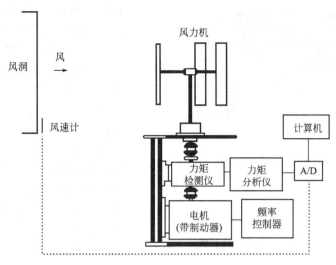

图 4-27　风洞实验测试系统举例

示。常用的可视化方法包括壁面显示法、丝线法、示踪法和光学法等。示踪法中的烟线法是风力机可视化实验的常用方法。在风洞的吹出口安装烟线发生器，由稳定电源调控发生器，产生不同流速的稳流烟线。在暗室状态下，通过设置在风力机上方的高速照相机，可以拍摄到烟线绕过风力机时的状态，烟线即可代表来流的流迹线。

近年来，得益于计算机图像处理技术的快速发展，出现了诸如粒子图像测速法（PIV）和粒子跟踪测速法（PTV）等先进的可视化方法。PIV 是目前最先进的可视化手段，在流场中注入示踪粒子，在相隔很短的时间间隔内测量示踪粒子的位移，通过计算机画像识别技术，计算出粒子的速度矢量。它可以获得直观、瞬时、全场的流动信息，无接触测量流场中的速度分布，具有很高的精度。

(3) 现场实验

在风力机的设计计算和模型实验后，应制作样机，在野外进行现场实验。在风力机安装地点应设置测风装置。野外实验通常要进行 1~2 年。测试数据包括年风况条件、年发电量、年有效工作时间及设备利用率等。野外实验用风力机比实验室研究用风力机的要求高得多，要充分考虑可能遇到雷电、强风、结冰等极端气候条件的影响。

4.4　垂直轴风力发电机的最新应用

① 芬兰 Windside 公司开发的 WS 系列风力机是基于航天工程原理的垂直涡轮，涡轮转子由两个螺旋叶片驱动，其垂直轴风力发电机系统如图 4-28 所示。WS 系列风力发电机独特的螺旋叶片可保证叶片永远在最合适的角度接触来风，其突出特点是在风速很低的情况下就可给电池充电，且风轮面积越大，启动风速越低，可在风速低至 1m/s 的状况下工作。WS 系列风力发电机还曾创下在风速高达 60m/s 的状况下也能继续发电的世界纪录。目前 Windside 公司已经能生产轮机叶片直径达 1m、高 4m 的风力机。

② B. D. Altan 等人在试验中对 S 形风力机使用了有集风作用的挡板（如图 4-29 所示），使入流速度比原始风速度更大，这可以使得该风力机的应用风速范围更加广泛，所使用的挡板具有可以降低 S 形风力机的阻力作用，能够更好地利用风能。根据模拟计算，只要合理安

图 4-28 WS 系列风力发电机系统

排集风挡板的结构参数 l_1、l_2、α 和 β，风力机的效率最高可以达到 38%，比不用挡板集风的效率 16% 高出很多。

目前，垂直轴风力机的研究仍处在摸索阶段。随着风力机组控制技术、并网技术、多能互补技术、风力机叶片技术、永磁悬浮转子技术、曲面造型技术和计算机仿真技术的不断发展，以及各种风力机结构设计的创新等先进的技术应用于垂直轴风力机领域，将大大提高垂直轴风力机的风能利用率和环境适应能力，垂直轴风力发电机也必将得到广泛应用。

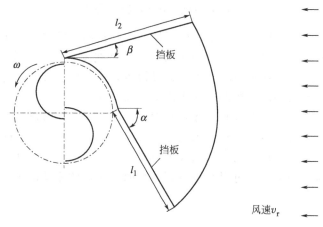

图 4-29 试验用 S 形风力机集风挡板示意

实训6　垂直轴风力发电机机头组装

一、实训目的

1. 了解垂直轴风力发电机的机头构成。
2. 掌握各零部件的结构和功能。
3. 掌握垂直轴风力发电机机头组装操作程序及操作技巧。

二、实训设备

1. 萨渥纽斯型垂直轴风力发电机机头零部件一套。
2. 达里厄 H 形垂直轴风力发电机机头零部件一套。
3. 相关操作工具一套。
4. 相关检测工具一套。

三、实训内容及步骤

1. 认知垂直轴风力发电机机头各零部件

垂直轴风力发电机机头主要由主轴、叶片、叶片连接支撑装置、轴承装配体、传动轴联轴器、发电机等组成。主轴是连接叶片与发电机及其他相关配件的一根中心轴；叶片通过叶片连接支撑装置与主轴相连，在风力作用下绕着主轴旋转，将风能转化为机械能；发电机通过传动轴联轴器与叶片连接，将叶片旋转机械能转化为电能。

2. 组装萨渥纽斯型垂直轴风力发电机机头

萨渥纽斯型垂直轴风力发电机机头部分叶片与主轴直接相连，组装较简单。首先，参考水平轴风力发电机机头组装顺序将发电机部分组装好；然后利用传动轴联轴器装置将叶片与发电机连接，完成组装。

3. 组装达里厄H形垂直轴风力发电机机头

与萨渥纽斯型垂直轴风力发电机机头相比，达里厄H形垂直轴风力发电机机头部分组装稍复杂，主要由于达里厄H形垂直轴风力发电机的叶片是分散的。首先，利用叶片连接支撑装置将叶片顺次连接到主轴上，形成风轮；然后利用传动轴联轴器装置将风轮与发电机连接，完成组装。

4. 对组装完成的机头进行检测

利用相关检测工具对组装好的两种垂直轴风力发电机机头部分进行检测。主要检测项目有风叶对称性、主轴稳定性、机械可靠性、发电机性能等。

四、实训思考题

1. 如何安排组装顺序，既能快速完成安装任务又能保证安装质量？
2. 比较两种垂直轴风力发电机机头异同点，归纳总结。

五、实训报告要求

对本次实训过程加以归纳、总结，完成实训报告。实训报告应至少包括以下几部分内容：

1. 实训时间、地点、人员；
2. 实训目的；
3. 实训设备；
4. 实训内容及具体过程；
5. 实训收获与体会。

实训7　垂直轴风力发电系统安装调试

一、实训目的

1. 了解垂直轴风力发电机的应用。
2. 掌握小型独立运行垂直轴风力发电系统组成及安装方法。
3. 掌握小型独立运行垂直轴风力发电系统调试方法与运行维护技术。

二、实训设备

1. 小型独立运行垂直轴风力发电系统设备一套。
2. 相关安装操作工具一套。
3. 相关检测仪器、仪表一套。

三、实训内容及步骤

1. 了解垂直轴风力发电机的应用形式

以发电为目的垂直轴风力发电机主要有以下几种形式：大型并网垂直轴风力发电机；大型离网垂直轴风力发电机；小型并网垂直轴风力发电机；小型离网垂直轴风力发电机；互补

型垂直轴风力发电机。

目前，已经实际应用的大型垂直轴风力机发电系统主要集中在北美地区（即加拿大和美国），在其他国家还处于研发阶段，尤其是大型并网垂直轴风力发电机，实际应用得很少。

小型垂直轴风力发电系统的应用非常广泛。小型垂直轴风力发电系统主要分为并网型和离网型两大类。若从应用的角度来分，则可分为单台独立系统、多台并联系统和互补型系统（如图4-30所示）。

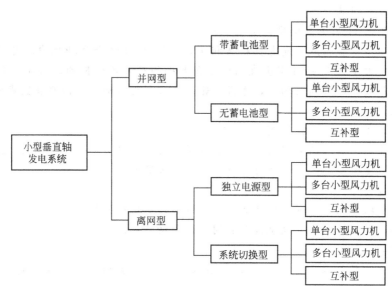

图4-30 小型垂直轴风力发电系统的基本应用形式

2. 安装由单台垂直轴风力发电机组成的独立电源离网型风力发电系统

离网型独立发电系统的构成有垂直轴风力发电机、控制装置、蓄电池和逆变器等。该系统主要应用在路灯电源、广告牌电源、家庭住宅照明、观光地和公园供电以及科普教育宣传等场合。在街道和观光地所见到的大多数都是该种类型。图4-31所示为其系统示意图。

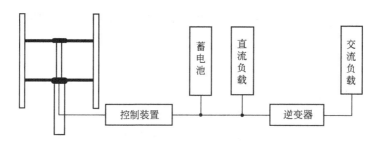

图4-31 独立电源离网型风力发电系统

根据图4-31所示，完成独立电源离网型风力发电系统的安装。

3. 对独立电源离网型风力发电系统进行调试与性能检测

利用风力发电机综合测试平台（如图4-32所示），对安装完成的独立电源离网型风力发电系统进行调试与性能检测。主要调试项目有：(1) 利用三相电参数测试仪检测三相电是否平衡；(2) 观察风力发电机输出电压随风速变化情况，在风速超出额定风速时，是否有自动保护功能；(3) 蓄电池是否有过压保护与欠压报警功能；(4) 逆变器是否正常工作等。

第4章 垂直轴风力发电机

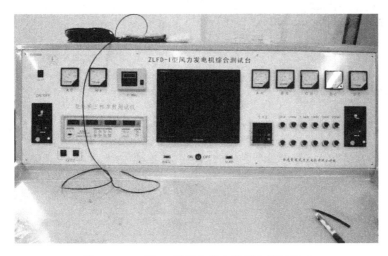

图 4-32 ZLFD-1 型风力发电机综合测试平台

四、实训思考题

1. 为更好地利用垂直轴风力发电机，应采取哪些措施？
2. 有哪些手段对安装好的风力发电系统进行调试与检测？

五、实训报告要求

对本次实训过程加以归纳、总结，完成实训报告。实训报告应至少包括以下几部分内容：

1. 实训时间、地点、人员；
2. 实训目的；
3. 实训设备；
4. 实训内容及具体过程；
5. 实训收获与体会。

习题

4-1 比较垂直轴风力发电机与水平轴风力发电机的优缺点，说明垂直轴风力发电机的应用前景。

4-2 叙述升力型与阻力型垂直轴风力发电机的工作原理。

4-3 垂直轴风力发电机对叶片翼型有哪些要求？

4-4 用于描述垂直轴风机工作原理的流管模型可分为哪几类？各自有哪些特点？

4-5 设计垂直轴风力发电机时应考虑哪几方面内容？

4-6 利用互联网或其他手段获取垂直轴风力发电机的最新发展态势，并与其他同学进行交流。

第5章 独立运行的风力发电系统

5.1 独立运行风力发电系统的组成

5.1.1 独立运行风力发电机组的构成

(1) 风轮及风轮轴

风轮由叶片和轮毂等构成,是获得风能并能将风能转换成机械能的关键部件。

风轮轴又称为主轴。主轴起着固定风轮位置、支撑风轮重量、保证风轮旋转、将风轮的力矩传递给齿轮箱或发电机的重要作用,风轮安装在主轴上。

(2) 发电机

发电机将风力发电机组旋转力矩转换成电能。传统的发电机都是按输入稳定的转矩和转速设计的,因而无法适应风力发电输出的瞬时变化的转矩和转速,所以风力发电机组使用的是专门为风力发电而设计制造的发电机。风力发电机内装有定子线圈测温装置和转子测速装置。

风力发电机常用的有永磁同步发电机、异步交流发电机、异步双馈发电机。一般小型风力发电机组多采用永磁发电机,发电机的电压随转数成正比例变化。

(3) 机舱

机舱由底盘和机舱罩组成。底盘上安装除了塔架以外的主要部件。机舱罩后部的上方装有风速和风向传感器,舱壁上有隔音和通风装置等,底部与塔架连接。

底盘的功能是固定风轮轴、齿轮箱、发电机、机舱、偏航驱动装置以及相关的零部件,并承载其重量。

机舱罩的作用是保护底盘及底盘上所安装零部件,使其免受风、霜、雨雪、冰雹、沙石、粉尘及腐蚀性气体的侵害，延长其使用寿命。机舱内部有消声装置，并具有良好的通风条件。

(4) 调速装置

调速装置的作用有三个：①当风轮转速低于发电机额定转速时，通过调速装置将转速提高到发电机额定转速；②当风速转速高于发电机额定转速时，使风轮轴转速保持在发电机额定转速，以保证风力发电机组安全、满负荷发电，如果风力发电机的超速运行，会使输出电压过高，破坏发电机绝缘，同时，过高的转速还会使轴承烧毁；③当风轮转速超过其额定最高转速时，使风力发电机组安全停机，保护风力发电机组不被破坏。

1) **齿轮箱调速装置** 齿轮箱的作用是将风轮旋转到能满足发电机需要的转速。风力发电机组的风轮转速一般在每分钟几十转，如果风轮转速过高，叶片将遭到损坏。而发电机的转子同步转速为 $n = 60f/p$，常用发电机的转子同步转速为 750r/min、1000r/min、1500r/min。

齿轮箱是大中型风力发电机的重要部件，它的输入端是低速轴，通过联轴器连接风轮轴，输出端为高速轴，通过联轴器连接发电机。齿轮箱有油位指示器和油温传感器。

2) **定桨距叶片失速调速装置** 失速是一种空气动力学现象，其机理在于气流与叶片分离，叶片将处于失速状态，叶片的转速会大幅度降低，使风轮输出功率降低。

3) **变桨距调速装置** 可变桨距调速就是通过改变叶片迎风角度来调节风轮转速的装置。其工作原理是通过检测装置检测出风速后，由驱动装置驱动叶片，改变迎风角度，从而保证风轮转速稳定在额定转速。叶片迎风角的调节规律是增大迎风角，可以减小由于风速增大而使叶片转速加快的趋势。

变桨距风轮的叶片与轮毂通过变桨距轴承连接。虽然其结构比较复杂，但有较好的性能，而且叶片承受的载荷较小，重量轻。

叶片的变桨距驱动有电动机驱动方式、液压驱动方式和机械驱动方式。

(5) 制动系统

制动系统的作用是在遇到超过风力发电机设计风速的大风时，或风力发电机的零部件出现故障时，其可以使风力发电机组安全停机。因此，制动系统可以保障风力发电机组的安全，避免故障的扩大和更多零部件的损坏，以及造成人员的伤亡。

大型风力发电机组的重量大、运行部件惯性大，因此大型风力发电机的制动系统比较复杂。一般为保证其安全性，根据国家标准要求，风力发电机组至少有两种不同原理的能独立有效制动的制动系统。大型风力发电机组的制动系统包括空气制动系统、机械制动系统、液压制动系统、电气制动系统等若干子系统。

(6) 偏航系统

风力发电机组的对风简称偏航，对风装置又称为偏航系统。对风机构是针对风向瞬时变化的不稳定性，为保证风力发电机组的最大输出功率所专门设计的装置。其作用是使风轮的扫掠面始终与风向垂直，以保证风轮每一瞬间捕获到最大风能。风力发电机组的偏航驱动一般采用伺服系统。伺服系统结构较为复杂，由风向检测装置、导向装置、偏航驱动机构和控制系统等部分组成。具有反馈比较环节的闭环控制系统，具有反应快、跟踪能力强、工作稳定可靠的特点。偏航系统还设有自动解缆和扭缆保护装置。

(7) 塔架

塔架的作用是支撑风轮和整个机舱的重量，并使风轮和机舱保持在合理的高度，使风轮旋转部分与地面保持在合理的安全距离。塔架支撑机舱达到所需要的高度，其上安装发电机和控制器之间的动力电缆、控制和通信电缆。对于大型的风力发电机组还应有供操作人员上下机舱的扶梯或电梯。

(8) 蓄电池

风力发电机组的输出功率随风力的变化而变化，所以不能直接与作为负载的机器相连。可利用蓄电池的充放电功能来使电源电压稳定，负载的利用变得容易。

(9) 控制系统

控制系统的功能是对整机运行状态进行控制，即风力发电机从一种运行状态到另一种运行状态的转换过渡过程的控制。风力发电机的组件多、体积大且相互关联紧密，所以对控制系统的可靠性、安全性有较高的要求。大型风力发电机的控制系统是一个很复杂的微型计算机控制系统，包含若干子系统，安装在控制箱或控制柜内。

(10) 逆变器

能够使用电池等的直流电压的负载不多。逆变器就是可将直流电流转换为交流电的装置。

5.1.2 独立运行风力发电机组的供电方式

风力发电机组独立运行是一种比较简单的运行方式。但由于风能的不稳定性，为了保证基本的供电需求，必须根据负载的要求采取相应的措施，达到供需平衡。下面介绍风力发电机几种独立运行供电方式。

(1) 配以蓄电池储能的独立运行方式

这是一种最简单的独立运行方式，如图 5-1 所示。对于 10kW 以下的小型风电机组，特别是 1kW 以下的微型风电机组，普遍采用这种方式向用户供电。

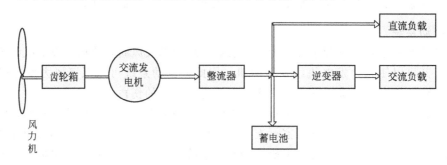

图 5-1　风电机组配以蓄电池储能的独立运行系统

对于 1kW 以下的微型机组一般不加增速器，直接由风力机带动发电机运转，后者一般采用低速交流永磁发电机；1kW 以上的机组大多装有增速器。发电机则有交流永磁发电机、同步或异步自励发电机等。发电机输出经整流后直接供电给直流负载，并将多余的电能向蓄电池充电。在需要交流供电的情况下，通过逆变器将直流电转换为交流电供给交流负载。风力机在额定风速以下变速运行，超过额定风速后限速运行。

对于容量较大的机组（如 20kW 以上），由于所需的蓄电池容量大，投资高，经济上不是很理想，所以较少采用这种运行方式。

(2) 采用负载自动调节法的独立运行方式

由于输入风力机的风能与风速的三次方成正比例,其输出功率也将随风速的变化而大幅度变化。因此独立运行的关键问题是如何使风力发电机的输出功率与负载吸收的功率相匹配。为了更多地获取风能,同时也为了使风力发电机组能在安全的转速下运行,需要在不同的风速下接入数量不同的负载,这就是采用负载自动调节法基本的控制思想。这种方案的系统框图如图 5-2 所示。系统中风力机驱动同步发电机,其输出电压可通过调节发电机的励磁进行控制,使风力发电机在达到某一最低运行转速后维持输出电压基本不变。风力机的转速可以通过同步发电机的输出频率来反映,因此可以用频率的高低来决定可调负载的投入和切除。

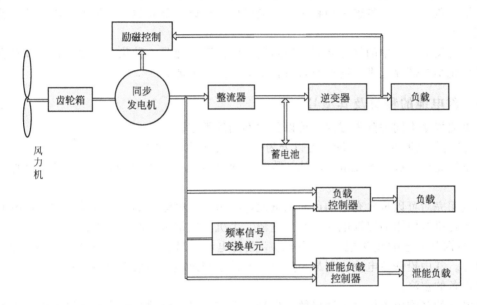

图 5-2 采用负载自动调节法的独立运行系统

转速控制可以采取最佳叶尖速比控制和恒速控制两种方案。在采用最佳叶尖速比控制方案时,通过调节负载,使风力机的转速随风速成线性关系变化,并使风轮的叶尖速度与风速之比保持一个基本恒定的最佳值。在此情况下,风力机的输出功率与转速的三次方成正比例,风能得到最大程度的利用。为了保证主要负载的用电及供电频率的恒定,在发电机的输出端增加了整流、逆变装置,并配备少量蓄电池。该蓄电池的存在不仅可以在低风速或无风时提供一定量的用电需求,而且还在一定程度上起缓冲器的作用,以调节和平衡负载的有级切换造成的不尽合理的负载匹配。从发电机端直接输出的电能,其频率随转速而变化,可用于电热器一类的负载,如电供暖、电加热水等,同时这类负载和泄能负载一起均可作为负载调节之用。

在采用恒速控制方案时,可以不需要整流、逆变环节,通过负载控制和风力机的桨距调节,维持转速及发电机频率的基本恒定。采用这种方案整个系统投资较少,但风能的利用率及对主要负载的供电质量和供电稳定性不如前者。显然,采用负载调节的运行方式时,负载挡次分得越细,风轮运行越平稳,频率稳定度也越高。但由于受经济条件和使用情况两个因素的制约,不可能完全做到这一点。折中的办法是根据当地的风力资源和负载对供电的需求情况,确定负载挡数、每挡功率大小及优先投入或切除的顺序。

(3) 多台风力发电机组并联运行的独立供电系统

主要为较大的用户供电，应尽可能采用快速变速和控制功率的变桨距风电机组。这种联合系统除可增加风能利用率外，另一个最大的优点是能在几秒内更好地平衡因风力波动而引起的输出功率变化。

5.2 独立运行风力发电系统的储能装置

由于风力的不稳定性和随机性，独立运行风力发电系统的输出功率和能量每时每刻都在波动，用户负载无法获得连续而稳定的电能供应。因此，独立运行的风力发电系统需要一定的储能装置。

在风力发电系统中的储能装置一般是蓄电池。蓄电池是一种化学能源，它可以将直流电能转换为化学能储存起来，需要时再将化学能转换为电能。

5.2.1 蓄电池的种类及其型号

蓄电池根据不同的分类方式，可以分为不同的类型。

① 根据蓄电池的使用性能，可以分为一次性电池和二次电池。

电量用完后无法再次充电的电池，称为一次性电池（或原电池），如人们常用的手电筒用蓄电池。

电量用完后可以再次充电的可充电电池，称为二次电池，如汽车启动用的铅蓄电池，收音机、录音机等使用的镉镍电池、镍氢电池，手机、笔记本电脑使用的锂电池。

② 根据蓄电池的化学成分，可分为铅酸蓄电池、碱性电池、胶体电池、硅能蓄电池、燃料电池。其中铅酸蓄电池应用最为广泛，尤其是密封型的铅酸蓄电池是独立运行的供电系统储能设备的主流。

蓄电池的名称由单体蓄电池格数、型号、额定容量、电池功能或形状等组成。当单体蓄电池格数为1时（2V）省略，6V、12V分别为3和6。各个生产厂家的产品型号有不同的解释，但基本含义不会改变。表5-1所列为蓄电池常用字母含义。

表5-1 蓄电池常用字母含义

代号	拼音	汉字	全称	代号	拼音	汉字	全称
G	Gu	固	固定式	D	Dong	动	动力型
F	Fa	阀	阀控式	N	Nei	内	内燃机专用
M	Mi	密	密封	T	Tie	铁	铁路客车用
J	Jiao	胶	胶体	D	Dian	电	电力机专用

如蓄电池型号为GFM-50，其中G为固定型，F为阀控型，M为密封型，50为10小时率的额定容量；6-GFMJ-100，6为6个单体、电压为12V，G为固定型，F为阀控式，M为密封，J为胶体，100为20小时率的额定容量。

5.2.2 蓄电池的主要性能参数

蓄电池的性能参数主要有蓄电池的电压、容量、能量、功率、效率、使用寿命及失效情况。

(1) 蓄电池的电压

蓄电池的电压包括理论充放电电压、电池的工作电压、电池的充电电压、电池的终止电压。

蓄电池的理论充电电压与理论放电电压相同，等于电池的开路电压。

蓄电池的工作电压为电池的实际放电电压，它与蓄电池的放电方法、使用温度、充放电次数等有关系。

蓄电池的充电电压大于开路电压，充电电流越大，工作电压越高，电池的发热量越大，充电过程中电池的温度越高。

蓄电池的终止电压是指电池在放电过程中，电压下降到不宜再继续放电的最低工作电压。

(2) 蓄电池的容量

通常情况下，蓄电池的额定电压有 2V、6V 和 12V，额定容量用安时（A·h）来表示。蓄电池的实际容量表示满荷电状态的蓄电池在放电过程中，从端电压降低到终止电压时所放出的电量，通常取温度为 25℃时，10 小时率容量作为蓄电池的额定容量。

蓄电池的额定容量单位为安时（A·h），它是放电电流（A）和放电时间（h）的乘积。由于对于同一个电池，用不同的放电参数所得到的 A·h 是不同的，为了便于对电池容量进行描述、测量和比较，必须事先设定统一的条件。实践中，电池容量被定义为用设定的电流把电池放电至设定的电压所得到的能量，也可以描述为设定的电流把电池放电至设定的电压所经历的时间和这个电流的乘积。

为了设定统一的条件，首先根据电池构造特征和用途的差异，设定了若干个放电率。最常见的有 20h、10h、2h 放电率，分别写作 C_{20}、C_{10}、C_2，其中 C 代表电池容量，后面跟随的数字表示该类电池以某种强度的电流放电到设定电压的时间（h）。于是，用容量除以时间即可以得出额定放电电流。也就是说，容量相同而放电时率不同的蓄电池，它们的额定放电电流相差甚远。比如，一辆电动自行车的电池容量 10A·h、放电时率为 2h，写作 10A·h/2，它的额定放电电流为 10A·h/2h=5A；而一个汽车启动时用的电池容量为 54A·h，放电时率为 20h，写作 54A·h/20，它的额定放电电流仅为 54A·h/20h=2.7A。换一个角度来说，即是这两种电池分别用 5A 和 2.7A 的电流放电，则分别持续 2h 和 20h 才能下降到设定的电压。

上述中设定的电压一般是指终止电压，即电压下降到不宜再继续放电的最低工作电压。终止电压不是固定不变的，它随着放电电流的增大而降低。同一个蓄电池，它的放电电流越大，终止电压越低，反之越高。也就是说，大电流放电时，容许蓄电池电压下降到较低的值，而小电流放电则不行，否则，会造成蓄电池的损坏。

蓄电池的容量不是一个固定的参数，它是由设计、工艺和使用条件综合因素决定的，它的影响因素主要有以下几点。

1) 放电率的影响　蓄电池放电能力的大小以放电率表示，放电率有以下两种表示方法。

① 小时率（时间率）。以一定的电流值放完电池的额定容量所需时间。

② 电流率（倍率）。放电电流值相当于电池额定流量的倍数。如容量为 100A·h 的蓄电池，以 100×0.1=10A 电流放电，电流率为 $0.1C_{10}$；若以 100A 电流放电，1h 将全部电量放完，电流率为 $1C_{10}$，以此类推。C_{10} 表示 10h 放电率下的电池容量，C_{20} 表示 20h 放电率下的电池容量，C 的下角标表示放电小时率。

一般规定 10h 放电率的容量为固定型蓄电池的额定容量。若以低于 10h 放电率的电流放电，则可得到高于额定值的电池容量；若以高于10h放电率的电流放电，所放出的能量要比蓄电池额定容量小。图5-3表示出放电率对蓄电池容量的影响。由曲线可以看出，随着C_{20}到C_1放电率的增大，蓄电池容量在减小。

2）电解液温度影响　电解液温度高（在允许的温度范围内），离子运动速度加快，获得的动能增加，因此渗透力增强，从而使蓄电池内阻减小，扩散速度加快，电化学反应加强，蓄电池容量增大；当电解液温度下降时，渗透力降低，蓄电池内阻增大，扩散速度降低，因而电化学反应滞缓，使蓄电池的容量减小。从图5-4所示曲线也可以看出温度对蓄电池容量的影响，随着温度的增加，蓄电池容量呈增大趋势。

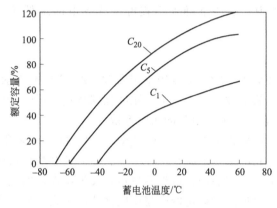

图5-3　放电率对蓄电池容量的影响　　　　图5-4　温度对蓄电池容量的影响曲线

环境温度变化1℃时的电池容量变化，称为电池容量的温度系数。根据国家标准，如环境温度不是25℃，则需将实际容量按以下公式换算成25℃基准温度时的实际容量C_e，其值应符合标准。

$$C_e = \frac{C_t}{1 + K(t - 25℃)}$$

式中　t——放电时的环境温度；

K——温度系数，C_{10}的容量实验时$K=0.006/℃$，C_1的容量实验时$K=0.001/℃$。

3）电解液浓度及层化的影响　在实际使用的电解液浓度范围内，增加电解液的浓度就等于增加了反应物质，因此蓄电池的容量也随增加。极板孔眼内部的电解液浓度是决定蓄电池容量和电压的重要因素，若降低电解液浓度，在放电过程中孔眼内电解液浓度相应减低，由于不能维持足够的硫酸量，则容量也因此减小。

电解液的层化是由于电池在充放电时，其反应往往是集中在极板的上部靠近电流的输出端，致使位于极板上部的电解液浓度低于下部电解液浓度，即产生了浓度差。对于使用在静态环境中的富液式铅酸蓄电池，电解液的均匀性还受到重力影响，使密度大的硫酸向极板下部沉降。当蓄电池充放电循环时，由于电解液密度的差异，很容易造成极板上的活性物质得不到完全的、均匀的转化，以致影响到蓄电池的容量和寿命。

(3) 蓄电池的能量

蓄电池的能量是指在一定的放电条件下，可以从单位质量（体积）电池中获得的能量，即蓄电池所释放的电能。

(4) 蓄电池的功率

蓄电池的功率是指在一定的放电条件下，单位时间内电池输出的电能，单位为W或kW。

蓄电池的比功率是指单位质量（体积）电池所能输出的功率，单位为 W/kg 或 W/L。

(5) 蓄电池的效率

在计算蓄电池供电期间的系统效率时，蓄电池的效率有重要影响，其值为蓄电池放出的电能（功率×时间，即电压×电流×时间）与相应所需输入的电能之比，可以理解为蓄电池的容量效率（A·h）和电压效率之积。

蓄电池的输出效率有三个物理量：能量效率、安时效率和电压效率。

在保持电流恒定的条件下，在相等的充电和放电时间内，蓄电池放出电量和充入电量的百分比，称为蓄电池的能量效率。铅酸蓄电池效率的典型值是：安时效率为 87%～93%；能量效率为 71%～79%；电压效率为 85% 左右。在设计蓄电池储能系统时，应着重考虑能量效率。

蓄电池效率还受到许多因素的影响，如温度、放电率、充电率、充电终止点的判断等。影响蓄电池能量效率的电能损失主要来自以下几个方面：

① 充电末期产生电解作用，将水电解为氢和氧而消耗电能；
② 蓄电池的局部放电作用（或漏电）消耗了部分电能；
③ 蓄电池的内阻产生热损耗而损失电能。

另外，蓄电池的效率随使用时间而变化的，新的蓄电池的效率可以达到 90%，旧的蓄电池效率仅有 60%～70%。再则，蓄电池的效率是指 25℃ 条件下的效率，当环境温度在零下或者 40～50℃ 以上时，实际效率要下降很多。

(6) 蓄电池的使用寿命

普通蓄电池的使用寿命为 2～3 年，优质阀控式铅酸蓄电池使用寿命为 4～6 年。

影响蓄电池寿命的因素主要有以下几个方面。

1) 环境温度　过高的环境温度是影响蓄电池寿命的主要因素。一般蓄电池生产厂家要求的环境温度是在 15～20℃，随着温度的升高，蓄电池的放电能力也有所提高，但环境温度一旦超过 25℃，只要温度每升高 10℃，蓄电池的使用寿命约会减少一半。同样，温度过低，低于 0℃ 则有效容量也将下降。

2) 过度放电　蓄电池被过度放电是影响蓄电池使用寿命的另一重要因素。这种情况主要发生在交流停电后，蓄电池为负载供电期间。当蓄电池被过度放电时，导致蓄电池阴极的硫酸盐化。在阴极板上形成的硫酸盐越多，电池的内阻越大，电池的充放电性能就越差，其使用寿命就越短。

3) 过度充电　极板腐蚀是影响蓄电池使用寿命的重要原因。在过度充电状态下，正极由于析氧反应，水被消耗，H^+ 增加，从而导致正极附近酸度增高，极板腐蚀加速。如果电池使用不当，长期处于过度充电状态，那么电池的极板就会变薄，容量降低，缩短使用寿命。

4) 浮充电　目前，蓄电池大多数都处于长期的浮充电状态，只充电，不放电，这种工作状态极不合理。大量运行统计资料显示，这样会造成蓄电池的阳极极板钝化，使蓄电池的内阻急剧增大，使蓄电池的实际容量（A·h）远远低于其标准容量，从而导致蓄电池所能提供的实际后备供电时间大大缩短，缩短其使用寿命。

(7) 蓄电池的失效

在独立运行的发电系统中，蓄电池的失效主要有以下几种形式。

1) 电池失水　铅酸蓄电池失水会导致电解液密度增高、导致电池正极栅板腐蚀，使电池的活性物质减少，从而使电池的容量降低而失效。

铅酸蓄电池密封的难点就在于充电时水的电解。当充电达到一定电压时（一般在2.3V/单体以上），在蓄电池的正极上放出氧气，负极上放出氢气。一方面释放气体带出酸雾污染环境，另一方面电解液中水分减少，必须隔一段时间进行补充水分加以维护。阀控式铅酸蓄电池就是为克服这些缺点而研制的产品，其产品特点：采用密封式阀控滤酸结构，使酸雾不能逸出，达到安全、保护环境的目的。但密封蓄电池不逸出气体是有条件的，即：电池在存放期间无气体逸出；充电电压在2.35V/单体（25℃）以下无气体逸出；放电期间无气体逸出。但当充电电压超过2.35V/单体时，就有可能使气体溢出。因为此时电池体内短时间内产生了大量气体来不及被负极吸收，压力超过某个值时，便开始通过单向排气阀排气，排出的气体虽然经过滤酸网滤掉了酸雾，但使电池损失了气体（也就是失水），所以阀控式密封铅酸蓄电池对充电电压的要求是非常严格的，不能过充电。

2) 负极板硫酸化 电池负极板的主要活性物质是海绵状铅，电池充电时负极板发生如下化学反应：

$$PbSO_4 + 2e^- = Pb + SO_4^{2-} \tag{5-1}$$

正极板上发生氧化反应：

$$PbSO_4 + 2H_2O = PbO_2 + 4H^+ + SO_4^{2-} + 2e^- \tag{5-2}$$

放电过程发生的化学反应是这一反应的逆反应。当阀控式密封铅酸蓄电池的荷电不足时，在电池的正负极板上就有$PbSO_4$存在，$PbSO_4$长期存在会失去活性，不能再参与化学反应，这一现象称为活性物质的硫酸化。硫酸化使电池的活性物质减少，降低电池的有效容量，也影响电池的气体吸收能力，最终导致电池失效。

为防止硫酸化的形成，电池必须经常保持在充足电的状态。

3) 正极板腐蚀 由于电池失水，造成电解液密度增高，过强的电解液酸性加剧正极板的腐蚀。防止极板腐蚀必须注意防止电池失水现象发生。

4) 热失控 热失控是指蓄电池在恒压充电时，充电电流和电池温度发生一种累积性的增强作用，并逐步损坏电池。从目前国内蓄电池使用的状况调查来看，热失控是蓄电池失控的主要原因之一。造成热失控的根本原因是：普通富液型铅酸蓄电池由于在正负极板间充满了液体，无间隙，所以在充电过程中正极产生的氧气不能到达负极，从而负极未去极化，较易产生氢气，随同氧气逸出电池。

因为不能通过失水的方式散发热量，阀控式密封蓄电池过充电过程中产生的热量多于富液型铅酸蓄电池。

浮充电压应合理选择。浮充电压是蓄电池长期使用的充电电压，是影响电池寿命至关重要的因素。一般情况下，浮充电压定为2.23～2.25V/单体（25℃）比较合适。如果不按此浮充范围工作，而是采用2.35V/单体（25℃），则连续充电4个月就可能出现热失控；或者采用2.3V/单体（25℃），连续充电6～8个月就可能出现热失控；或者采用2.28V/单体（25℃），则连续充电12～18个月就会出现严重的容量下降，进而导致热失控。

热失控的直接后果是蓄电池的外壳鼓包、漏气，电池容量下降，严重的还会引起极板形变，最后失效。

5.2.3 铅酸蓄电池

用铅和二氧化铅作为负极和正极的活性物质（即参加化学反应的物质），以浓度为27%～37%的硫酸水溶液作为电解液的电池，亦称为铅蓄电池。

铅酸蓄电池具有运行温度适中和放电电流大,可以根据电解液密度的变化检查电池的荷电状态,存储性能好及成本较低等优点,目前在蓄电池生产和使用当中仍保持着领先地位。铅酸蓄电池不仅具有化学能和电能转换效率较高、循环寿命较长、端电压高、容量大(高达 3000A·h)的特点,而且还具有防酸、防爆、消氢、耐腐蚀的性能。同时,随着工艺技术的提高,铅酸蓄电池的使用寿命也在提高。

近年来,我国的蓄电池产业得到了迅速发展,尤其是具有免维修特点的密封式铅酸电池得到了快速发展。密封式铅酸蓄电池与液体铅酸蓄电池的差别是:电解质是凝胶、固体和海绵状物质,当密封电池使用电解质时,电解液全部被吸附在超细玻璃纤维隔板中,以防倒置时漏液。密封式铅酸蓄电池无需像普通铅酸蓄电池那样频繁检查和加注蒸馏水,维护简便,运输方便。

(1) 铅酸蓄电池的分类

根据铅酸蓄电池结构与用途的不同,可以粗略地将铅酸蓄电池分为以下四大类(见图5-5)。

1) 固定式铅酸蓄电池 又称为"开口式蓄电池",多用于为通信、海岛、部队、村落等而建设的风力发电系统、光伏发电系统以及各类互补系统中,使用时需经常维护(如加水),价格适中,使用寿命5~8年。

2) 小型密封铅酸蓄电池 大多数为2V、6V和12V的组合蓄电池,常用于户用离网发电系统(风力发电系统、光伏发电系统),其使用寿命3~5年。

固定式铅酸蓄电池

工业型密封铅酸蓄电池

小型密封铅酸蓄电池

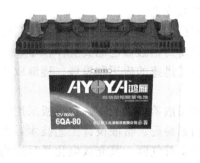
汽车启动用铅酸蓄电池

图 5-5 常见铅酸蓄电池类型

3) 工业型密封铅酸蓄电池 又称为"阀控式蓄电池"、"免维修蓄电池",主要用于通信、军事等的供电系统中。在整个寿命期间不需要加水,电池可以设计成经过30天短路试验之后仍可以使用,而且再次充电后,电池实际上拥有与测试之前相同的容量。由于水分明显减少,只出现少量的析氢和低速率的自放电。所需维护工作量极小,价格与固定式铅酸蓄电池相当。也便于安装,使用寿命5~8年。

4) 汽车、摩托车启动用铅酸蓄电池 其价格便宜,但寿命最短,一般只有1~3年,需加水和经常维护,而且有酸雾污染。

(2) 铅酸蓄电池的基本结构及其工作原理

铅酸蓄电池主要由正、负极板组,隔离物,容器和电解液等构成。其结构图如图5-6所示。

图5-6 结构图

1) 极板 铅酸蓄电池的正、负极板由纯铅制成,上面直接形成有效物质。有些极板用铅镍合金制成栅架,上面涂以有效物质。正极(阳极)的有效物质为二氧化铅,负极(阴极)的有效物质为海绵状铅。在同一个电池内,同极性的极板片数超过两片者,用金属条连接起来,称为"极板组"或"极板群"。至于极板组内的极板片数的多少,随其容量(蓄电能力)的大小而异。

2) 隔离物 为了减小蓄电池的内阻和体积,正、负极板应尽量靠近但彼此又不能接触而短路,所以在相邻正负极板间加有绝缘隔板。隔板应具有多孔性,以便电解液渗透,而且应具有良好的耐酸性和抗碱性。

隔板材料有木质、微孔橡胶、微孔塑料以及浸树脂纸质等。近年来,还有将微孔塑料隔板做成袋状,紧包在正极板的外部,防止活性物质脱落。

3) 容器 容器是用来盛放电解液和极板组的,外壳应耐酸、耐热、耐震。通常有玻璃容器、衬铅木质容器、硬橡胶容器和塑料容器。

4) 电解液 铅酸电池的电解液是由高纯度硫酸和蒸馏水按一定比例配制而成的。蓄电池用的电解液(稀硫酸)必须保持纯净,不能含有害于铅酸蓄电池的任何杂质。

铅酸蓄电池由两组极板插入稀硫酸溶液中构成。其在充电和放电过程中的可逆反应理论较为复杂,目前公认的是"双极硫酸化理论"。该理论的含义是:铅酸蓄电池在放电时,两电极的有效物质和硫酸发生作用,均转化为硫酸化合物——硫酸铅;当充电时,又恢复为原来的铅和二氧化铅。

现以阀控式密封铅酸蓄电池为例,具体说明铅酸蓄电池的工作原理。

阀控式密封铅酸蓄电池具有体积小、重量轻、放电性能高、维护工作量小等优点,因此近几年得到了迅速的应用和发展,逐渐取代了传统的固定式防酸隔爆式蓄电池及其他碱性蓄电池。

阀控式铅酸蓄电池的正、负极板采用特种合金浇铸成形,隔板采用超细玻璃纤维制成。结构上采用紧装配、贫液设计工艺技术,蓄电池槽盖采用ABS树脂注塑而成,蓄电池壳内采用单向安全排气阀,其充放电化学反应均在蓄电池壳内进行。

阀控式密封铅酸蓄电池的工作原理如图5-7所示。其充放电过程的化学反应方程为:

正极 $\qquad PbSO_4 + 2H_2O \underset{放电}{\overset{充电}{\rightleftharpoons}} PbO_2 + H_2SO_4 + 2H^+ + 2e^-$

副反应：$H_2O \xrightarrow{充电} \frac{1}{2}O_2\uparrow + 2H^+ + 2e^-$

负极：$PbSO_4 + 2H^+ \underset{放电}{\overset{充电}{\rightleftharpoons}} Pb + H_2SO_4$

副反应：$2H^+ + 2e^- \xrightarrow{充电} H_2\uparrow$

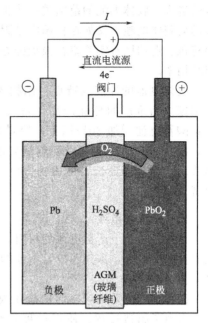

图 5-7　阀控式密封铅酸蓄电池工作原理图

通过上述化学反应将电能转化为化学能储存起来，需要时又将化学能转化为电能，供给用电设备。

在正常充电时，充电后期，正极板开始析出氧气，在负极活性物质过量的前提下，氧气通过玻璃纤维隔膜扩散到负极板上，与海绵状铅发生反应，形成氧化铅，然后又转化为硫酸铅和水，使负极板处于去极化状态或充电不足状态，从而达不到析氢电位，电池不析出氢气，实现氧的循环，因而不失水，使蓄电池成为免加水密封蓄电池。

充电时，如果蓄电池的内部压力过高，单向安全排气阀胶帽将自动开启，当内压恢复正常后就自动关闭，防止外部气体进入，达到防酸、防爆的目的。

5.2.4　其他种类蓄电池

(1) 碱性蓄电池

碱性蓄电池以电解液的性质而得名。此类蓄电池的电解液采用了苛性钾或苛性钠的水溶液。碱性蓄电池按其极板材料，可分为镉镍蓄电池、铁镍蓄电池等。

镉镍蓄电池是以镉和铁的混合物作为负极活性物质，以氧化镍作为正极活性物质。电解液为氢氧化钾溶液。常见外形为方形和圆柱形，其有开口、密封和全密封三种结构。按极板制造方式又分为极板盒式、烧结式、压成式等。镉镍蓄电池具有放电倍率高、低温性能好、循环寿命长等特点。

铁镍蓄电池的正极活性物质与镉镍蓄电池的正极基本相同，为氧化镍，负极为铁粉，电解液为氢氧化钾或氢氧化钠水溶液。具有结构坚固、耐用、寿命长等特点，比能量较低，多用于矿井运输车辆动力电源。

碱性蓄电池与铅酸蓄电池相比具有体积小、可深放电、耐过冲和过放电，以及使用寿命长、维护简单等优点。碱性蓄电池的主要缺点是内阻大，电动势较低，造价高。同低成本的铅酸电池比较，镉镍电池初始成本高 3~4 倍，因此在独立发电系统中应用较少。

(2) 胶体电池

电解液呈胶态的电池统称为胶体电池。

传统铅酸蓄电池采用硫酸液作为电解质，在生产、使用和废弃过程中，对自然环境造成毁坏性的污染，成为这种产品发展的致命伤。胶体电池属于铅酸蓄电池的一种发展分类。最简单的做法，是在硫酸中添加胶凝剂，使硫酸电液变为胶态。这样就减少硫酸液对自然环境的污染。

从广义上来讲，胶体电池与常规铅酸电池的区别不仅仅在于电解液改为胶凝态。随着技术的进步，胶体电池的范围进一步扩大。如非凝固态的水性胶体，从电化学分类结构和特性看同属胶体电池；又如在板栅中结附高分子材料，俗称陶瓷板栅，这也可看成胶体电池的应用特色。近期已有实验室在极板配方中添加一种靶向偶联剂，大大提高了极板活性物质的反应利用率。

胶体电池的性能及特点：结构密封，电解液凝胶，无渗漏；充放电无酸雾、无污染，是国家大力推广的环保产品；自放电小，耐存放；过放电恢复性能好，大电流放电容量比铅酸蓄电池增加30%以上；容量高，与同级铅酸电池相比增加10%~20%；低温性能好，满足-30~-50℃启动电流要求；高温特性稳定，满足65℃甚至更高温度环境的使用要求；循环寿命长，可达到800~1500充放次；单位容量工业成本低于铅酸蓄电池，经济效益高。

(3) 硅能蓄电池

目前，由于生产蓄电池的材料，如铅和酸，在废弃后会对环境造成污染，同时市场上对大容量、高效率、深充深放蓄电池的需求，许多新型蓄电池应运而生，硅能蓄电池便是其中之一。

硅能蓄电池采用液态低钠盐化成液代替硫酸液作电解质，生产过程不会产生腐蚀性气体，实现了制造过程、使用过程及废弃物均无污染，从根本上解决了传统铅酸蓄电池的缺点。

硅能蓄电池的能量特性、使用寿命均超过目前国内外普遍使用的铅酸蓄电池，并克服了其不能大电流充放电的缺点，而这正是作为动力电池所必备的基本条件。

硅能蓄电池的性能及特点：无污染、比能量大、能大电流充电和快速充电、耐低温、使用寿命长。与其他多种改良的铅酸电池比较，硅能蓄电池电解质改型带来的产品性能进步明显，它掀起了电解质环保和制造业环保的新概念，是蓄电池技术的标志性进步之一。

(4) 燃料电池

燃料电池的一般结构为：燃料（负极）+电解质（液态或固态）+氧化剂（正极）。在燃料电池中，负极常称为燃料电极或氢电极，正极常称为氧化剂电极、空气电极或氧电极。

燃料有气态，如氢气、一氧化碳、二氧化碳和碳氢化合物；有液态，如液氢、甲醇、高价碳氢化合物和液态金属；有固态，如碳等。按照电化学性能的强弱，燃料的活性排列次序为：肼>氢>醇>一氧化碳>烃>煤。燃料的化学结构越简单，制造燃料电池时出现的问题越少。

电解质是离子导电而非电子导电的材料，液态电解质分为碱性和酸性电解液，固态电解液有质子交换膜和氧化锆隔膜等。在液体电解质中应用微孔膜，厚度为0.2~0.5mm；固体电解质为无孔膜，厚度约为20μm。

氧化剂为纯氧、空气和卤素。

燃料电池的反应为氧化还原反应，电极的作用一方面是传递电子，另一方面是在电极表面发生多相催化反应，反应不涉及电极材料本身。这一特点与一般化学电池中电极材料参加化学反应很不相同，电极表面起催化剂的作用。

氢氧燃料电池的反应为氧化还原反应，氢和氧在各自的电极发生反应，氧电极进行氧化反应，放出电子，氢电极发生还原反应，吸收电子，总反应为：$O_2+2H_2 \Longleftrightarrow 2H_2O$。反应结果是氢和氧发生电化学燃烧，产生水和电能。由热力学原理可得到以下理论电动势和理论热效率公式：

$$E_0 = -(\Delta G/2F) = 1.23\text{V} \tag{5-3}$$

$$\eta = \Delta G/\Delta H = 83\% \tag{5-4}$$

式中 ΔG——自由能变化；

ΔH——热焓变化；

F——法拉第常数。

燃料电池工作的中心问题是燃料和氧化剂在电极过程中的反应活性问题。对于气体电极过程，必须采用多空气体扩散电极和高效电催化剂，提高比表面，增加反应活性，提高电池比功率。

氢在负极氧化，是氢原子离解为氢离子和电子的过程。若用有机化合物燃料，首先需要催化裂化或重整，生成富氧气体，必要的时候还要除去毒化催化剂的有害物质。这些反应可在电池外部或内部进行，需添加辅助系统。正极中的氧化反应缓慢，燃料电池的活性主要依赖正极。随着温度的升高，氧的还原反应有相当的改善。高温反应有利于提高燃料电池的反应活性。

对于燃料电池发电系统，核心部件是燃料电池组，它由燃料电池单体堆积而成。单体电池的串联或并联的选择，主要依据满足负载的输出电压和电流，并使总电阻最低，尽量减少电路短路的可能性。

其余部件是燃料预处理装置、热量管理装置、水量管理装置、电压变换调整装置和自动控制装置。通过燃料预处理，实现燃料的生成和提纯。燃料电池的运行或启动，有的需要加热，而工作的时候又放出大量的热量，这些都需要热量管理装置合理地加热或散热。燃料电池工作时，在碱性电解液负极或酸性电解液正极生成水，为了保证电解液的浓度稳定，生成的水要及时排除。高温燃料电池生成水会汽化，容易排除，水量管理装置将实现合理的排水。燃料电池和化学电池一样，输出直流电压，需要通过电压变化装置转化为交流电送到用户或电网。

燃料电池发电系统通过自动控制装置，使各个部件协调工作，进行统一控制和管理。

目前，由于燃料氢的获取需要大量的能量，它的存储和运输都有很大的困难，所以，燃料电池尚未在风力发电系统中得到广泛应用。

5.2.5 蓄电池组的串并联

单体蓄电池的电压、容量均有限，为了满足系统对储能的要求，往往需要把蓄电池进行串联，满足系统对直流电压的要求，然后再把串联后的蓄电池组进行并联，以满足总电量的要求。

将相同型号的蓄电池串联，串联后的电压等于它们各个蓄电池电压之和（如图5-8所示）。蓄电池的输出电流与蓄电池的内阻有关，两个蓄电池串联时内阻相加，所以输出电流和单个蓄电池一样，电流不变。如3个12V/500A·h的蓄电池串联之后的电压是36V，输出电流和单个蓄电池一样，电量是500A·h。

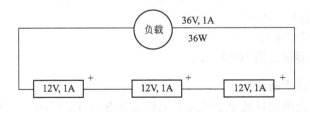

图5-8 蓄电池的串联

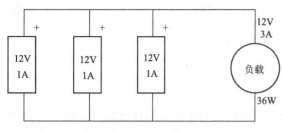

图 5-9 蓄电池的并联

若将相同型号的蓄电池并联，并联之后的电压不变，电流和容量是各并联蓄电池电流之和（如图 5-9 所示）。如 3 个 12V/500A·h 的蓄电池并联之后的电压是 12V，输出电流和单个蓄电池一样，电量是 1500A·h。

【例】 某系统需要直流电压 48V，蓄电池能存储电量 48kW·h，用一组 2V/500A·h 的蓄电池如何实现？

首先，把 24 个 2V/500A·h 的蓄电池串联，组成一个 48V/500A·h 的电池串。然后，再把相同的两组串联的蓄电池组并联，就构成了一个满足系统要求的蓄电池组。

电压：　　　　　　　　　2V×24＝48V

容量：　　　　　　　500A·h×2＝1000A·h

总存储电量：　　48V×1000A·h＝48000A·V·h＝48kW·h

共需要 2V/500A·h 的蓄电池 48 个。

5.2.6　蓄电池组容量选择与计算

如前所述，在独立运行风力发电系统中，用蓄电池组作为风电的储能环节和用户的补充电源，在当今技术水平条件下是一种较为经济、适用的方式，被广泛应用。

在使用蓄电池组的风力发电系统中，蓄电池组的容量的选择至关重要。计算和选择蓄电池容量时应该遵循以下原则。

(1) **年能量平衡法**

年能量平衡法，是通过分析风力发电机组一年中的发电量与负荷耗电量之间的电能平衡关系，来确定蓄电池容量。这种能量平衡方式是静态的、客观的。

在选择风力发电机组容量时，一般规定机组的全年发电量必须大于负荷用电量。系统中的蓄电池应尽可能地利用这部分剩余电力。因此，风力发电机组、蓄电池组和负荷三者实际上是在发电量、蓄能和耗电量之间寻求一种平衡。蓄电池组的功能是在风电短缺时把存储的电能提供给负荷。

【例】 某户安装 100W 风力发电机组，年发电量为 260kW·h，扣除损耗功率，全年剩余电能约为 15kW·h。其中 1～5 月份和 10～12 月份共富余电能 21.4kW·h，而 6～9 月份共亏电能 7.0kW·h。蓄电池的功能便是尽量将风电富余月的电能存储起来补足亏电的 6～9 月份。

已知风力发电机组的输出电压为 24V，若完全保证 6～9 月份不中断供电，则配备的蓄电池容量应为：

$$C = \Delta E/U = 7000/24 = 292 \ (A \cdot h)$$

式中　C——蓄电池容量，A·h；

　　　U——蓄电池输出电压，V。

因此，蓄电池的容量选用 300A·h。

(2) **无效风时能量平衡法**

所谓无效风时是指当地风速小于风力发电机组发电运行的时间。在无效风速时间，机组不发电，负荷只能依靠蓄能装置提供电能。一旦风力发电机组运行风速确定，当地的无效风速时间便可计算出来。

采用无效风速小时数来选择和计算蓄电池容量有两种方法。下面以户用型为例来说明这两种方法的应用。

1) 连续最长无效风速小时计算法 在一年的风速小时变化曲线中，可以统计出不同时段的无效风速小时数。

【例】 100W 风力发电机组，运行风速为 3～15m/s。当地风速小于 3m/s 共 3361h，共计 54 次，平均为 62h，其中最长无效风速为 102h。根据用户日负荷耗电为 0.493kW·h，蓄电池容量为：

$$C = ED/(U\eta_b) = 493 \times \frac{102}{24} \div 24 \div 0.8 \approx 109 \text{ (A·h)}$$

式中 E——用户日耗电量，W·h；

D——最长连续无效风速天数，$\frac{102}{24}$ 天；

U——用电器电压，24V；

η_b——蓄电池组效率，取 0.8。

同样，考虑适当的裕度，蓄电池组的容量选用 120A·h。

2) 平均连续无效风速小时计算法 在统计的无效风速小时数中，将 1h 的无效风速小时数删去（假定 13 次），然后以求出的年平均无效小时数作为计算天数 D，依次有：

$$D = (3361 - 13) \div (54 - 13) \times 24 \approx 3.4 \text{ (天)}$$
$$C = 493 \times 3.4 \div 24 \div 0.8 \approx 87 \text{ (A·h)}$$

同样，考虑适当的裕度，蓄电池组的容量选用 90A·h。

(3) 风电盈亏平衡计算法

众所周知，独立运行的风力发电系统，如果不设置蓄能装置，风电与负荷之间经常会处于风电过剩或短缺的不平衡状态，即风电盈亏。风电盈亏平衡计算法的原理如下。

【例】 某村落安装的独立运行风力发电系统，统计出系统总的短缺电量为 77508kW·h，无效风速小时为 3639h。小时最大短缺量为 76.6kW·h，小时平均缺电量为 21.3kW·h。通常以小时平均缺电量来计算蓄电池容量，计算公式为：

$$C = \Delta E/(K_c U) = 21.3 \div 0.1 \div 0.44 = 484 \text{ (A·h)}$$

式中 ΔE——小时平均缺电量，单位 kW·h；

U——蓄电池平均放电端电压，单位 V；

K_c——蓄电池放电率。

以计算结果，考虑适当裕度，蓄电池容量取 500A·h 为宜。

(4) 基本负荷连续供电保障小时计算法

由于蓄电池投资大，运行费用高，独立运行发电系统有时采用基本负荷连续供电保障小时计算法。

【例】 某用户生活负荷为 15.4kW，供电处端电压为 440V。考虑用户用电量的增长，留 20% 裕度，即按 18.5kW·h 计算。若保证向基本负荷连续供电 8h，则有：

$$C = \Delta E/(K_c U) = 18.5 \div (0.125 \times 0.44) \approx 336 \text{ (A·h)}$$

蓄电池容量取 400A·h，完全满足用户要求。

采用年能量平衡法计算方法简单，但往往计算结果偏大。尤其在低风月份，蓄电池会经常处于充电不足状态，影响其使用寿命。

连续无效风时计算法需要提供风速的月变化曲线，对于户用型独立风力发电系统用户来说是非常困难的，因此只可通过一些年平均风速相似的典型分布曲线来获取。用这种计算方法得出的蓄电池容量基本满足用户需求，但也会在某些时间存在蓄电池严重放电后充电不足的问题。

风电盈亏平衡法主要适用于村落性独立运行风力发电系统。这些地方往往在安装设备之前进行当地风力资源测量，可以做出比较完整的风速小时变化曲线。以这种方法计算出的蓄电池容量数据是可靠的。从计算公式也可以看出，配置的蓄电池容量与放电系数 K_c 有关。如果 $K_c=0.08(12.5h$ 放电)，式中蓄电池的容量将达到 $600A \cdot h$；反之，配置的蓄电池容量将低。

基本负荷连续供电保障小时计算法是一种最简单的计算方法，适用于户用型，也适用于村落型。关键是设计者必须根据当地风况，通过和用户协调，提出合理的基本负荷连续供电保障小时数。提出的指标过高，将使投资加大，也会使蓄电池充电容量不足，降低蓄电池使用寿命；相反，会使蓄电池容量过低而使用户停电时间延长和频繁。

5.2.7 其他形式的蓄能装置

(1) 飞轮蓄能

飞轮蓄能是一种新型的机械蓄能系统。即在风力发电机的轴系上安装一个飞轮，利用飞轮旋转时的惯性蓄能原理，当风力强时，风能以动能的形式存储在飞轮中；当风力弱时，存储在飞轮中的动能则释放出来驱动发电机发电。采用飞轮蓄能，可以平抑由于风力的起伏而引起的发电机输出电能的波动，改善电能的质量。

在风力发电系统中采用的飞轮，一般是钢制成的，飞轮的尺寸大小则视系统所需存储和释放能量的多少而定。

飞轮蓄能经常被用在不间断电源（UPS）中。

与传统的电池（包括蓄电池）相比，飞轮电池具有如下优点：
① 充放电速度快；
② 循环使用寿命长，维护简单；
③ 清洁环保，不对环境产生污染；
④ 蓄能能力不受外界温度等因素的影响，稳定性好；
⑤ 效率高。

(2) 电解水制氢蓄能

众所周知，电解水可以制氢，而且氢可以储存。在风力发电系统中采用电解水制氢蓄能，就是在用电负荷小时，将风力发电机组提供的多余电用来电解水，使氢和氧分离，把电能储存起来；当用电负荷增大，风力减弱或无风时，使储存的氢和氧在燃料电池中进行化学反应而直接产生电能，继续向负荷供电，从而保证供电的连续性。故这种蓄能方式是将随机的不可储存的风能转换为氢能储存起来，而制氢、储氢及燃料电池则是这种蓄能方式的关键技术和部件。

储氢技术有多种形式，其中以金属氢化物储氢最好，其储氢密度高，优于气体储氢及液态储氢，不需要高压和绝热的容器，安全性能好。

近年国外还研制出一种再生式燃料电池，这种燃料电池既能利用氢氧化合直接产生电能，反过来应用它也可以电解水而产生氢和氧。

毫无疑问，电解水制氢蓄能是一种高效、清洁、无污染、工作安全、寿命长的蓄能方式，但燃料电池及储氢装置的费用则较贵。

(3) 抽水蓄能

这种蓄能方式在地形条件合适的地区可以采用。所谓地形条件合适就是在安装风力发电机的地点附近有高地，在高处可以建造蓄水池或水库，而在低处有水。当风力强而用电负荷需要的电能少时，风力发电机发出的多余的电能驱动抽水机，将低处的水抽到高处的蓄水池或水库中，转换为水的位能储存起来；当无风期或是风力较弱时，则将高处蓄水池或水库中储存的水释放出来流向低处水池，利用水流的动能推动水轮机转动，并带动与之连接的发电机发电，从而保证用电负荷不断电。实际上，这时已是风力发电和水力发电同时运行，共同向负荷供电。当然，在无风期，只要在高处蓄水池或水库中有一定的蓄水量，就能靠水力发电来维持供电。

(4) 压缩空气蓄能

压缩空气蓄能也叫高压储气。与抽水蓄能方式相似，这种蓄能方式也需要特定的地形条件，即需要有挖掘的地坑或是废弃的矿坑或是地下的岩洞。当风力强或用电负荷少时，可将风力发电机发出的多余的电能驱动一台由电动机带动的空气压缩机，将空气压缩后储存在地坑内；而在无风期或用电负荷增大时，则将储存在地坑内的压缩空气释放出来，形成高速气流，从而推动涡轮机转动，并带动发电机发电。

(5) 超导磁场蓄能

超导磁场能量存储（SMES，superconducting magnetic energy storage）系统把能量存储在流经超导线圈电流产生的磁场中。当温度下降到超导体的临界温度时（-269℃），超导体线圈的电阻下降到零，此时，线圈可以没有损耗地传导很大的电流。超导磁场能量储存（SMES）系统可以用于需要快速反应、高功率和低能量的应用中，例如不间断电源（UPS）和高功率品质调节。

当储存电能时，将风力发电机的交流电，经过交-直流变流器整流成直流电，激励超导线圈。发电时，直流电经过逆变器装置变为交流电输出，供应电力负载或直接接入电力系统。由于采用了电力电子装置，这种转换非常简便，响应极快，并且储能密度高，结构紧凑。不仅可用于降低甚至消除电网的低频功率振荡，还可以调节无功功率和有功功率，对于改善供电品质和提高电网的动态稳定性有巨大的作用。它的蓄能效率高达90%以上，远高于其他蓄能技术。小容量超导蓄能装置已经商品化。

(6) 超级电容蓄能

超级电容器又称为超大容量电容器、双电层电容器、（黄）金电容、蓄能电容或法拉电容，英文名称为EDLC，即electric double layer capacitors，通俗的称呼还有super capacitors，ultra capacitors，GOLD Capacitors，计量单位为法［拉］。随着社会经济的发展，人们对于绿色能源和生态环境越来越关注，超级电容器作为一种新型的蓄能器件，因为其无可替代的优越性，受到广大科研工作者的重视。众所周知，化学电池是通过电化学反应，产生法拉第电荷转移来储存电荷的。而超级电容器的电荷储存发生在电极/电解质形成的双电层上以及在电极表面进行欠电位沉积、电化学吸附、脱附和氧化还原产生的电荷的迁移。与传统的电容器和二次电池相比，超级电容器的比功率是电池的10倍以上，储存电荷的能力比普通电容器高，并具有充放电速度快、对环境无污染、循环寿命长、使用的温限范围宽等特点。

在风力发电系统直流总线侧并入超级电容器,不仅能像蓄电池一样储存能量,平抑由于风力波动引起的能量波动,还可以起到调节有功功率和无功功率的作用。

5.3 独立运行风力发电系统的控制系统

在独立运行的风力发电系统中,蓄电池起着存储和调节电能的作用。当系统发电量过剩时,蓄电池将多余的电能存储起来。反之,当系统发电量不足或负载用电量大时,蓄电池向负载补充电能,并保持供电电压的稳定。为此,需要为系统设计一种控制装置,该装置能够对风力的大小以及负载的变化进行实时监测,并不断对蓄电池组的工作状态进行切换和调节,使其在充电、放电、浮充电等多种工况下交替运行,从而保证供电系统的连续性和稳定性。

具有上述功能,在系统中对发电设备、储能蓄电池组和负载实施有效保护、管理和控制的装置称为控制器。控制器可以通过检测蓄电池的荷电状态,发出蓄电池继续放电、减少放电量或停止放电的指令。

目前,随着风电产业的迅猛发展,风力发电系统的装机容量在大幅度地增加,设计单位以及用户对系统运行状态、运行方式的合理性以及安全性要求也是越来越高。因此,近年来,设计单位不断研制出各种新型控制器,这些新型控制器具有更

(a)　　　　　　　　　(b)

图 5-10　控制柜外观

多的保护和监测功能,使早期的充电控制器发展到今天比较复杂的系统控制器,在控制原理和使用的元器件方面也有了很大的发展和提高。目前较先进的控制器都具有微电脑芯片和多种传感器,实现了软件编程和智能控制。对于系统中有多台风力发电机的供电系统,多台控制器可以组柜,即组合成风力发电机控制柜(如图5-10所示)。

5.3.1　风力发电控制器的分类和基本参数

根据控制器不同的特性,可以有很多种不同的分类方式。下面按照控制器功能特征、整流装置安装位置、控制器对蓄电池充电调节原理的不同进行分类。

(1) 按照控制器功能特征分类

1) 简易型控制器　是一种对蓄电池过充电、过放电和正常运行具有指示的功能,并能将配套机组发出的电能输送给用电器的设备。

2) 自动保护型控制器　是一种对蓄电池过充电、过放电和正常运行具有自我保护和指示的功能,并能将配套机组发出的电能输送给用电器的设备。

3) 程序控制型控制器　对蓄电池在不同的荷电状态下具有不同的充电模式,并对各阶段充电具有自动控制功能;对蓄电池放电具有自动保护功能;采用带 CPU 的单片机对多路风力发电控制设备的运行参数进行高速实时采集,并按照一定的控制规律由软件程序发出指令,控制系统工作状态;能将配套机组发出的电能输送给蓄能装置和直流用电器,同时又具有实现系统运行实时控制参数采集和远程数据传输的功能。

(2) 按照控制器电流输入类型分类

1) 直流输入型控制器　是一种使用直流发电机组或把整流装置安装在发电机上的与独立运行风力发电机组相匹配的装置。

2) 交流输入型控制器　整流装置直接安装在控制器内。

(3) 按照控制器对蓄电池充电调节原理的不同分类

1) 串联控制器　早期的串联控制器其开关元件使用继电器作为旁路开关，目前多使用固体继电器或工作在开关状态的功率晶体管。串联控制器中的开关元件还可替代旁路控制方式中的防反二极管，起到防止夜间"反向泄漏"的作用。

2) 多阶控制器　其核心部件是一个受充电电压控制的"多阶充电信号发生器"。多阶充电信号发生器根据充电电压的不同，产生多阶梯充电电压信号，控制开关元件顺序接通，实现对蓄电池组充电电压和电流的调节。此外，还可以将开关元件换成大功率半导体器，通过线性控制实现对蓄电池组充电的平滑调节。

3) 脉冲控制器　它包括变压、整流、蓄电池电压检测电路。脉冲充电方式首先是用脉冲电流对电池充电，然后让电池停充一段时间后再充，如此循环充电，会使蓄电池充满电量。间歇期使蓄电池经化学反应产生的氧气和氢气有时间重新化合而被吸收掉，使浓差极化和欧姆极化自然消除，从而减轻了蓄电池的内压，使下一轮的恒流充电能够更加顺利地进行，使蓄电池可以吸收更多的电量。间歇脉冲，使蓄电池有较充分的反应时间，减少了析气量，提高了蓄电池对充电电流的接受率。

4) 脉宽调制（PWM）控制器　它以 PWM 脉冲方式对发电系统的输入进行控制。当蓄电池趋向充满时，脉冲的宽度变窄，充电电流减小，而当蓄电池的电压回落，脉冲宽度变宽。

(4) 控制器的型号

控制器型号按以下方式进行编制：

代号	控制器类型	额定电压	……	额定功率	改型序号

① 代号用汉语拼音字母 FK 表示，F 代表风力发电机，K 代表充电型控制器。

② 控制器类型用汉语拼音字母表示，Z 为直流输入型，J 为交流输入型。

③ 控制器产品改型序号用汉语拼音字母 A，B，C，D，…表示，A 为第一次改型，B 为第二次改型，其余依此类推。

示例：

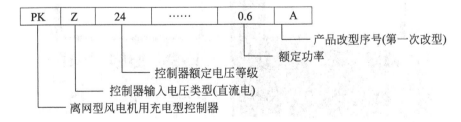

(5) 控制器的基本参数

① 控制器的额定输出参数包括额定功率、额定电流、额定电压、蓄电池的容量等，其数值均应按 GB/T 321—1980 R10 系列优先采用。其中额定电压应在 12V、24V、36V、48V、(72V，非优先值)、110V、220V 中选择。

② 控制器的额定输入参数包括直流输入电压、交流输入电压、风力发电机组功率等。其中，直流输入电压、交流输入电压应在 12V、24V、36V、48V、72V（非优先值）、110V、220V 中选择。

5.3.2 控制器的基本工作原理及总体结构

风力发电机组的控制系统是一个综合性的系统，它要监视风况和机组运行数据，根据风速和风向的变化对机组进行优化控制，提高发电机的运行效率和发电质量。现代风力发电机组一般都采用微机控制，风力发电机组的微机控制原理框图如图 5-11 所示，图 5-12 为状态显示屏幕。

风力发电机的微机控制是输入离散型控制，是将风向仪、风速仪、风轮转速，发电机的电压、频率、电流，发电机和增速齿轮箱等的温升，机舱和塔架的振动，电缆过缠绕等传感器的信号经过模/数转换输送给微机，由微机根据设计程序发出各种控制指令。

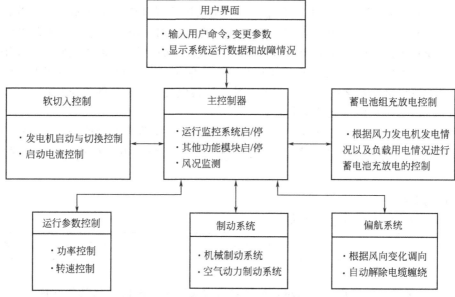

图 5-11 风力发电机组的微机控制原理框图

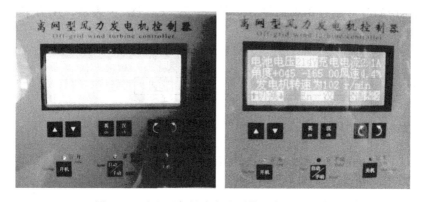

图 5-12 独立运行风力发电系统状态显示屏幕

5.3.3 控制系统的功能

风能是一种稳定性较差的能源，风速和风向都有一定的随机性。因此，在风力发电系统过程中会出现各种各样的问题，如发电机发出的电能电压和频率随风速而变，从而影响电能的质量和效率；叶片的摆振、塔架的弯曲与抖振等力矩传动链中的力矩波动，影响系统运行的可靠性和使用寿命；风力机叶片攻角不断变化，使叶尖速比偏离最佳值，从而对风力发电系统的发电效率产生影响。

由于风力发电系统的特点，风力发电机组是一个复杂的多变量非线性系统，且具有不确定性和多干扰性的特点。因此，风力发电控制系统的控制目标主要有以下几点：

① 保证系统的可靠运行；
② 能量利用率最大；
③ 电能质量高；
④ 机组寿命长。

风力发电系统常规的控制功能有：

① 在运行的风速范围内，确保系统的稳定；
② 低风速时，跟踪最佳叶尖速比，获取最大风能；
③ 高风速时，限制风能的捕获，保持风力发电机组的输出功率；
④ 减小阵风引起的转矩波动峰值，减小风轮的机械应力和输出功率的波动，避免共振；
⑤ 减小功率传动链的暂态响应；
⑥ 控制器简单，控制代价小，对一些输入信号进行限幅；
⑦ 确保机组输出电压和频率的稳定。

根据上述内容的要求，控制系统必须根据风速信号自动进入启动状态；根据功率和风速大小自动进行转速和功率控制；根据风向信号自动对风；在风机运行过程中，能对风况、机组的运行状况进行监测和记录，对出现的异常情况能够自行判断并能采取相应的保护措施，能够对记录的数据生成各种图表，以反映风电发电机的各项性能指标。

5.3.4 风力发电机常规控制内容

(1) 风力发电机组工作状态

整机运行状态控制，即风力发电机组由一种运行状态到另一种运行状态的转换过渡过程控制。风力发电机组的运行状态一般包括以下几种。

1) 运行状态　机械制动松开；机组自动偏航；风力发电机组处于运行状态；冷却系统自动状态；操作面板显示"运行"状态。

2) 暂停状态　机械制动松开；风机自动偏航；风力发电机空转或停止；冷却系统自动状态；操作面板显示"暂停"状态。

这个工作状态在调试时非常有用，因为调试的目的是使风力发电机组的各项功能正常，而不一定要求发电运行。

3) 停机状态　机械制动松开；偏航系统停止工作；风力发电机组停止；操作面板显示"停机"状态。

4) 紧急停机状态　机械制动与空气动力制动同时动作，紧急电路（安全链）开启；控制器所有输出信号无效；控制器仍在运行和测量所有输入信号；操作面板显示"紧急停机"状态。

(2) 风力发电机组工作状态转换

当紧急停机电路动作时，所有接触器断开，计算机输出信号被旁路，使计算机没有可能去激活任何结构。

当然，为了便于控制还可以设置其他工作状态，或将上述状态进一步细分，只要确定了从一个状态向另一个状态的转换条件，整机运行状态控制器将能完成所需的系统控制。

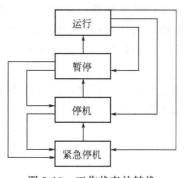

图 5-13 工作状态的转换

这些工作状态之间可以在既定的原则下进行转换。如图 5-13 所示，提高工作状态层次只能一层一层地上升，而要降低工作状态层次可以是一层或多层。这种工作状态之间转变的主要出发点是确保机组的安全运行。如果风力发电机的工作状态往高层次转化，一层一层上升的好处就在于当系统转变过程中检测到故障就会自动进入停机状态。当系统在运行状态中检测到故障，并且这种故障是致命的，那么工作状态就可以从运行直接到紧急停机，而不需要通过暂停和停止的过程。

下面进一步说明工作状态转换过程。

1) 工作状态层次上升

① 从紧急停机到停机。如果停机状态的条件满足，则关闭紧急停机电路；松开机械制动。

② 从停机到暂停。如果暂停的条件满足，则启动自动偏航系统；自动冷却开启。

③ 从暂停到运行。如果运行的条件满足，则启动风力发电机组，开始运行发电。

2) 工作状态层次下降 工作状态层次下降包括三种情况。

① 紧急停机。紧急停机也包含 3 种情况，即：从停止到紧急停机；从暂停到紧急停机；从运行到紧急停机。其主要控制指令为：打开紧急停机电路；置控制器所有输出信号于无效；机械制动作用；控制器中所有逻辑电路复位。

② 停机。停机操作包含了两种情况：从暂停到停机；从运行到停机。从暂停到停机：停止自动偏航；实行空气动力制动；自动冷却停止。从运行到停机：停止自动偏航；实行空气动力制动；自动冷却停止。

③ 暂停。降低风轮转速至 0。

3) 故障处理 图 5-13 所示的工作状态转换过程实际上还包含着一个重要的内容：当故障发生时，风力发电机将自动从较高工作状态转换到较低工作状态。故障处理实际上是针对风力发电机从某一个工作状态转换到较低的状态层次时可能产生的问题，因此检测的范围是限定的。为了便于介绍安全措施和对发生的每个故障类型进行处理，需要对每个故障确定如下信息：故障名称；故障被检测的描述；当故障存在或没有恢复时的工作状态层次；故障复位情况（自动或手动复位）。

① 故障检测 控制系统的处理器扫描传感器信号以检测故障。故障由故障处理器分类，每次只能有一个故障通过，只有能够引起风力发电机从较高工作状态转入较低工作状态的故障才能通过。

② 故障记录 故障处理器将故障存储在运行记录表和报警表中。

对故障的反应有以下三种情况之一：降为暂停状态；降为停机状态；降为紧急停机状态。

③ 故障处理后的重新启动 在故障被接受之前，工作状态层不可能任意上升。故障被接受的方式为：

a. 如果外部条件良好，此外部原因引起的故障状态可能自动复位；

b. 一般故障，如果操作者发现该故障可接受并允许启动风力发电机，可以由操作者远程控制复位。

c. 如果故障是致命的，不允许自动复位，必须有工作人员到现场检查，然后在控制面板上得到复位。

(3) 偏航系统的运行

偏航系统是一随动系统,当风向和风轮轴线偏离一个角度时,控制系统经过一段时间的确认,不管是上风向型还是下风向型的风力发电机组,通常都能通过偏航机构跟踪测量风向的变化,实现风向跟踪控制。风向瞬时波动频繁,但幅度一般不大,设置一定的允许偏差,如±15°,如果在此容差范围之内,就可以认为是对风状态。风机对风的测量由风向仪(或风向标)来完成。偏航控制系统框图如图 5-14 所示。

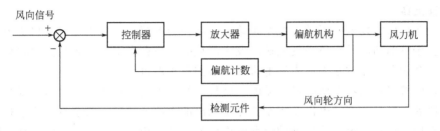

图 5-14　偏航控制系统框图

偏航控制系统主要包括自动偏航、90°侧风、自动解缆、顶部机舱控制偏航、面板控制偏航和远程控制偏航等功能。其控制工作流程如图 5-15 所示。

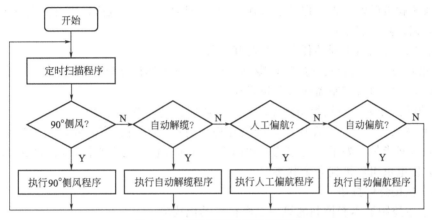

图 5-15　偏航控制系统工作流程

1) 自动偏航功能　当偏航系统收到中心控制器发出的需要自动偏航后,连续 3min 时间内检测风向情况。若风向确定,同时机舱不处于对风位置,则松开偏航制动,启动偏航电机运转,开始偏航对风程序,同时偏航计时器开始工作,根据机舱所要偏转的角度,使风轮轴线方向与风向基本一致。

2) 手动偏航功能　手动偏航控制包括顶部机舱控制、面板控制和远程控制偏航 3 种方式。

3) 自动解缆功能　自动解缆功能是偏航电控制器通过检测偏航角度、偏航时间和偏航传感器,使发生扭转的电缆自动解开的控制过程。当偏航控制器检测到扭缆达到 2.5~3.5 圈(可根据实际情况来设置)时,若风力发电机在暂停或启动状态,则进行解缆;若正在运行,则中心控制器将不允许解缆,偏航系统继续进行正常的偏航对风跟踪。当偏航控制器检测到扭缆达到保护极限 3~4 圈时,偏航控制器请求中心控制器正常停机,此时中心控制器允许偏航系统强制进行解缆操作。在解缆完成后,偏航控制器便发出解缆完成信号。

4) 90°侧风功能 风力发电机的90°侧风功能是在风轮过速或遭遇切除风速以上的大风时,为了保证风力发电机的安全,控制系统对机舱进行90°侧风偏航处理。

由于90°侧风是在外界环境对风力发电机有较大的影响下,为了保证风力发电机安全所实施的措施,所以在90°侧风时,应当使机舱走最短路径,且屏蔽自动偏航指令。在侧风结束后,应当抱紧偏航制动盘,同时当风向变化时,继续追踪风向的变化,确保风力发电机的安全。其控制过程与自动偏航类似。

(4) 安全链

把安全链从风力发电机组的主控制系统或常规控制系统中独立出来,对机组控制是非常有益的。安全链的功能是在风力发电机组发生严重故障或存在潜在严重故障时将风力发电机组转换到安全状态,通常是将风力发电机组转换到刹车停机状态。

风力发电机组控制器在所有可预见的"常规"情况下能够使风力发电机组安全启动或停机,包括遇到狂风、电网掉电以及控制器能检测出的大部分故障。安全链作为主控制系统的补充,在出现主控制系统不能处理的情况时来代替主控系统工作,也可以由操作员通过按急停按钮启动。因此,安全链必须独立于主控系统,而且必须设计成失效保护并具有高可靠性的系统。不同于应用以逻辑处理为基础的计算机或微处理器的任何方式,安全链通常由一系列失效保护的继电器触点串联组成,在正常的情况下形成闭环通路。当任意一个触点断开时,安全系统就被触发,失效保护装置执行相应的操作,其中包括将所有的电气系统切断电源、叶片顺桨、高速刹车闸。

安全链系统可以由下列的任意一个时间触发。

① 叶轮超速,即达到硬件的过速限制(这个速度限制值比软件设定的限定值高),机组达到软件过速设定值时控制器执行停机操作。

② 振动限位开关,当机组出现主结构性故障时振动开关发生动作。

③ 控制系统看门狗定时器中断。控制器应该有一个看门狗定时器,它可以重新设定每个控制器的时间步长。如果在规定的时间内没有重新设置,就表明控制器出现故障,安全链就要使风力发电机组停机到安全状态。

④ 操作员按急停按钮。

⑤ 发生主控制器不能控制的风力发电机组其他故障。

5.3.5 控制系统对蓄电池充放电的控制机理

目前,独立运行的风力发电系统中使用最多的储能装置是铅酸蓄电池,现以铅酸蓄电池为例介绍控制器的充放电控制机理。

(1) 控制器对蓄电池充电的机理

蓄电池充电控制的目的是,在保证蓄电池被充满的前提下尽量避免电解水。蓄电池充电过程的氧化还原反应和水的电解反应都与温度有关。温度升高,氧化还原反应和水的电解都变得容易,其电化学电位下降。此时应当降低蓄电池的充满门限电压,以防止水的电解。在风力发电系统中,蓄电池的电解液温度有季节性的周期性变化,同时也有因受局部环境影响的波动,因此要求控制器具有对蓄电池充满门限电压进行自动温度补偿的功能。温度系数一般为单只±(3~5)mV/℃,即当电解液温度(环境温度)偏离标准条件时,每升高1℃,蓄电池充满门限电压按照每只电池向下调整3~5mV;每下降1℃,蓄电池充满门限电压按照每只电池向上调整3~5mV。蓄电池的温度补偿系数也可查阅蓄电池技术说明书或者向生产厂家咨询。

(2) 充电控制器对蓄电池的过放电机理

1) 铅酸蓄电池放电特性 铅酸蓄电池的放电特性曲线如图 5-16 所示。由放电特性曲线可以看出，蓄电池放电过程有三个阶段，开始阶段（OA）电压下降较快，中期（AB）电压缓慢下降，延续较长时间，B 点后放电电压急剧下降。电压随放电过程不断下降的原因主要有 3 个：第一，随着蓄电池的放电，酸浓度降低，引起电动势降低；第二，活性物质的不断消耗，反应面积减小，使极化不断增加；第三，由于硫酸铅的不断生成，使电池内阻不断增加，内阻压降不断增大。图 5-16 中 B 点电压标志着蓄电池已接近放电终了，应立即停止放电，否则将给铅酸蓄电池带来损坏。

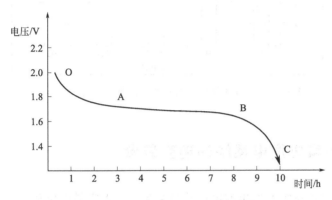

图 5-16 铅酸蓄电池放电特性曲线

2) 常规过放电保护原理 通过对蓄电池放电特性分析可知，在蓄电池放电过程中，当放电到相当于 C 点的电压出现时，就标志着该电池已放电终了。依据这一原理，在控制器中设置电压测量和电压比较电路，通过监测出 C 点电压值，即可判断蓄电池是否应结束放电。对于开口式铅酸蓄电池，标准状态（25℃，0.1C 放电率）下的放电终了电压（C 点电压）为 1.75~1.8V。对于阀控式密封铅酸蓄电池，标准状态（25℃，0.1C 放电率）下的放电终了电压为 1.78~1.82V。在控制器里比较器设置的 C 点电压称为"门限电压"或"电压阈值"。

3) 蓄电池剩余容量控制法 在很多领域，铅酸蓄电池是作为启动电源或备用电源使用的，如汽车启动电瓶和 UPS 电源系统。这种情况下，蓄电池处于浮充电状态或充满电状态，运行过程中其剩余容量或荷电状态 SOC（state of charge）始终处于较高的状态（80%~90%），而且有高可靠的、一旦蓄电池过放电就能将蓄电池迅速充满的充电电源。蓄电池在这种使用条件下很不容易被过放电，因此使用寿命较长。

在独立运行的风力发电系统中，蓄电池的充电电源来自风力发电机，其保证率远远低于交流电的场合，气候的变化和用户的过量用电都很容易造成蓄电池的过放电。铅酸蓄电池在使用过程中如果经常深度放电（SOC 低于 20%），则蓄电池的寿命将会大大缩短。反之，如果蓄电池在使用过程中一直处于浅放电（SOC 始终大于 50%）状态，则蓄电池使用寿命将会大大延长。

从图 5-17 可以看出，当放电深度 DOD（SOC=1−DOD）等于 100% 时，循环寿命只有 350 次，如果放电深度控制在 50%，则循环寿命可以达到 1000 次，当放电深度控制在 20% 时，循环寿命甚至达到 3000 次。剩余容量控制法指的是蓄电池在使用过程中（蓄电池处于放电状态时），系统随时检测蓄电池的剩余容量（SOC），并根据蓄电池的荷电状态 SOC，自动调整负载的大小或调整负载的工作时间，使负载和蓄电池剩余容量相匹配，以确保蓄电池的剩余容量不低于设定值（如 50%），从而保证蓄电池不被过放电。

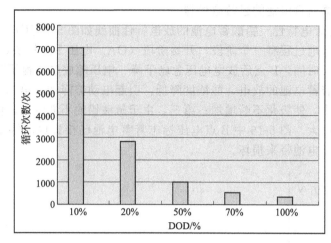

图 5-17　蓄电池循环寿命与放电深度（DOD）的关系

5.4　独立运行风力发电系统的逆变装置

独立运行风力发电系统所发出的电虽然是交流电，但它是电压和频率一直在变化的非标准交流电，不能被直接用来驱动交流用电器。另外，风力发电具有随机波动性，不可能与负载的要求相匹配，需要有储能装置来存储电能，而目前常用的储能设备是蓄电池组，蓄电池组所存储的电能为直流电。蓄电池输出的是直流电，它只能为直流用电器供电。为了满足人们日常生活和生产的需要，需要把直流电变为交流电，能实现这一转变的装置称为逆变器。

逆变器是风力发电系统的关键部件，对逆变器的要求很高。目前造成发电系统不能正常运转，很多是由于逆变器失效造成的。

风力发电系统对逆变器的要求如下。

① 要求有较高的效率。由于目前风力发电的价格较高，为了最大限度地利用风力发电，要提高系统效率，必须提高逆变器的效率。

② 要求有高的可靠性。目前风力发电主要用于边远地区，这就要求逆变器具有合理的电路结构，严格的元器件筛选，并要求逆变器具备各种保护功能，如输入直流反接保护、交流输出短路保护、过热保护、过载保护等。

③ 要求直流输入电压有较宽的适应范围。蓄电池的电压在工作时并不是绝对稳定的，它会随蓄电池剩余容量和内阻的变化而波动。特别是当蓄电池老化时，其端电压的变化范围很大，如 12V 蓄电池，其端电压可在 10~16V 之间变化。这就要求逆变器必须在较大的直流输入电压范围内正常工作，并保证交流输出电压的稳定。

5.4.1　逆变器的工作原理

逆变器与整流器恰好相反，它的功能是将直流电转变为交流电。这种对应于整流的逆向过程，称为"逆向"，其作用是通过功率半导体开关器件的开通和关断作用，把直流电能变换成交流电能。

逆变器涉及的知识领域和技术内容十分广泛，下面仅从风力发电的角度，对逆变器的工作原理、电路构成做简单介绍。

逆变器的种类很多，各自的具体工作原理、工作过程不尽相同，但是最基本的逆变过程是相同的。下面以最简单的逆变电路——单相桥式逆变电路为例,具体说明逆变器的"逆变"过程。单相桥式逆变原理如图 5-18 所示。

图 5-18 中输入直流电压为 E,R 代表逆变器的纯电阻性负载。当开关 K_1、K_3 接通后,电流流过 K_1、R 和 K_3,负载上的电压极性是左正右负;当开关 K_1、K_3 断开,K_2、K_4 接通后,电流流过 K_2、R 和 K_4,负载上的电压极性反向。若两组开关 K_1、K_2、K_3、K_4 以频率 f 交替切换工作时,负载 R 上便可得到频率为 f 的交变电压 U,其波形如图 5-18(b)所示,该波形为一方波,其周期 $T=1/f$。图 5-18(a)所示电路中的开关 K_1、K_2、K_3、K_4 实际是各种半导体开关器件的一种理想模型。逆变器电路中常用的功率开关器件有功率晶体管(GTR)、功率场效应管(power mosfet)、可关断晶闸管(GTO)及快速晶闸管(SCR),近年来又研制出功耗更低、开关速度更快的绝缘栅双极型晶体管(IGBT)等。

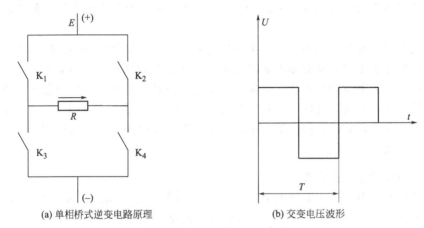

(a) 单相桥式逆变电路原理　　(b) 交变电压波形

图 5-18　逆变器原理示意图

5.4.2　逆变器的基本技术参数

对于独立运行的风力发电机组,逆变器的选用非常重要。描述逆变器性能的参数和技术条件有很多,常用的参数有以下几种。

(1) 直流输入电压

逆变器的输入电压为直流电压,波动电压为蓄电池组额定电压值的 ±15%。

(2) 额定输出电压

额定输出电压是指在规定的输入直流电压允许的波动范围内,逆变器应能输出的额定电压值。一般来说,逆变器的电压波动范围为单相 220V±5%。对输出额定电压值的稳定精度有如下的规定:

在稳态运行时,电压波动范围应有一个限定,例如,其偏差不超过额定值的 ±3% 或 ±5%;

在负载突变或有其他干扰因素影响动态情况下,其输出电压偏差不应超过额定值的 ±8% 或 ±10%。

(3) 输出电压稳定度

在离网可再生能源供电系统中,均以蓄电池为储能设备。当标称为 12V 的蓄电池处于浮充状态时,端电压可达 13.5V,短时间过充状态可达 15V。蓄电池带负载放电终了时端电压可降至 10.5V 或更低。一般来说,蓄电池端电压起伏可达标称电压的 30% 左右。这就要求逆变器具有较好的调压性能,才能保证发电系统以稳定的交流电压供电。

输出电压稳定度表征逆变器输出电压的稳压能力。多数逆变器产品给出的是输入直流电压在允许波动范围内该逆变器输出电压的偏差百分数，通常称为电压调整率。高性能的逆变器应同时给出当负载有 0～100% 变化时，该逆变器输出电压的偏差百分数，通常称为负载调整率。性能良好的逆变器的电压调整率应小于等于±3%，负载调整率应小于等于±6%。

(4) 额定输出电流

额定输出电流是指在规定的输出频率和负载功率因数下，逆变器应输出的额定电流值。

(5) 额定输出容量

逆变器的选用，首先要考虑具有足够的额定容量，以满足最大负载下设备对电功率的需求。额定输出容量表征逆变器向负载供电的能力，其单位以 V·A 或 kV·A 表示。逆变器的额定容量是当输出功率因数为 1（即纯电阻性负载）时，额定输出电压与额定输出电流的乘积。

额定输出容量值高的逆变器可带更多的用电负载。但当逆变器的负载不是纯电阻性时，也就是输出功率小于 1 时，逆变器的负载能力将小于给出的额定输出容量值。

对以单一设备为负载的逆变器，其额定容量的选取较为简单。当用电设备为纯电阻性负载或功率因数大于 0.9 时，选取逆变器的额定容量为用电设备容量的 1.1～1.5 倍即可。在逆变器以多个设备为负载时，逆变器容量的选取要考虑几个用电设备同时工作的可能性，专业术语称为"负载同时系数"。

(6) 输出电压的波形失真度

即当蓄电池输出电压为正弦波时允许的最大波形失真度（或谐波含量）。通常以输出电压的总波形失真度表示，其值不超过 5%（单项输出指标允许 10%）。

(7) 额定输出频率

在规定条件下，固定频率逆变器的额定输出频率为 50Hz，正常情况下，逆变器的频率波动范围为 50Hz±1%。

(8) 最大谐波含量

对于正弦波逆变器，在电阻性负载下，其输出电压的最大谐波含量应小于等于 10%。

(9) 过载能力

过载能力是指在规定条件下，较短时间内逆变器输出超过额定电流值的能力。逆变器的过载能力应在规定的负载功率因数下，满足一定的要求。

(10) 逆变器输出功率

效率是指在额定输出电压、输出电流和规定的负载功率因数下，逆变器输出有功功率与输入有功功率（或直流功率）之比。逆变器的效率值表征自身功率损耗的大小，通常以百分数表示。容量较大的逆变器还应给出满负载效率值和低负载效率值。逆变器效率的高低对风力发电供电系统提高有效发电量和降低发电成本有着重要的影响。

(11) 负载功率因数

负载功率因数用于表征逆变器带电感性负载或电容性负载的能力。在正弦波的条件下，负载功率因数为 0.7～0.9，额定值为 0.9。

(12) 负载的非对称性

在 10% 的非对称负载下，固定频率的三相逆变器输出电压的非对称性应小于等于 10%。

(13) 输出电压的非对称性

在正常工作条件下，各相负载对称时，逆变器输出电压的不对称度应小于等于5%。

(14) 启动特性

启动特性表征逆变器带负载启动的能力和动态工作时的性能。逆变器应保证在额定负载下可靠启动。高性能的逆变器可做到连续多次满负载启动而不损坏功率器件（在正常工作条件下，逆变器在满负载和空载运行条件下，应能连续5次正常启动）。小型逆变器为了自身安全，有时采用软启动或限流启动。

(15) 保护功能

逆变器应设置短路保护、过电流保护、过电压保护、欠电压保护及缺相保护等保护装置。风力发电供电系统在正常运行过程中，因负载故障、人员误操作及外界干扰等原因而引起的供电系统过流或短路是完全可能发生的。逆变器对外电路的过电流及短路现象最为敏感，是可再生能源发电系统中的薄弱环节。因此，在选用逆变器时，必须要求具有良好的对过电流及短路的自我保护功能。

(16) 干扰与抗干扰

在规定的正常工作条件下，逆变器应能承受一般环境下的电磁干扰。逆变器的抗干扰性能和电磁兼容性应符合有关标准的规定。

(17) 噪声

电力电子设备中的变压器、滤波电感、电磁开关及风扇等部件均会产生噪声。逆变器正常运行时，其噪声不应超过65dB。

(18) 显示

逆变器应设有电流输出电压、输出电流和输出频率等参数的数据显示，并有输入带电、通电和故障状态的信号显示。

(19) 使用环境条件

逆变器正常使用的环境条件为海拔不超过1000m，空气温度范围为0～+40℃。

5.4.3 逆变器的选用

对于独立运行的风力发电系统来说，逆变器的选择至关重要。应该从以下几个方面进行考虑。

(1) 额定输出容量

首先要对风力发电系统的全部负载进行分析，然后来确定逆变器的额定容量。逆变器的输出容量越高，可带负载也就越大。但是过大的逆变器容量会导致投资增加，造成浪费。

(2) 输出电压稳定度

输出电压的稳定度直接影响着系统的供电品质。劣质的逆变器往往导致输出波形失真，电网稳定性差，严重的会导致用电器无法工作。

(3) 整机效率

整机效率是逆变器的一个重要的指标，整机效率低说明逆变器自身功率损耗大。逆变器效率的高低对风力发电系统降低发电成本和提高发电效率有着重要的影响。

(4) 必要的保护功能

保证逆变器安全运行的最基本措施是过电压、过电流及短路保护。另外,有些功能齐全的逆变器还具有欠电压、缺相保护以及温度超限报警等功能。

(5) 安全的启动性能

选用的逆变器应保证在额定负载下安全启动。高性能的逆变器可以做到连续多次满负载启动而不损坏器件。

在选用独立运行的风力发电机系统用的逆变器时,除依据上述 5 项基本评价指标外,还应注意以下几点。

1) 应具有一定的过载能力　过载能力一般用允许过载的能力和允许过载的时间来描述。在相同的额定功率下,允许过载的能力越大,允许过载的时间越长,逆变器就越好,但是价格也就越贵。

2) 应具有较高的输出电压范围　逆变器的输入为蓄电池的直流电,处于储能状态的蓄电池组的电压会在额定电压的一定范围内上下波动。较宽的输入允许范围对系统的输出供电有利,但也可能造成蓄电池组的过放电,应适当选择。

3) 在各种负载下具有高效率或较高效率　整机效率高是描述逆变器的一个指标。它一般是指在逆变器最佳负载的情况下。实际上,逆变器的负载不可能一直处在最佳状态,负载可大可小。应该了解该逆变器在不同负载条件下的效率,选择在负载不同的情况下效率都较高的逆变器。

4) 维护方便　高质量的逆变器在运行若干年后,因元器件失效而出现故障,应属于正常现象。除生产厂家需要有良好的售后服务系统外,还需要在逆变器的生产工艺、结构及元器件的选型方面具有良好的可维护性。例如:元器件的互换性要好;在结构工艺上,元器件容易拆装,更换方便。这样即使出现故障也可以迅速恢复正常运行。

5) 逆变器功率选择推荐参数

① 如果是电阻性负载,逆变器功率=实际负载功率×倍数 (1.5~2 倍)。

② 如果是电感性负载,逆变器功率=实际负载功率×倍数 (5~7 倍)。

③ 如果是电容性负载,逆变器功率=实际负载功率×倍数 (3 倍)。

5.5　独立运行风力发电系统的供电系统

5.5.1　直流系统

图 5-19 为一个由风力发电机驱动的小型直流发电机经蓄电池蓄能装置向电阻性负载供电的电路图。图中 L 代表电阻性负载,J 为逆流继电器控制的动断触点。当风力减小,风力机转速降低,直流发电机电压低于蓄电池电压时,则发电机不能对蓄电池充电,而蓄电池要向发电机反向送电。为了防止这种情况发生,在发电机电枢电路和蓄电池组之间装有逆流继电器控制的动断触点,当直流发电机电压低于蓄电池组电压时,逆流继电器动作,断开动断触点 J,使蓄电池不能向发电机反向供电。

以蓄电池组作为蓄能装置的独立运行风力发电系统中,蓄电池的容量选择至关重要,因为这是保证在无风期能对负载持续供电的关键因素。一般来说,蓄电池容量的选择与选定的风力发电机的额定数值 (容量、电压等)、日负载 (用电量) 状况以及该风力发电安装地区的风况等有关;同时还应按 10h 放电率及电流值的规定来计算蓄电池的使用寿命。

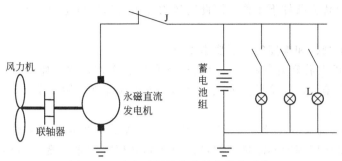

图 5-19 独立运行的直流风力发电系统

5.5.2 交流系统

目前，独立运行风力发电系统多是交流系统，在前面已经给出风力发电机向蓄电池组充电的基本原理图。如果在蓄电池的正负极两端直接接上直流负载，则构成了一个由交流发电机经整流器组整流后向蓄电池充电及向直流负载供电的系统（如图 5-20）。如果在蓄电池的正负极接上逆变器，则可向交流负载供电（如图 5-21）。

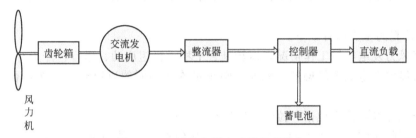

图 5-20 交流发电机向直流负载供电

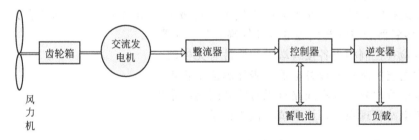

图 5-21 交流发电机向交流负载供电

图 5-21 中的逆变器可以是单向逆变器，也可以是双向逆变器，视负载为单相和三相而定。照明及家用电器（电视机、电冰箱等）只需单相逆变器；对于动力负载（如电动机等），必须采用三相逆变器。对逆变器输出的交流电的波形，按负载的要求可以是正弦波形或方波。

图 5-21 中的交流发电机可使用永磁式交流发电机及硅整流自励交流发电机，还可以采用无刷励磁的硅整流自励交流发电机。

在有蓄电池的独立运行的交流风力发电系统中，蓄电池组容量的选择方法与直流系统相同。

5.6 独立运行风力发电系统维修与保养及常见故障

风力发电机组是一种在室外自然环境中运转的设备，常年在日晒、雨淋、风沙侵袭、雷电、冰雹以及其他恶劣条件下工作,因此对风力发电机组进行定期的维护、检修与保养就显得至关重要。

风力发电机组维护和检修的主要要求如下。

① 风力发电机组需要由专业人员负责检修和保养工作,此人要经过相关产品生产厂商的技术指导和安全培训,熟悉风力发电机组的基本工作原理、性能及特点,并掌握常见故障的类型及维修方法。

② 当风力发电机组出现异常情况时,运行维护人员应按照用户手册所规定的程序采取相应的措施。如果按照程序不能排除故障,应把异常现象记录在案并向相关方面(设计者、生产厂家、安装者)通报、咨询,以便取得技术支持。

5.6.1 风力发电机组维修与保养的主要内容

目前,绝大多数的独立运行风力发电机组的运转与启停都是自动的,无需人工干预。运行维修人员的主要职责是监视风力发电机组的运行情况,负责日常维护保养及故障排除工作。

风力发电机组的例行检查与保养的时间周期,应当按照使用说明书或有关技术标准和规范确定。

其例行检查的主要内容如下。

① 观察风力发电机组工作情况,运转是否平稳,机组启动、运行、停止有无异常响动。

② 观察风力发电机组的偏航、限速、刹车机构在不同的风速时段功能是否有效,动作是否异常。

③ 检查风力发电机组地锚和拉索的紧固件是否松动。

④ 在一定的时间段内或不同的风速下,对机组的发电量和输出功率进行分析和比较,如发现异常,及时找出原因。

⑤ 机组运行时,特别是在大风的天气下,检查控制柜内元器件、部件有无烧焦迹象和异常气味,熔断器和空气开关等电气部件温升是否正常。

⑥ 经常检查控制柜内各接线端子和插件有无松动。

⑦ 经常巡查控制柜面板各电器仪表显示值是否正常。

⑧ 经常查看户外电缆和线路有无短路和断路的隐患。

⑨ 按照电站管理规定,认真填写检查记录。

5.6.2 风力发电机组的常见故障类型

风力发电机组故障分为两种类型:一种是机械故障;一种是电气故障。

(1) 风力发电机组常见的机械故障及处理方法(见表5-2)

表5-2 风力发电机组常见的机械故障及处理方法

故障	原因	诊断	处理方法
风力发电机剧烈抖动	拉索松动		紧固拉索
	尾翼固定螺钉松动		拧紧松动部位
	定桨距风轮叶片变形		更换桨叶
	定桨距风轮叶片有卡滞现象		拆卸、润滑保养,重新安装

续表

故　障	原　因	诊　断	处理方法
风轮转速明显降低	风电机长久不润滑保养		润滑、保养
	发电机轴承损坏		更换轴承
	风轮叶片损坏		修复和更换叶片
调速、调向不灵	机座回转体内油泥过多		润滑、保养
	机座回转体内有沙尘等异物		清除异物，润滑、保养
	风力发电机曾经倒塌，塔架上端变形		校正塔架上端
异常杂音	各紧固件有松动之处		放倒风力发电机，检查并采取相应措施
	发电机轴承部位松动		更换轴承，重新安装端盖
	发电机轴承损坏		更换轴承
	发电机扫膛		更换或修复轴承部位
风轮不平衡，引起风力机转动时轻微摆动，风力机每转一周都发出"砰砰"或"咔咔"声，尤其是在低速时	导流罩松动	检查导流罩的紧固件是否松动、螺栓孔是否变大	拧紧或调换零件
	发电机轴承磨损	检查轴承密封周围是否有过量的润滑脂或密封圈是否损坏	如果导流罩的螺栓孔变大，则可用环氧树脂把垫圈粘到螺孔上
	叶片结冰或损坏	有规律的噪声表明轴承滚珠缺油或磨损	拆下发动机，调换轴承，之后重新装上发电机
机身有大块油渍	漏油	检查所有含油部件	修理或调换相关部件

（2）风力发电机组常见电气故障及处理办法（见表5-3）

表5-3　风力发电机组常见电气故障及处理方法

故　障	原　因	诊　断	处理方法
电池电压太高	控制器调节电压值设定得太高	电池过充电，控制器电压表指示出电池电压，将检测值与使用说明书给出值进行对照	与生产厂家售后服务部门取得联系，了解调压步骤
电池达不到充满电状态	控制器调节电压值设定得太低	用密度计检查电池组的密度，再与制造商提供的推荐值进行比较	与生产厂家售后服务部门取得联系，咨询解决办法
	负载太大	拆除最大的负载。如果电池组达到较高充电状态，则可断定为系统负载太大	
风轮转动，但控制器上表明正常工作的指示灯不亮	控制器电路出现故障	按照说明书检查控制器电路板上的电压输出点有无电压输出	测试后与生产厂家售后服务部门取得联系，进行诊断与处理
		检查电压输入点有无电压输入，此电压应与蓄电池电压相同	
风轮转动，但控制器上的黄指示灯不亮	隔断开关断开	按照说明书检查隔断开关是否可靠接通	关掉开关，与生产厂家售后服务部门取得联系，进行诊断与处理
	控制器出现故障	按照说明书检查控制器的输入交流电压，如果此时风速高于6.7m/s而有交流电压，则表明控制器不工作	

实训8 独立运行风力发电系统原理

一、实训目的

1. 了解并掌握独立运行风力发电系统的结构组成。
2. 掌握独立运行风力发电系统的工作原理。

二、实训设备

小型的独立运行发电系统。

三、实训内容及原理

1. 独立运行风力发电系统的组成

独立运行风力发电系统由风轮及风轮轴、发电机、机舱、调速装置、制动系统、偏航系统、塔架、蓄能装置、控制器、逆变器等部件组成。

2. 独立运行风力发电系统的工作原理

由图 5-22 可知，当风力达到风力发电机的工作风速时，带动风轮转动，从而通过发电机将转动的机械能转化为电能。发出的电可以是交流电，也可以是直流电，一般是交流电。以交流电为例进行说明：发出的交流电经过整流装置将发出的电能由交流电变成直流电，如果负载是直流负载，就可以直接为负载供电；如果负载是交流负载，还需要通过逆变装置将直流电转化成交流电才能为负载所用。

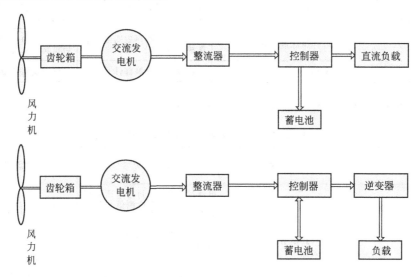

图 5-22 独立运行风力发电系统基本原理图

四、实训步骤

1. 首先了解和熟悉独立运行风力发电系统的组成部分及各部分的作用，明确注意事项。
2. 检查风力发电系统各部件运行是否完好。
3. 启动独立运行风力发电机，根据控制面板上的各参数观察风力发电机的运行状态。
4. 实训完成后，整理实训场地，安全离开风力发电系统的控制室。

五、实训报告

对本项实训内容加以归纳、总结、提高，写出实训报告；实训报告至少应包括以下内容。

1. 实训目的；

2. 实训设备；
3. 实训内容；
4. 实训过程记录；
5. 写出心得体会和收获。

实训9 独立运行风力发电系统的偏航系统

一、实训目的
1. 了解并掌握独立运行风力发电系统的偏航系统结构。
2. 掌握偏航系统的工作原理。
3. 掌握手动偏航、自动偏航和90°侧风偏航。

二、实训设备
独立运行风力发电系统测试平台。

三、实训内容及原理
偏航控制系统是一随动系统，当风向和风轮轴线偏离一个角度时，控制系统经过一段时间的确认，不管是上风向型还是下风向型的风力发电机组，通常都能通过偏航机构跟踪测量风向的变化，实现风向跟踪控制。风向偏航控制系统见图5-23。

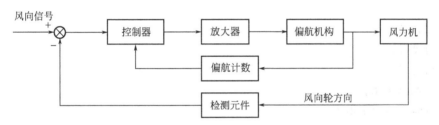

图5-23 风向偏航控制系统

引起风力发电系统偏航的原因除了风向引起的偏航外，还有一种是由于风速过大（风轮过速或遭遇切除风速以上的大风）引起的偏航。这时，为了保证风力发电机的安全，控制系统对机舱进行90°侧风偏航处理。

偏航控制系统的流程如图5-24所示。

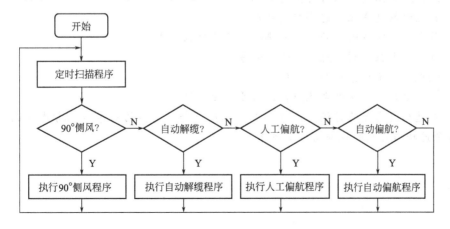

图5-24 偏航控制系统流程图

四、实训步骤

1. 首先了解和熟悉风力发电系统测试平台工作原理及各元件的作用,了解注意事项,严格按照操作规程进行操作。

2. 检查实验平台各部件是否运行完好。

3. 按以下步骤调节及实验。

(1) 手动偏航　当风向与风力发电机的机头轴线有一定角度的时候,通过偏航检测装置可以检测到风力发电机需要偏航。这时,按下控制面板上的"手动"按钮,偏航控制系统在接到信号后,手动偏航开始,当风向与风力发电机的机头在一条直线上或误差很小的时候松开"手动"按钮,手动偏航结束。

(2) 自动偏航　当风向与风力发电机的机头轴线有一定角度的时候,通过偏航检测装置可以检测到风力发电机需要偏航。这时,按下控制面板上的"自动"按钮,偏航控制系统在接到信号后,自动偏航开始,控制器通过检测装置传出的信号可以判断出是否要停止偏航,当风向与风力发电机的机头在一条直线上或误差很小的时候,自动偏航结束。

(3) 90°侧风偏航　加大风速,按下控制面板上的"自动按钮",偏航控制系统通过检测装置传出的信号可以判断是否需要偏航。当风轮转速过快或超过风力发电机的最大风速时,偏航控制系统将自动进行90°侧风偏航处理,以免风力发电机受到破坏。

五、实训报告

对本项实训内容加以归纳、总结、提高,写出实训报告:实训报告至少应包括以下内容。

1. 实训目的;
2. 实训设备;
3. 实训内容;
4. 实训过程记录;
5. 写出心得体会和收获。

习题

5-1　独立运行的风力发电系统由哪几部分构成?

5-2　风力发电用发电机有哪些特殊性?

5-3　蓄电池的选用应注意哪些问题?

5-4　蓄电池组容量选择的原则有哪些?各有什么利弊?

5-5　风力发电机控制系统包括哪些部分?

5-6　偏航控制主要包括哪些功能?

5-7　独立运行风力发电系统为什么需要逆变装置?

5-8　在选用逆变器的时候要注意哪些内容?选择逆变器的功率时应考虑什么问题?逆变器的容量选择与负载的性质有什么关系?

第6章 互补运行发电系统

6.1 互补运行发电系统概述

一般来说，由两种以上的能源组成的供电系统，称为互补运行发电系统。其中至少有一种能源相对稳定，才能保证系统供电的连续性和稳定性。由于风力发电或光伏发电系统均受到外部条件的影响，仅靠独立的风力或光伏发电系统经常会难以保证系统供电的连续性和稳定性，因此，在采用风力或光伏发电技术为系统供电时，往往还要采用互补运行发电系统来进行相互补充，实现连续、稳定的供电。本章主要介绍互补运行发电系统的主要特点以及主要类型。

6.1.1 主要特点

和独立运行发电系统相比，互补运行发电系统有以下特点。

(1) 系统可靠性高

互补运行发电系统综合了至少两个发电系统的特点，取长补短，相互补充，更好地保证了供电系统的可靠性。

(2) 配置灵活性

由于综合了多个发电系统的优势，互补运行发电系统可以从经济性、可靠性等方面进行更加科学、合理的配置。

6.1.2 主要类型

目前常用的互补运行发电系统主要包括以下几种类型：风力-光伏互补发电系统，风力-柴油互补发电系统，光伏-柴油互补发电系统以及风力-光伏-柴油互补发电系统等。

6.2 风力-光伏互补发电系统

在新能源中,太阳能与风能的开发与利用日趋受到各国的普遍重视,已经成为新能源领域中开发利用水平最高、技术最成熟、应用最广泛、最具商业化发展条件的新型能源。我国幅员辽阔,地理位置南北方向自北纬 4°至 52°多,东西方向自东经 73°至 135°多,太阳能资源十分丰富。据估算,中国陆地每年的太阳辐射能约为 50×10^{18} kJ(千焦),年日照时数在 2200h 以上的地区约占国土面积的 2/3 以上。据气象局测算,按离地 10m 高度估算全国陆地风能资源总量约 32.26 千瓦,海上风能储量约 7.5 亿千瓦。所以说,我国是一个非常适合利用太阳能和风能的国家,高效地利用太阳能及风能资源将有效地缓解资源危机和环境污染等问题。

我国从 20 世纪 50 年代就开始着手研究太阳能及风能的发电技术,到 20 世纪 80 年代,两者都取得了突破,并由此而产生了光伏发电和风力发电产业。然而由于风能和太阳能都存在间歇性的特点,独立风力发电系统和独立太阳能发电系统也都存在能量不稳定的缺点。阴雨天或夜晚,太阳能电池的发电效率很低或根本不发电。风速很大时,容易损毁风力机,而风速太小时又不能带动风力机发电,并且发出的电能也极不稳定。风光互补发电系统是利用风能和太阳能资源的互补性,具有较高性价比的一种新型能源发电系统,具有很好的应用前景。

6.2.1 系统的组成

所谓风光互补,实质上就是风能和太阳能在能量上的相互补充,共同给负载供电。风能资源不论白天还是夜晚都存在,而太阳能资源白天才有,但由于太阳能相对较为连续稳定,弥补了风能的间歇性特点,而太阳能也弥补了风能在白天的不连续性。自丹麦学者 1981 年提出太阳能和风能混合利用技术以来,风光互补发电系统的研究从理论到实践已走过了近 30 个年头。然而起初的风光互补系统其结构形式只是将传统的独立光伏发电系统和独立风力发电系统进行一个简单的组合,其中有两套控制装置分别对风力机和光伏阵列进行检测、保护以及对蓄电池充电进行控制,这无疑增加了系统的投资。目前,风光互补发电系统基本上都采用图 6-1 所示的运行结构。

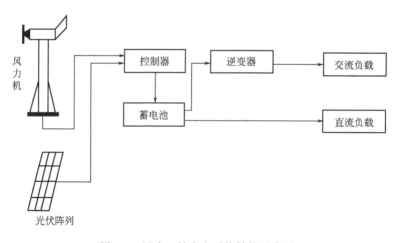

图 6-1 风光互补发电系统结构示意图

风光互补发电系统主要由风力发电机组、太阳能光伏阵列、控制器、蓄电池、逆变器、交流直流负载等部分组成。该系统是集风能、太阳能及蓄电池等多种能源发电技术及系统智能控制技术为一体的复合可再生能源发电系统。

整个风光互补发电系统按环节可划分为能量产生环节、能量存储环节、能量消耗环节三部分。能量产生环节由风力发电机组和太阳能光伏阵列组成,负责将风能及太阳能转化为电能;能量存储环节为蓄电池,它将风机和太阳能产生的电能储存在其中,起到稳定供电的作用;能量消耗环节指系统的负载,其中包括直流负载和交流负载。

(1) 风力发电部分

风力发电部分是利用风力机将风能转换为机械能,通过风力发电机将械能转换为电能,再通过控制器对蓄电池充电,经过逆变器对负载供电。

风力发电机是风光互补发电系统中风能的吸收和转化设备。从能量转换角度看,风力发电机由两大部分组成。其一是风力机,它的功能是将风能转换为机械能,其二是发电机,它的功能是将机械能转换成为电能。

工程上一般用风力发电机的风速功率曲线来表示风力发电机的运行特性,如图6-2所示。

当风速小于启动风速时,风轮未能获得足够的能量而不能启动。风速达到启动风速后,风轮开始转动,带动发电机开始发电,输出电能给负载供电以及给蓄电池充电。当风速超过截止风速时,风力发电机通过机械限速机构,使风力发电机在一定转速下极限运行或停运行,以保证风力发电机不至于损坏。

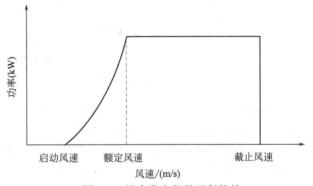

图6-2 风力发电机的运行特性

风力发电机输出为三相交流电,在接入混合发电系统前需采用三相桥式整流器将其变为直流。三相整流器除了把输入的三相交流电能整流为可对蓄电池充电的直流电能之外,另外一个重要的功能是在外界风速过小或基本无风的时,风力发电机的输出功率也较小,由于三相整流桥的二极管导通方向只能是由风力发电机的输出端到蓄电池,因此能够防止蓄电池对风力发电机的反向供电。

1) 风力机类型 作为风能接收装置的风力机,其分类方法有三种。

① 以风轮转轴的方向,可以分为垂直轴式和水平轴风力机。前面已做介绍,此处不再赘述。

② 以发电机类型可分为感应机和同步机。感应机具有构造简单、维护方便、价格低等优点。近年来由于同步机技术逐渐成熟,当容量大时,同步机转换效率比同容量的感应机高,因此目前大容量的风力机多采用同步发电机。

③ 以转子叶片相对风向的位置可分为上风式和下风式两种。上风式风力机用尾翼来控制方向,一般用于风向稳定的场合,但在风向不稳定处,由于风向变动,转子叶片会立即改变方向,容易造成运转不稳定。下风式风力机没有尾翼部分,其转子叶片会随着风向的改变而被动地改变方向,适用于风向不稳定的场合,构造虽简单,但效率低,且易产生振动及噪声。

2) 风力机工作特性 风力机启动时,需要一定的力矩来克服其内部的摩擦阻力,这一力矩称为风力的启动力矩。启动力矩与风力机本身传动机构的摩擦阻力有关,因此风力机有一个最低的工作风速,只有风速大于这个最低工作风速时风力机才能工作。而当风速超过风力机组能承受的最大值时,基于安全上的考虑(主要是塔架和桨叶强度),风力机应当停止运转,所以每台风力机都规定有最高工作风速,该风速值与风力机的设计强度有关,是设计时给定的参数。介于最低风速和最高风速之间的风速叫做风力机的工作风速。相应于工作风速,风力机有功率输出,风力机的输出功率达到标称功率时的工作风速称为该风力机的额定风速。为充分利用风力资源进行发电,应按当地的风力资源来确定风力机的启动风速和额定风速,进而选择合适的机型。风力发电机组并不能把通过桨叶扫掠面积的风能全部转换为电能,而是存在一定的损失,实际上,风力机和发电机将风能转化为电能的效率大约为35%。图6-3为300W风力发电机输出功率曲线。

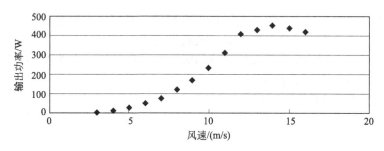

图6-3 300W风力发电机输出功率曲线

3) 发电机 小型发电系统中的发电机一般有直流发电机、电磁式交流发电机、爪极式发电机、磁阻式发电机以及感应式发电机等。随着永磁材料的技术发展,永磁材料磁能积大大提高,目前主要使用永磁体励磁的发电机。三相永磁同步发电机的优越性比起相同额定功率的三相电机来说体积较小且便宜。交流永磁电机的定子结构与一般同步电机相同,转子采用永磁结构,由于没有励磁绕组,不消耗励磁功率,因而有较高的效率;省去了换向装置和电刷,可靠性高,定子铁耗和机械损耗相对较小,使用寿命长;采用永磁发电机的小型发电机组常省去增速齿轮箱,发电机直接与风力机相连。

永磁电机转子结构按磁路结构的磁化方向可分为径向式、切向式和轴向式三种类型。在这种低速永磁电机中,定子绕组铜耗所占比例较大。为了提高发电机效率,主要应降低定子铜耗,因此采用较大的定子槽面积和较大的绕组导体截面,额定电流密度取得较低。启动阻力矩是用于微、小型风电装置的低速永磁发电机的重要指标之一,它直接影响风力机的启动性能和低速运行性能。为了降低切向式永磁发电机的启动阻力矩,必须选择合适的齿数、极数配合,采用每极分数槽设计,分数槽的分母值越大,气隙磁导随转子位置越趋均匀,启动阻力矩也就越小。永磁发电机的运行性能是不能通过其本身来进行调节的,为了调节其输出功率,必须另加输出控制电路。

(2) 光伏发电部分

光伏发电部分利用太阳能电池板的光伏效应将光能转换为电能,然后对蓄电池充电,通过逆变器将直流电转换为交流电对负载进行供电。

风光互补发电系统中,由光伏阵列负责将太阳光辐射转换成电能。光伏阵列由一系列太阳能电池经过串、并联后组成。太阳能电池是光伏发电的最基本单元,其基本种类有单晶硅太阳能电池、多晶硅太阳能电池和非晶硅太阳能电池。单晶硅太阳能电池是当前开发最快的一种太阳能电池,其产品结构与生产工艺已定型,广泛应用于空间和地面,转换效率最高,可达24%,但成本也最高。多晶硅太阳能电池的制作工艺与单晶硅太阳能电池差不多,其光电转换效率约12%,稍低于单晶硅太阳能电池,但其材料制造简便,节约电耗,总的生产成本较低,因此得到很大发展。非晶硅太阳能电池光电转换效率偏低,而且不够稳定,但制造工艺简单，易于加工。

（3）控制部分

控制部分根据日照强度、风力大小及负载的变化，不断对蓄电池组的工作状态进行切换和调节。一方面把调整后的电能直接送往直流或交流负载；另一方面把多余的电能送往蓄电池组存储。发电量不能满足负载需要时，控制器把蓄电池的电能送往负载，保证了整个系统工作的连续性和稳定性。

风光互补发电系统的控制部分应起到如下几个作用。

① 在保证风电、光电向蓄电池充电及向负载供电的同时，保证各种必要参数的计量、检测和显示。

② 当蓄电池过充电或过放电时，可以报警或自动切断线路，保护蓄电池。

③ 按需要给出高精度的恒电压或恒电流。

④ 当蓄电池有故障时，可以自动切换，接通备用蓄电池，以保证负载正常用电。

⑤ 当负载发生短路时，可以自动断开充电电路。阻塞二极管的作用是避免太阳能电池方阵不发电或出现短路故障时蓄电池通过太阳能电池放电。它串接在太阳能电池方阵电路中起单向导通的作用。要求它能承受足够大的电流，而且正向电压降要小，反向饱和电流要小，因此，选用合适的整流二极管即可。

（4）蓄电池部分

蓄电池是独立运行风光互补系统的储能装置，一般由多块蓄电池组成，在风力和日照充足时可存储供给负载后多余的电能，在风力和日照不佳时输出电能给负载。因此，蓄电池在系统中起到能量调节和平衡负载两大作用。固定式铅酸蓄电池因其性能优良、质量稳定、容量较大、价格较低，是目前我国风光互补系统中主要选用的储能装置。

蓄电池的性能指标如下。

① 容量　表示蓄电池在充满电的情况下的储能多少，用放电电流与放电时间的乘积来表示，单位为安时（A·h）。

② 放电电流　就是蓄电池的输出电流，它除了用安培来表示外，通常也用蓄电池的容量乘以某个系数来表示。例如对于 6.5A·h 的蓄电池，0.1C 的放电电流的实际值为 $0.1 \times 6.5 = 0.65A$。

③ 放电中止电压　表示蓄电池不允许再放出电能时的电压，通常为 1.75V/单格。

④ 放电率　表示放电至中止的电流大小或时间快慢。可以用放电电流来表示，也可以用放电时间来表示。例如，一个 6.5A·h 的蓄电池，充满之后以 325mA 恒流放电，经过 20h 后达到放电中止电压，放电率若以电流来表示为 0.325A 放电率，若以放电时间来表示则为 20h 放电率。

⑤ 功率与比功率　蓄电池的功率指蓄电池在一定放电制度下，单位时间所能给出能量的大小，单位为 W（瓦）或 kW（千瓦）。单位质量蓄电池所能给出的功率称为比功率，单位为 W/kg 或 kW/kg，比功率也是蓄电池重要的性能指标之一。

⑥ 自放电率　蓄电池在不用时其内部也会消耗能量，一般以 C/天来表示。

随着太阳能电池组件售价和风机成本的不断下降，蓄电池组的费用在系统总投资中所占比值不断增加。所以，在系统设计时选用适当的蓄电池对整个系统的可靠性和经济性影响较大，而在进行系统仿真优化时，选取适当的蓄电池模型也很重要。

蓄电池具有三种主要的工作状态：放电状态、充电状态和浮充状态。处于放电状态时，蓄电池将储存的化学能转化为电能供给负载；充电状态是在蓄电池放电之后进行能量储存的状态，此种状态下电能转化为化学能储存起来；浮充状态则是蓄电池维持一定化学能存储量所要保持的工作状态，浮充状态下的蓄电池的储能不会因为自放电而损失。放电、充电、浮充电三个状态构成蓄电池的一个完整的工作循环。

图6-4描述了铅酸蓄电池在一个典型的工作循环中，电池的工作电压、工作电流以及电池温度的变化特性。图中开始时满荷电状态的蓄电池以恒定的电流进行放电，开始放电时，电池电压陡降，而后电压回升（这是满荷电蓄电池刚接上负载时的正常响应，主要是内部电化学反应及传质引起的），到一定电压后，随着继续放电，蓄电池的电压也继续降低。这个过程是一个复杂的过程，它受一系列放电工作条件的影响，其中包括放电率、环境温度和蓄电池初始荷电状态，同时也与蓄电池的类型有关。随着放电的深入，蓄电池电压下降速度会不断增加。当下降到一定值后会急速降低，这表明

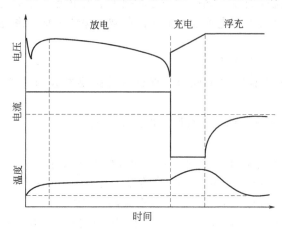

图6-4 蓄电池工作循环状态示意图

蓄电池接近终止放电状态。当达到终止电压，蓄电池应终止放电。终止电压视负载需要而定。

蓄电池达到终止电压后，负载断开，蓄电池电压明显回升。此时若外加一个大于蓄电池开路电压的电压，蓄电池便进入充电状态。

图中充电电流表示为负值，表示与放电电流相反。充电过程中开始以恒定的电流给蓄电池充电，此时蓄电池电压会逐渐升高，待到电压升到浮充电压，充电电流按照指数规律递减（若不然，则导致电解水反应而产生气体和温升，不能提高蓄电池的充电效率），直到蓄电池充满电，而后保持蓄电池满荷电状态所需的电流。

(5) 逆变系统

逆变系统由几台逆变器组成。逆变器是指整流器的逆向变换器，它是通过半导体功率开关器件的开通和关断作用，把直流电能变换成交流电能的一种电力电子变换器。其变换效率较高，但变换输出波形较差，含有相当多谐波成分的波形，因而需要进行交流低通滤波器的滤波。

在风光互补发电系统中，负载大部分为交流负载，而蓄电池中存储的是直流电，应通过逆变器把蓄电池中的直流电变成标准的220V交流电，所以逆变器的转换效率和稳定性直接影响到整个系统的转换效率和稳定性。由于蓄电池电压随充放电状态改变而变动较大，要求逆变器能在较大的直流电压范围内正常工作，而且保证输出电压的稳定。

(6) 直流负载

直流负载主要是指以直流电为动力的装置或设备，如直流电动机、高强度LED发光管等。

(7) 交流负载

交流负载主要是指以交流电为动力的装置或设备，如日常家用电器、交流电动机等。

6.2.2 系统的特点

当前可利用的几种可再生能源中，风能和太阳能由于具有分布广泛，取之不尽，用之不

竭，就地取材，无污染等优点被广泛利用。但受其能量密度低、能量稳定性差等缺点的影响，两者的利用也受到一定的制约。太阳能和风能都是相对不稳定、不连续的能源，用于无电网地区，需配备大量的储能设备，使得系统的耗费大大增加。而中国属于季风性气候，一般冬季风大，太阳辐射小；夏季风小，太阳辐射大。两种资源正好可以相互补充利用。因此，采用风光互补发电系统可以很好地克服风能和太阳能提供能量的随机性和间歇性的缺点，实现不间断供电。风光互补发电系统与单独的风电系统和光电系统相比有着明显的优势。

首先，利用太阳能和风能的互补特性，可以产生比较稳定的总输出，增加了系统的稳定性和可靠性。在风、光资源丰富并且互补性较好的地区，合理匹配设计的风光互补发电系统可以满足用户较大的用电需求，并能达到一年四季均衡供电。这是采用单一风力或太阳能发电无法达到的。

其次，在保证同样供电的情况下，风光互补发电系统所需的蓄电池容量远远小于单一风力或太阳能发电系统，且通过系统匹配的优化设计，太阳能电池板容量降低，避免了因昂贵太阳能电池带来的系统的高成本。同时，风电和光电系统在蓄电池组和逆变环节是可以通用的，所以风光互补发电系统的造价可以降低，系统成本趋于合理。

再次，充分利用了自然资源，大大增加了对蓄电池的有效充电时间，改善了蓄电池的工作条件，通过选择合理的蓄电池充放电控制策略，更能延长蓄电池的使用寿命，减少系统的维护。

风光互补发电系统与单一风力发电系统或光伏发电系统相比也存在一些不足之处。例如系统设计较为复杂，对系统的控制和管理要求较高。另外，由于风光互补发电系统存在着两种类型的发电单元，与单一发电方式相比，增加了维护工作的难度和工作量。

总之，风光互补发电系统可以根据用户的用电负荷情况和资源条件进行系统容量的合理配置，无论是怎样的环境和怎样的用电要求，风光互补发电系统都可做出最优化的系统设计方案，既可保证系统供电的可靠性，又可降低发电系统的造价。应该说，风光互补发电系统是最合理的独立电源系统。

6.2.3 光伏电池发电原理及其特性

(1) 光伏电池发电原理

光伏电池又称太阳能电池，其发电原理是以利用半导体 PN 结接受太阳光照产生光生伏打效应（简称光伏效应）为基础，将太阳能直接转换成电能的器件。所谓光生伏打效应就是半导体吸收光能后在 PN 结上产生电动势的现象。当太阳光照射到太阳能电池上时，产生光生电子-空穴对。在电池的内建电场作用下，光生电子和空穴被分离，太阳能电池的两端出现异号电荷的积累，即产生"光生电压"U_{ph}。若在内建电场的两侧引出电极并接上负载 R，则在负载中就有"光生电流"I_{ph} 流过，从而获得功率输出。这样，太阳光能就直接变成可使用的电能。其工作原理如图 6-5 所示。

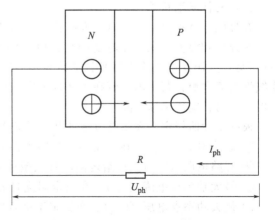

图 6-5 太阳能电池工作原理

(2) 光伏电池

按照材料的不同可分为如下三类。

1) 硅太阳能电池　这种电池是以硅为基体材料的太阳能电池，如单晶硅太阳能电池、多晶硅太阳能电池、非晶硅太阳能电池等。制作多晶硅太阳能电池的材料，用纯度不太高的太阳级硅即可。而太阳级硅由冶金级硅用简单的工艺就可以制成。多晶硅材料又有带状硅、铸造硅、薄膜多晶硅等多种。用它们制造的太阳能电池有薄膜和片状两种。

2) 硫化镉太阳能电池　这种电池是以硫化镉单晶或多晶为基体材料的太阳能电池，如硫化亚铜/硫化镉太阳能电池、碲化镉/硫化镉太阳能电池、铜铟硒/硫化镉太阳能电池等。

3) 砷化镓太阳能电池　这种电池是以砷化镓为基体材料的太阳能电池，如同质结砷化镓太阳能电池、异质结砷化镓太阳能电池等。

(3) 光伏阵列分类

单体太阳能电池不能直接作为电源使用。在实际应用时，是按照电性能的要求，将几片或几十片单体太阳能电池串联、并联连接起来，经过封装，组成一个可以单独作为电源使用的最小单元，即太阳能电池组件。太阳能电池方阵，则是由若干个太阳能电池组件串联、并联连接而排列成的阵列。具体分类如下。

1) 平板式光伏阵列　将若干电池单元按平板结构组装在一起，且所有光伏电池均朝相同方向。此时光伏阵列直接收集自然照射来的太阳光。光伏阵列可固定安装，也可安装成定向形式。该技术成熟、安装方便、维护简单，因此应用最为广泛。

2) 曲面式光伏阵列　直接将光伏电池片贴在应用场地或物体上，如圆弧形、多棱形、圆锥形的房顶和飞行器等。电池片可贴在凸面，也可贴在凹面。其安装较为复杂，太阳遮挡的概率较高，适用于空间飞行器或附加太阳跟踪装置。

3) 聚光式光伏阵列　通过反射镜或折射镜将太阳光聚集到一小块光伏电池上。该方式可增加单位面积的光照强度，使单位光伏阵列得到更多的电能。但与此同时电池板将工作在较高的温度下。此外还需附加太阳跟踪装置，由此会带来跟踪装置的维护及光伏阵列在高温下工作的可靠性等问题。

4) 定向安装式光伏阵列　将光伏电池安装在特有的定向装置上，使得光伏电池表面总是面向太阳旋转，以获得最大的功率输出。这种定向装置也称为太阳跟踪器。跟踪器又可分为单轴跟踪和双轴跟踪。跟踪运行可以是连续的，也可以是间隙的。

(4) 光伏电池特性

在日照强度和温度一定时，太阳能电池的特性曲线如图 6-6 所示。该图表明在某一确定的光照强度和温度下太阳能电池的输出电流和输出电压之间的关系，简称 $I\text{-}U$ 特性。由图 6-6 可见，太阳能电池的 $I\text{-}U$ 特性曲线表明太阳能电池既非恒压源，也非恒流源，而是一种非线性直流电源，其输出电流在大部分工作电压范围内相当恒定，但电压升高到一个足够高的电压之后，电压迅速下降至零。

根据特性曲线定义太阳能电池的几个重要参数如下。

① 短路电流（I_{sc}）。在给定温度日照条件下所能输出的最大电流。

② 开路电压（U_{oc}）。在给定温度日照条件下所能输出的最大电压。

③ 最大功率点电流（I_m）。在给定温度日照条件下最大功率点上的电流。

④ 最大功率点电压（U_m）。在给定温度日照条件下最大功率点上的电压。

⑤ 最大功率点功率（P_m）。在给定温度日照下所能输出的最大功率 $P_m = I_m U_m$。

改变光照强度而保持其他条件不变，得到一组不同日照量下的 I-U 和 P-U 特性曲线，如图 6-7(a)、(b) 所示。由图 6-7(b) 可见，短路电流 I_{sc} 线性地与光照强度成正比，而开路电压的变化很慢。

改变温度而保持其他条件不变，得到一组不同温度下的 I-U 和 P-U 特性曲线，如图 6-8(a)、(b) 所示。当电池温度发生变化时，由图 6-8(b) 可见，开路电压 U_{oc} 线性地随电池温度变化，而短路电流 I_{sc} 略微变化。这里指的是太阳能电池温度的变化，而不是环境温度。

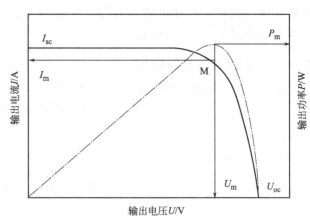

图 6-6 太阳能电池特性曲线

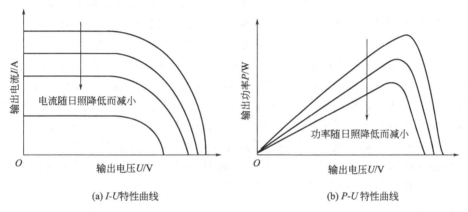

(a) I-U 特性曲线   (b) P-U 特性曲线

图 6-7 不同日照下 I-U 和 P-U 特性曲线

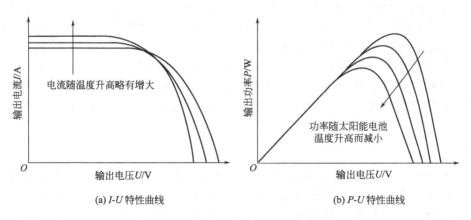

(a) I-U 特性曲线   (b) P-U 特性曲线

图 6-8 不同温度下 I-U 和 P-U 特性曲线

由以上图示可以得出以下结论：在一定温度、日照条件下，太阳能电池的输出功率具有最大值，而太阳能电池一天中的最大功率点轨迹接近于某一恒压，即温度变化对太阳能电池的输出电压有影响。为了提高太阳能发电系统效率，负载要及时跟踪光伏组件输出的最大功率点电压，这就要求系统能实现最大功率点跟踪。由于太阳能电池最大功率点电压接近恒压,因此可适当选择光伏组件的输出电压与负载工作电压相匹配的参数,以基本满足最大功率点跟踪。

6.2.4 蓄电池充电控制原理

风光互补发电系统中铅酸蓄电池的充电控制方法直接影响到系统的性能。充电控制方法的优劣影响到铅酸蓄电池的荷电量的大小,也关系到蓄电池的使用寿命。选择合理的充电控制方法尤为重要。20 世纪 60 年代中期,美国科学家马斯对敞口蓄电池的充电过程作了大量的实验研究,并提出了以最低出气率为前提的,蓄电池可接受的最佳充电曲线。如图 6-9 所示,这条轨迹是一条指数函数曲线。

在充电过程中,任何时间 t 的蓄电池可接受电流值可表示为:

$$i = I_0 e^{-at}$$

式中,I_0 为 $t=0$ 时最大初始电流值;i 为任意时刻蓄电池可接受电流值;a 为衰减常数,是蓄电池充电电流接受比;e 为自然常数。

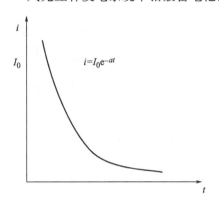

图 6-9 蓄电池最佳充电曲线

如果充电电流按图 6-9 所示曲线变化,可以大大缩短充电时间,并且对电池的容量和寿命也没有影响。大于该指数函数曲线规定的任何充电电流,均不能提高充电效率,而只会增加出气量。反之,小于该指数函数曲线规定的任何充电电流,只会增加充电时间。基于此,目前蓄电池快速充电技术的研究正成为一个热门课题。然而,快速充电一般是在充电电源较稳定的条件下实现的,对于风光互补发电系统来说,虽然较之单独风力发电或单独太阳能发电供电质量稳定很多,但还是有一定的随机性和间歇性的。目前蓄电池充电方法主要包括恒流充电、恒压充电、两阶段和三阶段充电等方法。

(1) 恒流充电

恒流充电就是以固定不变的电流对蓄电池进行充电,在充电过程中随着蓄电池端电压的变化要进行电流调整,使之不变。这种方法适合于对多个蓄电池串联组成的蓄电池组进行充电。其充电电流与电压关系如图 6-10 所示。

该方法的主要缺点是开始阶段的充电电压过小,而充电后期充电电压又过大,所以整个充电过程时间长,析气多,对极板的冲击大,能耗高,充电效率低。近些年出现了改进型的分段恒流充电,该种方法在充电后期将电流减小,一定程度上削弱了以上的缺点。

(2) 恒压充电

恒压充电就是以一恒定电压对蓄电池进行充电。在充电初期由于铅酸蓄电池电压较低,充电电流较大,但随着蓄电池电压的逐渐升高,电流逐渐减小。在充电末期只有很小的电流通过,这样充电过程中就不必调整电流。相对恒流充电来说,该种方法的充电电流自动减小,所以充电过程中析气量小,充电时间短,能耗低,其充电特性曲线如图 6-11 所示。

这种充电方法不足之处在于:在充电初期,如果铅酸蓄电池放电深度过深,充电电流会很大,不仅危及充电器的安全,而且铅酸蓄电池可能因过流而受到损伤;如果铅酸蓄电池电压过低,后期充电电流又过小,充电时间过长,不适合串联数量多的铅酸蓄电池组充电。这

第6章 互补运行发电系统

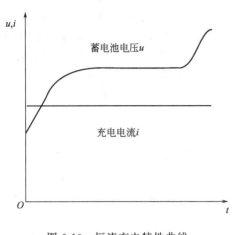

图 6-10 恒流充电特性曲线

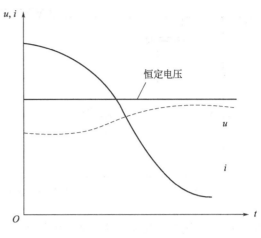

图 6-11 恒压充电特性曲线

种充电方法在小型的太阳能光伏发电系统中经常用到,因为这种系统中来自太阳能电池阵列的电流不会太大,而且这种系统中铅酸蓄电池组串联不多。

(3) 分阶段充电法

这种方法是为了克服恒流与恒压充电的缺点而提出的一种充电策略。它首先对蓄电池采用恒流充电方式充电,蓄电池充电到达一定容量后,然后采用恒压充电方式充电。采用这种充电方式,在充电初期,蓄电池不会出现很大的电流,在充电后期也不会出现蓄电池电压过高,使其产生析气。在两阶段充电完毕后,蓄电池容量已经达到额定容量时,再继续以很小的电流向蓄电池充电以弥补蓄电池由于自放电损失的电量,这种以小电流充电的方式也称为浮充。也就是说此时蓄电池是在浮充制下运行的。其充电特性曲线如图 6-12 所示。

在风光互补发电系统中,风机和太阳能发出的电能需要通过充电器才能存储到蓄电池当中,而蓄电池充电器实质上就是一个 DC/DC 变换器。而且风机和太阳能电池的输出电压一般需要进行必要的降压之后才能对蓄电池充电,本节以 Buck 型 DC/DC 变换器为例阐述其控制原理。作为蓄电池充电器的主体部分,其原理图如图 6-13 所示。

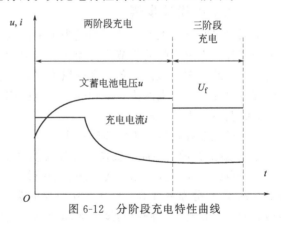

图 6-12 分阶段充电特性曲线

如图 6-13 所示,通过在功率开关管的控制端施加周期一定、占空比可调的驱动信号,使其工作在开关状态。当开关管 Q 导通时,二极管 VD 截止。此时风力机及太阳能电池板产生的电能通过电感向负载供电,该系统中即是对蓄电池充电,同时电感能量增加;当开关管关断时,电感释放能量使二极管导通,在此阶段,电感 L 把前一段积累的能量向负载释放,使输出电压极性不变且比较平直。滤波电容 C 使输出电压的纹波进一步减小。DC/DC 变换器的输入阻抗大小,可以通过控制开光管的占空比来人为改变。这种特性正好利用在本系统中。DC/DC 变换器相当于风力发电机和太阳能电池的负载,负载阻抗可调,这样可以通过调节负载阻抗来使输出功率达到最大,有效地利用风能和太阳能。

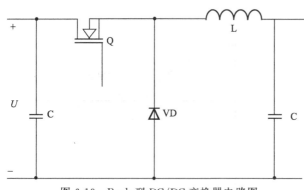

图 6-13 Buck 型 DC/DC 变换器电路图

1) 蓄电池充电注意事项

① 有充电设备。在有充电设备的条件下，干荷式蓄电池加电解液后，静置 20～30min 即可使用。若有充电设备，应先进行 4～5h 的补充充电，这样可充分发挥蓄电池的工作效率。

② 无充电设备。在没有充电设备的条件下，开始工作后的 4～5h 不要启动用电设备，而是用太阳能电池方阵对蓄电池进行初充电，待蓄电池冒出剧烈气泡时方可启动用电设备。

③ 勿接反电极。充电时误把蓄电池的正、负极接反，如蓄电池尚未受到严重损坏，应立即将电极调换，并采用小电流对蓄电池充电，直至测得电解液密度和电压均恢复正常后，方可启用。

2) 蓄电池亏电情况的判断　使用小的蓄电池，常常由于以下原因而造成亏电。

① 在太阳能资源较差的地方，由于太阳能电池方阵不能保证设备供电的要求而使蓄电池充电不足。

② 在每年冬季或连续几天无日照的情况下，照常使用用电设备而造成蓄电池亏电。

③ 启用电器的耗能匹配超过太阳能电池方阵的有效输出能量。

④ 几块太阳能电池串联使用时，其中一块电池由于过载而导致整个电池组亏电。

⑤ 长时间使用一块太阳能电池中的几个单格而导致整块电池亏电。

6.2.5　系统的设计步骤

采用风光互补发电系统的目的是为了更高效地利用可再生能源，实现风力发电与太阳光发电的互补。在风力强的季节或时间内以风力发电为主，以太阳光发电为辅向负荷供电。中国西北、华北、东北地区，冬、春季风力强，夏秋季风力弱，但太阳辐射强，从资源的利用上恰好可以互补。在电网覆盖不到的偏远地区或海岛，利用风光互补发电系统是一种合理的和可靠的获得电力的方法。

设计风光互补发电系统的步骤如下：

① 汇集及测量当地风能资源、太阳能资源、其他天气及地理环境数据。包括每月的风速、风向数据、年风频数据、每年最长的持续无风时数、每年最大的风速及发生的月份、韦布尔（weble）分布系数等；全年太阳日照时数、在水平面上全年每平方米面积上接收的太阳辐射能、在具有一定倾斜角度的太阳能电池组件表面上每天太阳辐射峰值时数及太阳辐射能等；当地的纬度、经度、海拔、最长连续阴雨天数、年最高气温及发生的月份、年最低气温及发生的月份等。

② 当地负荷状况，包括负荷性质、负荷的工作电压、负荷的额定功率，全天耗电量等。

③ 确定风力发电及太阳光发电分担的向负荷供电的份额。

④ 根据确定的负荷份额计算风力发电及太阳光发电装置的容量。

⑤ 选择风力发电机及太阳光电池阵列的型号，确定及优化系统的结构。

⑥ 确定系统内其他部件（蓄电池、整流器、逆变器及控制器、辅助后备电源等）。

⑦ 编制整个系统的投资预算及计算电度（kW·h）发电成本。

6.2.6 风光互补发电系统的应用前景

风光互补发电系统因其自身众多优点在很多领域得到了广泛应用。在远离电网的边远地区，独立供电系统就成为人们最需要的供电方式，如部队边防哨所、邮电通信中继站、公路和铁路信号站、地质勘探和野外考察工作站、野外便携设备、远航渔船、偏远的农牧民区等都需要低成本、高可靠性的独立电源系统。风光互补发电系统特别适用于风力和阳光资源丰富的地区，如草原、海岛、沙漠、山区、林场等；风光互补发电系统还可用于城市的住宅小区和环境工程，如照明路灯、庭院、草坪、景观灯、广场、公园、公共设施、广告牌等。该项技术在风景名胜区和市政部门进行推广，不仅具有重要的节能环保意义，又兼具美化环境的社会效益。此外，随着光伏电池价格的降低和并网技术的日益成熟，风光互补系统还可以做大并入电网供电。

(1) 无电农村的生活、生产用电

中国现有9亿人口生活在农村，其中5%左右目前还未能用上电。在中国无电乡村往往位于风能和太阳能蕴藏量丰富的地区。因此利用风光互补发电系统解决用电问题的潜力很大。采用已达到标准化的风光互补发电系统有利于加速这些地区的经济发展，提高其经济水平。另外，利用风光互补系统开发储量丰富的可再生能源，可以为广大边远地区的农村人口提供最适宜也最便宜的电力服务，促进贫困地区经济的可持续发展。

我国已经建成了千余个可再生能源的独立运行村落集中供电系统。但是这些系统都只提供照明和生活用电，不能为生产性负载供电，这就使系统的经济性变得非常差。可再生能源独立运行村落集中供电系统的出路是经济上的可持续运行，但涉及系统的所有权、管理机制、电费标准、生产性负载的管理、电站政府补贴资金来源、数量和分配渠道等。这种可持续发展模式，对中国在内的所有发展中国家都有深远意义。

(2) 半导体室外照明中的应用

世界上室外照明工程的耗电量占全球发电量的12%左右，在全球日趋紧张的能源和环保背景下，它的节能工作日益引起全世界的关注。

基本原理是：太阳能和风能以互补形式通过控制器向蓄电池智能化充电，到晚间根据光线强弱程度自动开启和关闭各类LED室外灯具。智能化控制器具有无线传感网络通信功能，可以和后台计算机实现三遥管理（遥测、遥讯、遥控）。智能化控制器还具有强大的人工智能功能，对整个照明工程实施先进的计算机三遥管理，重点是照明灯具的运行状况巡检及故障和防盗报警。

室外道路照明工程主要包括车行道路照明工程（快速道/主干道/次干道/支路）和小区（广义）道路照明工程（小区路灯/庭院灯/草坪灯/地埋灯/壁灯等）。

目前已被开发的新能源新光源室外照明工程有风光互补LED智能化路灯、风光互补LED小区道路照明工程、风光互补LED景观照明工程、风光互补LED智能化隧道照明工程、智能化LED路灯等，其工作原理如图6-14所示。

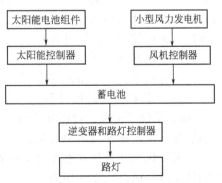

图6-14 风光互补路灯工作原理图

(3) 航标上的应用

我国部分地区的航标已经应用了太阳能发电，

特别是灯塔桩。但是也存在着一些问题，最突出的就是在连续天气不良状况下太阳能发电不足，易造成电池过度放电，灯光熄灭，影响了电池的使用性能或损毁。冬季和春季太阳能发电不足的问题尤为严重。

　　天气不良情况下往往是伴随大风，也就是说，太阳能发电不理想的天气状况往往是风能最丰富的时候。针对这种情况，可以用以风力发电为主，光伏发电为辅的风光互补发电系统代替传统的太阳能发电系统。风光互补发电系统具有环保、无污染、免维护、安装使用方便等特点，符合航标能源应用要求。在太阳能配置满足夏秋季能源供应的情况下，不启动风光互补发电系统；在冬春季或连续天气不良状况、太阳能发电不良情况下，启动风光互补发电系统。由此可见，风光互补发电系统在航标上的应用具备了季节性和气候性的特点。

　　(4) 监控摄像机电源中的应用

　　目前，高速公路道路摄像机通常是 24 小时不间断运行，采用传统的市电电源系统，虽然功率不大，但是因为数量多，也会消耗不少电能，采用传统电源系统不利于节能。并且由于摄像机电源的线缆经常被盗，损失大，造成使用维护费用大大增加，加大了高速公路经营单位的运营成本。

　　应用风光互补发电系统为道路监控摄像机提供电源，不仅节能，并且不需要铺设线缆，减少了被盗的可能，有效防盗。但是我国有的地区会出现恶劣的天气情况，如连续灰霾天气，日照少，风力达不到起风风力，会出现不能连续供电现象。可以利用原有的市电线路，在太阳能和风能不足时自动对蓄电池充电，确保系统正常工作。

　　(5) 通信基站中的应用

　　目前国内许多海岛、山区等地远离电网，但由于当地旅游、渔业、航海等行业有通信需要，需要建立通信基站。这些基站用电负荷都不会很大，若采用市电供电，架杆铺线代价很大，若采用柴油机供电，存在柴油储运成本高、系统维护困难、可靠性不高的问题。

　　要解决长期稳定可靠的供电问题，只能依赖当地的自然资源。而太阳能和风能作为取之不尽的可再生资源，在海岛相当丰富。此外，太阳能和风能在时间上和地域上都有很强的互补性，海岛风光互补发电系统是可靠性、经济性较好的独立电源系统，适合用于通信基站供电。由于基站有基站维护人员，系统可配置柴油发电机，以备太阳能与风能发电不足时使用。这样可以减小系统中太阳能电池方阵与风机的容量，从而降低系统成本，同时增加系统的可靠性。

　　(6) 抽水蓄能电站中的应用

　　风光互补抽水蓄能电站是利用风能和太阳能发电，不经蓄电池而直接带动抽水机实行补丁时抽水蓄能，然后利用储存的水能实现稳定的发电供电。这种能源开发方式将传统的水能、风能、太阳能等新能源开发相结合，利用三种能源在时空分布上的差异实现期间的互补开发，适用于电网难以覆盖的边远地区，并有利于能源开发中的生态环境保护。

　　风光互补抽水蓄能电站的开发至少满足以下两个条件：

　　① 三种能源在能量转换过程中应保持能量守恒；

　　② 抽水系统所构成的自循环系统的水量保持平衡。

　　虽然与水电站相比成本电价略高，但是可以解决有些地区小水电站冬季不能发电的问题，所以采用风光互补抽水蓄能电站的多能互补开发方式具有独特的技术经济优势，可作为某些满足条件地区的能源利用方案。

　　风光互补发电系统的应用见图 6-15。

图 6-15 风光互补发电系统应用

6.3 风力-柴油互补发电系统

目前，在电网难以覆盖的边远山区或孤立地区，通常采用柴油发电机组来提供必要的生活和生产用电。由于柴油价格高、供应紧张、运输困难等因素，造成柴油发电成本相当高，且不能保证电力的可靠供应。而这些地区特别是海岛大部分有较丰富的风能资源，随着风力发电技术的日趋成熟，其电能的生产成本已经低于柴油发电的成本。采用风力-柴油互补发电系统发电的方式，是目前解决这些边远地区电能供应的比较经济可行的方法。

风力-柴油互补发电系统的目的是向电网覆盖不到的地区（如海岛、牧区等）提供稳定的不间断的电能，减少柴油的消耗，改善环境污染状况。由于各地区的风能资源及负荷情况不同，有多种不同结构形式的风力-柴油互补发电系统。但不论哪种结构形式的风力-柴油联合发电系统的运行，皆应实现如下目标，即：

① 能提供符合电能质量标准的电能；

② 有较好的柴油节油效果；

③ 具有合理的运行控制策略，使系统的运行状况得到优化，尽可能多地利用风能，避免柴油机低负荷运行，减少柴油机启停次数；

④ 具有良好的设备管理维护，减少故障停机，降低发电成本及电价。

风力-柴油互补发电系统能否实现这些目标与下列因素密切相关：

① 系统建立地点的风能资源状况，包括风速、风频、紊流等情况以及其他气象条件，如气温、湿度、沙尘、盐雾等。

② 系统内负荷的性质及变化情况。

③ 系统选用的风力发电机及柴油发电机的性能。
④ 系统内有无蓄能装置。
⑤ 系统的运行方式及控制策略。

6.3.1 系统的组成

风力-柴油互补发电系统基本结构组成框图如图 6-16 所示。不同地区风力资源状况不尽相同，风力-柴油互补发电系统所带负荷差别较大，有的是一般家庭正常生活用电，有的是生产动力用电；有的是短时用电，有的是需要连续供电。因此风力-柴油联合发电系统的结构形式有多种，然而不论哪种结构形式，皆是由图 6-16 所示的基本结构框架演化而来的。

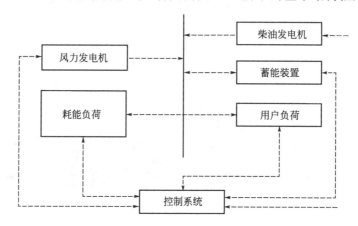

图 6-16　风力-柴油互补发电系统基本结构组成框图

(1) 风力-柴油发电并联运行系统

风力-柴油发电并联运行系统由风力机驱动异步发电机，柴油机驱动同步发电机，两者同时运转，并联后向负荷供电。这种系统是风力-柴油联合发电系统的基本形式。在这种系统中柴油发电机一直不停地运转，即使在风力较强、负荷较小的情况下也必须运转，以供给异步发电机所需要的无功功率。这种系统的优点是结构简单，可实现连续供电，缺点是由于柴油机始终不停地运转，因而柴油的节省效果低。该系统的结构如图 6-17 所示。

由于这种系统是风力发电机与柴油发电机并联运行向负荷供电，因此必须慎重考虑异步发电机（由风力机驱动）向由柴油机驱动的同步发电机电网并网瞬间的电流冲击问题。为了保证系统的稳定与安全，一般对小容量的电网（由小容量的柴油机驱动的同步发电机组成），要求柴油发电机的容量与异步风力发电机的容量之比应大于或等于 2∶1；此比值越大，则并网瞬间电网电压的下降幅度越小，系统越安全稳定。这种由单台异步风力发电机及单台同步柴油发电机组成的并联运行系统，其容量都较小。在运行中，风力机因风速变化，使输出的机械功率变化或系统负载突然发生较大变化，皆可能引起系统电压及频率的变化，而导致对发电机不利。因此，在系统中应对系统的电压及频率进行监控。

(2) 风力-柴油发电交替运行系统及负载控制

在风力-柴油发电交替运行系统中，风力发电机与柴油发电机交替运行向负荷供电，两者在电路上无联系，因此不存在并网问题。但由风力机驱动的发电机采用同步发电机（也可采用电容自励式异步发电机，但需增加电容器及其控制装置，故一般不采用）。这种系统的

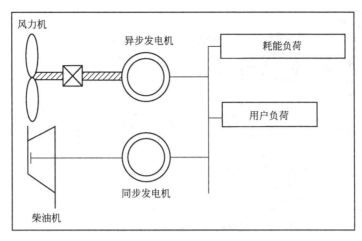

图 6-17　风力-柴油发电并联运行系统

运行方式是根据风力的变化实行负载控制，自动接通或断开某些负荷，以维持系统的平衡。通常是按照用户负荷的重要程度，将用户负荷分为优先负荷、一般负荷及次要负荷等三类。优先负荷所需电能应总是被保证供给，其他两类负荷只是在风力较强时才通过频率传感元件给出信号，依次接通。当风力较弱，对第一类负荷也不能保证供给时，则风力发电机退出运行，柴油发电机自动启动并投入运行；当风力增大并足以供给第一类（优先）负荷的电能时，则柴油机退出运行，自动停机，风力机自动启动，投入运行。这种系统的优点是可以充分地利用风能，柴油机运转的时间被大大减少，因此能达到尽可能多地节约柴油的目的；缺点是交替运行会造成短时间内用户供电中断，而柴油机的频繁启停易导致磨损加快，负荷的频繁通断则可能造成对电器的危害。该系统的结构如图 6-18 所示。

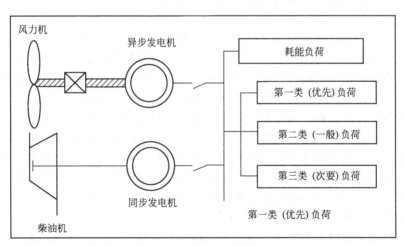

图 6-18　风力-柴油发电交替运行系统

(3) 集成的风力-柴油发电并联运行系统

所谓集成的风力-柴油发电并联运行系统，即是将同步风力发电机发出的变频交流电进行交流-直流-交流（AC-DC-AC）变换，获得恒频恒压交流电，然后再与同步柴油发电机并联，向用户负荷供电。这种系统的结构如图 6-19 所示（也可采用静止整流、旋转逆变的 AC-DC-AC 变换方式）。

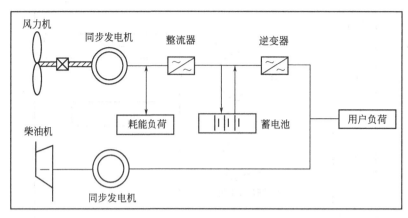

图 6-19 集成的风力-柴油发电并联运行系统

这种系统的优点是风力机可以在变速下运行，因而可以更好地利用风能，系统中的 AC-DC-AC 装置可以实现恒频恒压输出及平抑功率起伏的作用；缺点是 AC-DC-AC 装置中的电力电子器件的费用较高，特别当风力发电机的容量增大时，AC-DC-AC 及蓄电池的容量也将随之增大。使造价增高。

这种系统可以对用户负荷实现连续供电，在用户负荷不变的情况下，若风速降低，则柴油机自动启动投入运行；在无风时，则由柴油发电机向负荷供电。

(4) 具有蓄电池的风力-柴油发电并联运行系统

具有蓄电池的风力-柴油发电并联运行系统与基本型的风力-柴油发电并联系统比较有两点不同：一是在系统组成中增加了蓄能电池及与之串联的双向逆变器；二是在柴油机与同步发电机之间装有一个电磁离合器。与集成的风力-柴油发电并联系统中的蓄电池比较而言，这种系统中蓄电池的容量小，通常可按风力发电机在额定功率下 1~2h 输出的电能来考虑确定其容量。

这种系统当风力变化时能自动转换，实现不同的运行模式。例如当风力较强，来自风力及柴油发电机的电能除了向用户负荷供电外，多余的电能经双向逆变器可向蓄电池充电；反之，当短时间内负荷所需电能超过了风力及柴油发电机所能提供的电能时，则可由蓄电池经双向逆变器向负荷提供所缺欠的电能。当风力很强时，通过电磁离合器的作用，使柴油机与同步发电机断开并停止运转，同步发电机则由蓄电池经双向逆变器供电，变为同步补偿机运行，向网络内的异步风力发电机提供所需的无功功率，此时已是风力发电机单独向负荷供电。当风力减弱时，通过电磁离合器的作用，使柴油机与同步发电机连接并投入运行，由柴油发电机与风力发电机共同向负荷供电。为防止柴油机轻载运行，柴油机应运行于所限定的最低运行功率以上（一般为柴油机额定功率的 25% 以上），多余的电能则可向蓄电池充电或由耗能负荷吸收。该系统的结构如图 6-20 所示。

这种系统的优点是由于蓄电池短时间投入运行，可弥补风电的不足，而不需启动柴油发电机发电来满足负荷所需电能，因此节油效果较好，柴油机启停次数也可减少。这种系统的缺点是投资高，发电成本及电价皆比常规柴油发电要高。

6.3.2 系统的实用性评价

上面介绍了几种风力-柴油互补发电系统的基本结构。风力发电与柴油发电究竟应该采用什么样的互补运行方式，在很大程度上取决于用户的不同需要和当地风力资源条件。一种系统对某种用户可能是最合适的，但不可能对所有的地方都是合适的。如何评价系统的

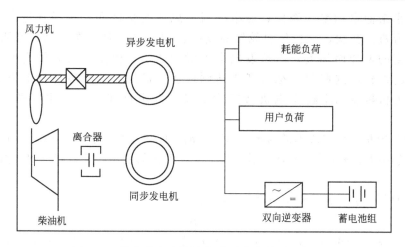

图 6-20 具有蓄电池的风力-柴油发电并联运行系统

实用性,应根据具体的资源及负载情况从以下 3 个方面考虑。

(1) 节油效果

建立风力-柴油互补发电系统的一个目的就是节约柴油,所以节油率是衡量一个风力-柴油互补发电系统是否先进的重要指标之一。20 世纪 80 年代初的风力-柴油互补发电系统,特别是像柴油机必须不停地连续运行的系统,节油率是很低的。从 20 世纪 80 年代中期起,由于系统中逐渐增加了蓄能设施,风能的利用率有了很大提高,系统的节油率普遍上升,到 20 世纪 90 年代初已达到 50% 左右,目前有的系统节油率已达到 70% 以上。

(2) 可靠性

对一个节油效果较好的风力-柴油互补发电系统来说,风电容量一般约占总的系统容量的一半以上,而风速变化的随机性很大,风机功率变化相当频繁,且幅度很大。在互补运行中,系统能否承受这种频繁的大幅度冲击,达到稳定运行,以提供可靠的电能,是风力-柴油互补发电系统成功的技术关键。

(3) 经济性

经济性是评价风力-柴油互补发电系统的另一重要指标。系统的经济性,除了与选择的系统模式有很大关系外,还与风能资源、负载性质与大小、风力发电机组与柴油机组和蓄电池组的容量比例等有很密切的关系。例如,蓄电池容量过大,虽然提高了风能利用率,减少了柴油机启停次数,但设备费用和运行维护费用增加;反之则风能利用率降低,柴油机常处于低负荷、高耗油率运行状况,同样加大了供电成本。因此,对不同的风力-柴油互补发电系统,应以系统的综合供电成本来评价它的经济性。供电成本低的系统显然是良好的系统。

6.3.3 减少系统成本的措施

(1) 影响风力-柴油互补发电系统成本的因素

1) 风机特性对成本的影响 首先,分析额定风速对风力-柴油联合发电系统成本的影响,并假设当额定风速变化时,风力机额定功率不变,风力机价格不变。对于独立的风力柴油联合发电系统,结合风速频率分布表和风力发电机输出功率曲线表,可计算出风力发电机在额定风速变化后带来的发电量的变化,从而可计算出成本变化。但是额定风速的降低往往带来额定功率的降低，应根据当地风速变化区间，选择合适额定风速和额定功率的风力机。其次，分析风机轮轴高度的影响。这主要是在近地面几百米高度内，风速随着高度的增加而加大，自然发电量也就增加了。但是风机轮轴高度的增加必然会增加风机的造价，这些都需综合考虑达到最优。最后，分析风力发电机的转换效率的影响。风力机机械功率经发电机转换为电能，肯定存在一个效率问题，效率越高，成本越低。

2）柴油发电机特性对成本的影响　由于柴油发电机采用柴油来发电，要消耗大量的柴油，因此在使用时影响系统成本的因数主要为柴油消耗的费用，这就归结到柴油发电机的柴油消耗率。

风力-柴油联合系统成本模型中有下式成立：

$$D = P_D K N_D$$

其中，P_D 为柴油价格，元/g；K 为柴油消耗率，g/kW·h；N_D 为系统中柴油发电机组的发电量，kW·h；D 为系统中柴油消耗费用，元。由此式可计算出柴油消耗率变化前后的成本对比。

3）蓄电池组对成本的影响　首先当然是容量问题，较大容量的蓄电池价格也较高。因此，要在保证系统发电稳定的基础上选择合适容量的蓄电池。

(2) 减少系统成本的措施

① 选择好的风能资源地点。

② 根据电站所在地的风力资源特点，以及风力发电机特性，综合考虑选择合适的风力发电机组。

③ 在确保柴油发电机容量和系统安全的基础上，合理选择柴油发电机容量，同时降低柴油发电机的柴油消耗率。

④ 合理选择蓄电池组容量，延长蓄电池组使用寿命。

⑤ 争取长期低息贷款，减轻还贷压力。注意设备维护，增加系统寿命期。

⑥ 对于容量较大的风电机组，由于主要依靠进口，因此可以通过申请减免税收来降低成本。

实训10　风光互补发电系统的安装、调试与维护

一、实训目的

1. 了解风光互补发电系统各部分的组成。
2. 了解风光互补发电系统的安全操作规程。
3. 掌握风光互补发电系统的安装、调试步骤。
4. 熟悉风光互补发电系统的日常维护方法。

二、实训设备

1. 独立运行风光互补发电系统设备一套。
2. 相关安装操作工具一套。
3. 相关检测仪器、仪表一套。

三、实训内容及步骤

1. 选择安装地点

装机地点对于风光互补发电系统的发电量以及安全运行是非常重要的。一个好的装机地点应该具有两个基本的要求：较高的平均风速和较弱的紊流。

风力发电机竖立得尽量高和尽可能地远离障碍物，以得到较大的风速。同时需要考虑安装场地的土质情况，尽量不要选择松软的沙地、高低不平的场地及容易受气候影响而发生改变的场地。选择场地也要考虑从风力发电机的电机部分到蓄电池的距离，距离越短，所用传输电缆就越短，因而传输过程中的耗能也越少。如果必须得有较长的距离，则尽量选择粗的标准电缆。

2. 小型风力发电机组的安装

首先将叶片与轮毂在地面连接好。吊装塔筒并与地基法兰固定牢固。吊装回转体，与塔架上端连接。吊装机舱并与回转体固定。最后吊装叶轮，使之与主轴连接。把动力电缆与控制电缆从机舱内部引到塔筒底部，并与有关设备连接。

3. 太阳能电池组件安装

安装太阳能电池组件，必须以一种适当方式进行牢固固定，并使接线盒置于组件上端（用角钢固定）。太阳能电池组件要求用适当的方位角和倾斜角安装，确保太阳能电池组件得到最优化的性能。安装地点的条件应满足阳光最少一天从上午9：00到下午3：00能够照射到组件。通常组件安装倾斜角等于当地纬度加上$10°\sim20°$，北纬地区朝南安装，南纬地区朝北安装。组件安装结构要经得住风雪等环境应力，安装孔位要能保证合理的安装和机械的受力。所有的接线均应符合相应标准，接线的连接要保证机械和电性能的完好。组件的连接应注意盒内接线端子的"＋"、"－"极性。对于组件与蓄电池的连接，必须有防反充措施，推荐使用充电控制器。所有串联的组件都必须是同一种组件/规格，同电压不同种类规格的组件只能进行并联连接。每一组件均带有防雨淋接线盒，通过接线盒可以方便与外电路连接。组件的结构上应有与大地（结构地）连接的位置，应考虑安装结构的避雷措施。

4. 组织现场观看风光互补发电系统运行状况及日常维护视频。

5. 利用相关仪器、仪表对风光互补发电系统进行调试。

四、实训思考题

1. 遇到特殊情况时应如何放倒风力发电机？
2. 针对不同功率的风光互补发电系统，蓄电池容量应如何配置？

五、实训报告要求

对本项实训内容加以归纳、总结、提高，写出实训报告。实训报告应至少包括以下内容。

1. 实训目的；
2. 实训设备；
3. 实训内容；
4. 实训过程记录；
5. 实训心得体会。

实训11　蓄电池组的安装、常见故障检测与维护

一、实训目的

1. 了解蓄电池组的结构及其工作原理。
2. 了解蓄电池组的安装与安全操作规程。

3. 掌握蓄电池组常见故障检测方法。

4. 熟悉蓄电池组的日常维护方法。

二、实训设备

1. 风光互补发电系统配套蓄电池组一套。

2. 相关安装操作工具一套。

3. 蓄电池容量检测仪一台。

4. 相关检测仪器、仪表一套。

三、实训内容及步骤

1. 蓄电池组的安装

蓄电池组的安装须注意以下要点：安全、布线、温度、腐蚀、通风和灰尘等。蓄电池组既可以放在单独的容器里，也可以放在室内。装有相当小的蓄电池组的器皿，应该用抗腐蚀性材料制成，例如塑料。大的蓄电池组可以装在便于运输的大容器里，也可放在建筑房屋内。任何情况下，都应把蓄电池和系统的其他部分隔离开来。

蓄电池的正确布线，对系统的安全和效率都十分重要。大多数蓄电池组由许多单个蓄电池组成，对这些单个蓄电池进行串、并联，以获得需要的电压和电流特性。任何引起电流和电压不稳定的因素都可能使蓄电池组里的某些单个蓄电池过充电，也可能使某些单个蓄电池充电不足。如果这种情况持续一段时间，可能会使蓄电池永久性损坏。导致蓄电池出现上述问题的原因有连接点接触不良、连接处受腐蚀、连接线过长、过多的并联支路或没有采用防反电路等。

最后，还应注意将标有正、负极的电缆正确地连接到蓄电池组的对应端。此外，应尽量使多支路蓄电池组的每条支路的参数、连接都完全一致。例如，一条支路的蓄电池引线比另一条支路的蓄电池引线长，这可能会增加较长蓄电池引线支路的内部阻抗，使该支路阻抗变大，这样会造成另一条支路的蓄电池过度使用。

2. 蓄电池检测设置

蓄电池容量检测仪要求在检测前向检测仪输入相关信息。把检测仪与蓄电池组连接之后，检测仪就会提醒输入相关信息。

（1）设置蓄电池的型号　用"＜"或"＞"键选择所检测的蓄电池型号，选择的内容被一个闪动的矩形框包围着，按输入键选定响应内容。

（2）设置等级分类标准　用"＜"或"＞"键选择所检测的蓄电池的等级分类标准，所选值被闪动的光标环绕，按输入键选定所选值，检测仪会根据所选的标准输出检测结果。

（3）设置参考等级分类值　蓄电池的参考等级分类值，是制造商在制造蓄电池时就已经决定的。这个值一般都铭刻或粘贴在蓄电池上，如"530CCA"或"EN300A"，都是根据等级分类标准来对蓄电池分类的。检测仪通过比较参考值和检测值，来判读蓄电池损耗了多少容量。

3. 检测

完成检测设置后，系统自动进入初始测试页面，它的标志"SOC"出现在屏幕的左上方，输入键会在警铃/提示屏幕上闪动，按住输入键，可以开始进行蓄电池寿命的检测，并能转换到蓄电池寿命测试页面。接下来可以针对各个检测项目进行分析，主要包括蓄电情况、低电量状态显示、蓄电池电压、蓄电池损坏报警、蓄电池使用寿命检测等。

4. 蓄电池组的日常维护

经常保持蓄电池清洁干燥，要保持通气孔的通畅。当极板或夹头出现氧化物时，应将其擦净，涂上少许黄油以免腐蚀。电解液液面高度应高出无极板防护网10～15mm。液面过低应及时补充蒸馏水，不要补充电解液，无蒸馏水可用雨水或雪水代用，不要用河水和自来水。

四、实训思考题

1. 查阅资料，简述铅酸蓄电池的工作原理。
2. 为什么在检查前要关掉所有与蓄电池组相连的用电元件和充电控制器？

五、实训报告要求

对本项实训内容加以归纳、总结、提高，写出实训报告。实训报告应至少包括以下内容：

1. 实训目的；
2. 实训设备；
3. 实训内容；
4. 实训过程记录；
5. 实训心得体会。

实训12　太阳能电池发电原理研究与分析

一、实训目的

1. 了解太阳能电池发电的原理。
2. 熟悉风光互补发电系统教学平台的操作规程。
3. 掌握太阳能电池相关参数的测量方法。

二、实训设备

1. 风光互补发电系统教学平台一套。
2. 太阳能电池板一组。
3. 光源调光器一个。
4. 相关检测仪器、仪表一套。

三、实训内容及步骤

太阳能电池是一种以PN结上接收太阳光照产生光生伏打效应为基础，直接将太阳光的辐射能量转换为电能的光电半导体薄片，它只要受到光照，瞬间就可输出电压及电流。其原理是：当太阳光照射到半导体表面时，半导体内部N区和P区中原子的价电子受到太阳光子的撞击，获得超脱原子束缚的能量，由此在半导体材料内形成非平衡状态的电子-空穴对。少数电子和空穴或自由碰撞，或在半导体中复合恢复平衡状态。其中复合过程对外不呈现导电作用，属于光伏电池能量自动损耗部分。一般大多数的少数载流子由于PN结对少数载流子的牵引作用而漂移，通过PN结到达对方区域，对外形成与PN势垒电场方向相反的光生电场。一旦接通电路就有电能对外输出。

太阳能电池由P型半导体和N型半导体结合而成，N型半导体中含有较多的空穴，而P型半导体中含有较多的电子。当P型和N型半导体结合时，在结合处会形成势垒电势。如图6-21所示。

电池板在受光照过程中，带正电的空穴往P型区漂移，带负电子的电子往N型区漂移，PN结形成与势垒电场相反的光电电场，电场强度随着电子和空穴不断移动而增强，如图6-22所示。

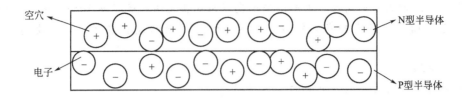

图 6-21 太阳能电池板未受光照状态

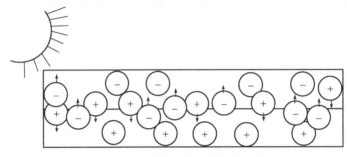

图 6-22 太阳能电池板开始受光照

一段时间后，电子、空穴的漂移和自由扩散达到平衡，光电电场最终达到饱和。在接上连线和负载后，电子从电池板的 N 型区流出，通过负载到 P 型区，就形成电流，如图 6-23 所示。

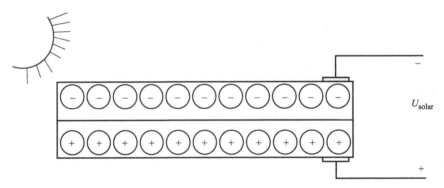

图 6-23 太阳能电池板受光照一段时间后

具体实训步骤如下。

1. 将太阳能电池板与控制器相连的开关打到"断"挡位，确保光源的电源开关处在"断"的挡位，控制器与蓄电池相连的开关打到"断"挡位，逆变器与蓄电池相连的开关打到"断"挡位。用两头是 7 芯的航空插头连接线将太阳能电池板与实验台相连（太阳能板的航空插座与实验台右侧的航空插座）。打开仪表的电源开关，按照图 6-24 连接太阳能电池板开路电压测试电路。

2. 用一头是 7 芯的航空插头连接线将光源调光器与光源的 7 芯航空插座相连，将光源调光器的电源线插到实验台右侧的单相插座。打开光源调光器的电压开关，可观察光源调光器的输出电压，调节其最右侧的旋钮，使其输出初始电压为 4V。

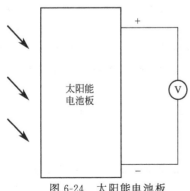

图 6-24 太阳能电池板开路电压测试电路

3.将太阳能电池板正对着光源,将光源的开关打到"开",约几秒后光源点亮,改变光源调光器的输出电压即可改变光源的亮度。用太阳能光照计记录不同光照强度 E,同时记录电压值 U,即为太阳能电池板的开路电压 U_{oc}。

4.重复实验步骤1、2、3,按照图6-25连接太阳能电池板短路电流测试电路。用太阳能光照计记录不同光照强度 E,同时记录电流值 I,即为太阳能电池板的短路电流 I_{sc}。

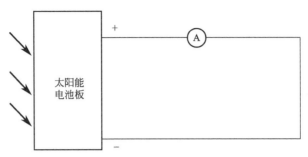

图 6-25 太阳能电池板短路电流测试电路

5.重复实验步骤1、2、3、4,按照图6-26连接太阳能电池板伏安特性测试电路。从大到小调节负载电阻 R,用太阳能光照计记录不同光照强度 E,同时记录电压值 U、电流值 I。

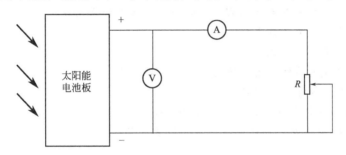

图 6-26 太阳能电池板伏安特性测试电路

6.使用可调负载,接在"TP1"两个测试孔上,按表6-1中的阻值调节可调负载,测量在此光照强度下的负载电阻值、电压值和电流值,计算该负载值时的太阳能电池输出功率和最大功率。

表 6-1 不同负载下太阳能电池的输出特性

编号	负载/Ω	电压/V	电流/mA	功率/mW
1	900			
2	800			
3	700			
4	600			
5	500			
6	400			
7	300			
8	200			

7.测量结束后,切断光源电源(先调节光源调光器逆时针到底,再关闭光源开关),关闭仪表电源,最后关断实验台总电源。拆除实验连接线。

四、实训思考题

1. 不同的光照环境对太阳能电池发电有何影响?
2. 如何提高太阳能电池板的发电效率?

五、实训报告要求

对本项实训内容加以归纳、总结、提高,写出实训报告。实训报告应至少包括以下内容。

1. 实训目的;
2. 实训设备;
3. 实训内容;
4. 实训过程记录;
5. 实训心得体会。

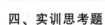

6-1　简述风光互补运行发电系统的特点及其类型。
6-2　风光互补运行发电系统由哪几部分组成?各有什么用途?
6-3　光伏电池的发电原理是什么?
6-4　光伏电池有哪些特性?
6-5　风光互补发电系统中蓄电池的充电有哪些注意事项?
6-6　风光互补发电系统有哪些应用?
6-7　风力-柴油互补发电系统由哪几部分组成?
6-8　影响风力-柴油互补发电系统成本的因素有哪些?

第 7 章 并网运行风力发电系统

由于风电本身具有不可控、不可调的特征，造成风电出力的随机性和间歇性，而电网必须连续、安全、可靠、稳定地向客户提供频率、电压合格的优质电力，因此，并网运行风力发电系统对电网安全、优质、经济运行起着至关重要的作用。

7.1 恒速恒频发电机的并网运行

一般来说，恒速恒频发电机并网控制系统比较简单。根据发电机种类不同，采用不同的并网方法。同步发电机和感应发电机并网运行控制的方法各不相同，前者运行于由发电机极数和频率所决定的同步转速，后者则以稍高于同步转速运行。

7.1.1 同步发电机的并网运行控制

由于同步发电机有固定的旋转方向，只要使发电机的输出端与电网各相互相对应，即可满足并网条件的要求。

风向传感器测出风向，并使偏航控制器动作，使风力发电机组对准风向。当风速超过切入风速时，桨距控制器调节叶片桨距角，使风力发电机组启动。当发电机被风力发电机组带到接近同步转速时，励磁调节器动作，向发电机供给励磁，并调节励磁电流使发电机的端电压接近于电网电压。在发电机被加速，几乎达到同步速度时，发电机的电动势或端电压的幅值将大致与电网电压相同。它们频率之间的很小差别将使发电机的端电压和电网电压之间的相位差在 0°～360°的范围内缓慢地变化。检测出断路器两侧的电位差，当其为零或非常小时，就可使断路器合闸并网。由于自整步的作用，合闸后只要转子转速接近同步转速，就可以将发电机牵入同步，使发电机与电网的频率保持完全相同。

以上过程可以通过微机自动检测和操作。这种同步机并网方式,可使并网时的瞬态电流减至最小,因而风力发电机组和电网受到的冲击也最小。但是要求风力发电机组调速器调节转速,使发电机频率与电网频率的偏差达到容许值时方可并网,因此对调速器的要求较高。如果并网时刻控制不当,则有可能产生较大的冲击电流,甚至并网失败。另外,实现上述同步并网所需要的控制系统,一般不是很便宜的,将占小型风力发电机组整个成本相当大的部分。由于这个原因,同步发电机一般用于较大型的风力发电机组。

同步发电机交流-直流-交流系统与电网并联运行的特点如下。

① 由于采用频率变换装置进行输出控制,因此并网时没有电流冲击,对系统几乎没有影响。

② 采用交流-直流-交流转换方式,同步发电机组工作频率与电网频率是彼此独立的,风轮及发电机的转速可以变化,不必担心发生同步发电机直接并网运行可能出现的失步问题。

③ 由于频率变换装置采用静态自励式逆变器,虽然可以调节无功功率,但是有高频电流流向电网。

④ 在风电系统中使用阻抗匹配和功率跟踪反馈来调节输出负荷,可使风力发电机组按最佳效率运行,向电网输送更多的电能。

7.1.2 感应发电机的并网运行控制

(1) 电机并网

感应发电机可以直接并入电网,也可以通过晶闸管调压装置与电网连接。感应发电机的并网条件如下。

第一,转子转向应与定子旋转磁场转向一致,即感应发电机的相序和电网相序相同;第二,应尽可能在发电机转速接近同步转速时并网。

并网的第一个条件是必需的,否则发电机并网后将处于电磁制动状态,因此在接线时应调整好相序。第二个条件不是非常严格,不过愈是接近同步转速并网,冲击电流衰减的时间愈短。当风速达到启动条件时风力发电机组启动,感应发电机被带到同步转速附近时(一般为同步转速的98%~100%)合闸并网。因为发电机并网时本身无电压,所以并网时必将伴随一个过渡过程,流过额定电流5~6倍的冲击电流,一般零点几秒后即可转入稳态。虽然感应发电机并网时的转速对过渡过程的时间有一定影响,但一般来说问题不大,所以对风力发电机并网合闸时的转速要求不是非常严格,并网比较简单。

风力发电机组与大电网并联时,合闸瞬间的冲击电流对发电机及大电网的安全运行不会有太大的影响。对于小容量的电网系统,并联瞬间会引起电网电压大幅度下跌,从而影响电网上其他电气设备的正常运行,甚至会影响到小电网系统的稳定与安全。为了抑制并网时的冲击电流,可以在感应发电机与三相电网之间串接电抗器,使系统电压不致下跌过大,待并网过渡过程结束后,再将其短接。对于较大型的风力发电机组,目前比较先进的并网方法是采用双向晶闸管控制的软投入法,如图7-1所示。当风力发电机组将发电机带到同步转速附近时,发电机输出端的短路器闭合,使发电机组经双向晶闸管与电网连接,双向晶闸管触发角由180°~0°逐渐打开,双向晶闸管的导通角由0°~180°通过电流反馈对双向晶闸管导通角进行控制,将并网时的冲击电流限制在额定电流的1.5倍以内,从而得到一个比较平滑的并网过程。瞬态过程结束后,微处理机发出信号,利用一组开关将双向晶闸管短接,从而结束了风力发电机的并网过程,进入正常发电运行。

(2) 并网运行时的功率输出

感应发电机并网运行时,它向电网送出的电流大小及功率因数,取决于转差率 s 及发电

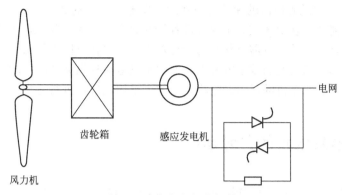

图 7-1 感应发电机的软并网

机的参数。前者与感应发电机负载的大小有关，对于设计好的发电机来说，后者是给定的数值，因此这些量都不能加以控制或调节。并网后，发电机运行在其转矩-转速曲线的稳定区（见图 7-2）。当风力发电机组传给发电机的机械功率及转矩随风速而增加时，发电机的输出功率及其转矩也相应增大，原先的转矩平衡点 A_1 沿其运行特性曲线移至转速较前稍高的一个新的平衡点 A_2，继续平稳运行。但当发电机的输出功率超过其最大转矩所对应的功率时，其反向转矩减小，从而导致转速迅速升高，在电网上引起飞车，这是十分危险的。为此必须具有合理可靠的失速叶片或限速机构，保证风速超过额定风速或阵风时，从风力发电机组输入的机械功率被限制在一个最大值范围内，保证发电机的输出电功率不超过其最大转矩所对应的功率值。

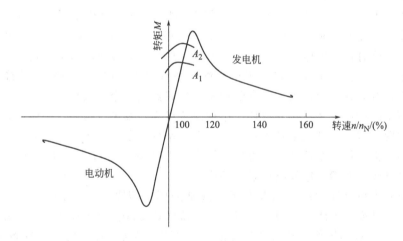

图 7-2 感应发电机的转矩-转速特性曲线

需要指出的是，感应发电机的最大转矩与电网电压的平方成正比，电网电压下降会导致发电机的最大转矩成平方关系下降。如果电网电压严重下降，会引起转子飞车；相反，如果电网电压上升过高，会导致发电机励磁电流增加，功率因数下降，并有可能造成发电机过载运行。所以，对于小容量电网应该配备可靠的过电压和欠电压保护装置，另一方面要求选用过载能力强的发电机。

(3) 无功功率及其补偿

感应发电机需要落后的无功功率，主要是为了励磁的需要，另外也为了供应定子和转子漏磁所消耗的无功功率。单就前一项来说，一般大、中型感应发电机的励磁电流约为额定电流的 20%～25%，因而励磁所需的无功功率就达到发电机容量的 20%～25%，再加上第二项，感应发电机总共所需的无功功率应大于发电机容量的 20%～25%。接在电网上的负载，一般来说，其功率因数都是落后的，也需要落后的无功功率，而接在电网上的感应发电机也需从电网吸取落后的无功功率，这无疑加重了电网上其他同步发电机提供无功功率的负担，造成不利的影响。所以对配置感应发电机的风力发电机，通常要采用电容器进行适当的无功补偿。

7.2 变速恒频发电机的并网运行

变速恒频风力发电技术与恒频恒速风力发电技术相比具有显著的优势。首先大大提高了风能转换效率，显著降低了由风施加到风力机上的作用力。其次通过对发电机转子交流励磁电流幅值、频率和相位可调的控制，实现了变速下的恒频运行。通过矢量变换控制，还能实现输出有功功率和无功功率的解耦控制，提高电力系统调节的灵活性和动静态稳定性。

变速恒频风力发电机组的一个重要优点是，风力发电机组在很大风速范围内按最佳效率运行。从风力发电机组的运行原理分析，要求风力发电机组的转速与风速成正比，并保持一个恒定的最佳叶尖速比，从而使风力发电机组风轮的风能利用系数 C_P 保持最大值不变，风力发电机组能输出最大的功率。因此，要求变速恒频风力发电机组除了能够稳定可靠地并网运行之外，最重要的一点就是要实现最大功率输出控制。

目前具有实用价值的并网型变速恒频风力发电系统，主要有基于永磁同步发电机和基于双馈感应发电机两种方案。

永磁同步发电机（PMSWG）变速恒频系统通过在同步发电机定子后端安装全功率变换器实现，变速范围比双馈感应发电机宽。全功率变换器可以实现有功/无功的解耦，调节电压和无功功率，弥补前端发电机的不足。该系统一般采用直接驱动或低变比齿轮箱，机组轴向长度大大减小，降低了成本，提高了可靠性。并且由于发电机具有较大的径向空间和表面，散热效果较好，转子惯性大，有利于抑制风速突然变化带来的转速变化。一般采用永磁体励磁，无需励磁绕组以及电刷和滑环，结构简单可靠，发电效率高，与电网连接具有较强的鲁棒性，并网性能好。其主要缺点在于采用全功率变换器成本较高。除此之外，永磁同步发电机其他各方面均优于双馈感应发电机，但实际上随着电机和电力电子技术的大力发展，该系统的价格已经与双馈感应发电机系统相当。

双馈感应发电机（DFIG）变速恒频系统通常采用三相绕线式异步电机在转子上安装变换器改造得到。其变速范围不是很宽，可以在同步转速±30%范围运行，变换器容量为电机容量的 1/3～1/4，成本较低。缺点是有齿轮箱、电刷、滑环，结构复杂，导致可靠性降低，在电网故障下的不间断能力不强，与电网连接的鲁棒性不高。

7.2.1 永磁同步发电机的并网运行控制

(1) 永磁同步发电机交流并网电路

永磁同步发电机交流并网电路的基本作用是，将发电机跟随风速变化发出的变压变频的不稳定电能转换为恒压恒频的稳定电能，并实现良好的正弦波形馈入电网。该电路还要具备最大风能跟踪、定子侧功率因数和网侧功率因数调节功能以及有功/无功的解耦控制功能；还要具有隔离故障的能力；最好还要具备有功功率、无功功率的存储能力，以保证在无风或少风情况下对电网起到稳定支撑的作用。

目前，永磁同步发电机交流并网电路主要有定子 PWM 变换器+并网 PWM 变换器、不控整流器＋并网 PWM 变换器、不控整流器＋BOOST 电路＋并网 PWM 变换器三种结构。

第一种结构控制最灵活，效果最佳，但结构和控制最为复杂，成本较高，且某些功能对于永磁同步发电机交流并网并无必要。永磁同步发电机由于功率无需双向流动，可用不控整流代替可控整流，因此第二种结构最为简单而且成本最低，仅靠并网 PWM 变换器就可完成并网和最大风能跟踪的全部功能，虽然存在定子电流谐波和并网电压低等缺点，但都可以通过一定的措施加以解决，如图 7-3 所示。第三种结构解决了第二种结构并网电压较低的缺点，同时增加了控制的灵活性，但也增加了系统的成本以及复杂性，因此介于前两者之间，是永磁同步发电机并网电路的一个较好选择。

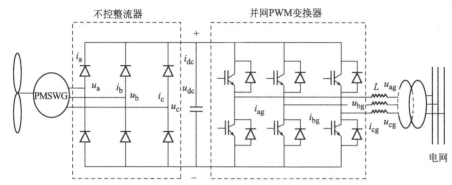

图 7-3　不控整流器加并网 PWM 变换器

鉴于不控整流器＋并网 PWM 变换器是永磁同步发电机并网的最经济可行结构，所以从并网运行的可靠性和控制的简单性出发，采用该结构作为永磁同步发电机的并网电路。

(2) 并网有功/无功功率解耦

图 7-3 所示电路在正常情况下并网电压三相对称且恒定。馈入电网的有功/无功功率在图 7-4(a) 坐标系下的方程为：

$$\begin{cases} P_g = \dfrac{3}{2} U_{mg} I_{mg} \cos\theta \\ Q_g = \dfrac{3}{2} U_{mg} I_{mg} \sin\theta \end{cases} \quad (7\text{-}1)$$

式中　U_{mg}——电网电压；
　　　I_{mg}——电流幅值；
　　　θ——功率因数角。

式(7-1) 存在耦合项，将式(7-1) 进行功率守恒的 3s/2r 坐标变换，得到图 7-4(b) 坐标系下的方程为：

$$\begin{cases} P_g = u_{dg} i_{dg} + u_{qg} i_{qg} \\ Q_g = -u_{dg} i_{dg} + u_{qg} i_{qg} \end{cases} \quad (7\text{-}2)$$

式(7-2) 仍然存在交叉耦合项，也没有实现有功/无功的解耦，由于 3s/2r 并没有选择旋转坐标定向方向，如果选择 q 轴沿着电网电压合成矢量 U_{mg} 的方向 [图 7-4 (c)]，$u_{dg}=0$，$u_{qg}=\sqrt{3/2}\,U_{mg}$，则功率表达式为：

$$\begin{cases} P_g = \sqrt{\dfrac{3}{2}} U_{mg} i_{qg} \\ Q_g = \sqrt{\dfrac{3}{2}} U_{mg} i_{dg} \end{cases} \quad (7\text{-}3)$$

式(7-3) 实现了有功和无功功率的解耦控制，只要计算出电网电压合成矢量方向，再分

别控制 q 轴和 d 轴电流，就可以实现有功和无功的独立控制。

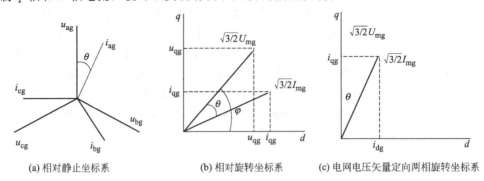

(a) 相对静止坐标系　　(b) 相对旋转坐标系　　(c) 电网电压矢量定向两相旋转坐标系

图 7-4　3 种坐标系下的电压、电流

(3) 并网 PWM 变换器控制直流母线电压原理

图 7-3 系统在稳态情况下，并网 PWM 变换器的功率流动情况如下：

$$P_m = P_g + P_c = \sqrt{\frac{3}{2}} U_{mg} i_{qg} + \frac{C u_{dc} \mathrm{d} u_{dc}}{\mathrm{d} t} \tag{7-4}$$

式中　P_m——发电机输出功率；
　　　P_g——馈入电网有功功率；
　　　P_c——电容功率。

动态增大 i_{qg}，使 P_g 小于 P_m 时，多余的功率流入到直流电容上，u_{dc} 上升；反之减小 i_{qg}，使 P_g 大于 P_m，不够的功率由直流电容补充，电容放电使 u_{dc} 下降。因此只要动态调节 i_{qg}，就可以快速地调节 u_{dc}。

可以看出，并网 PWM 变换器具有较强的反向控制直流母线电压的能力。而直流母线电压与功率、转速等有密切关系。利用上述分析，可以对直流母线电压进行控制，从而可以同时实现并网和最大风能跟踪。

(4) 直接并网方法研究

直接并网方式是以直流电压作为并网参数的并网方法，相比传统的以交流电压作为并网参数的方法，更加简单可行。

由于并网 PWM 变换器能量可以双向流动，因此可以利用并网 PWM 变换器对电容的反向充电功能实现并网。直接并网方式如图 7-5 所示。

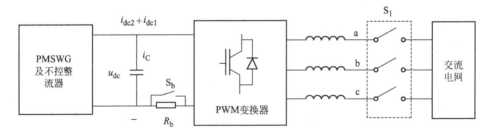

图 7-5　直接并网方式

图 7-5 中，S_1 为并网辅助开关，S_b 为并网主开关，R_b 为直流回路限流电阻。并网前 S_1、S_b 均断开。当准备并网时，S_1 闭合、S_b 仍断开。电网电流 i_{qg} 设置为负的定值。并网 PWM 变换器通过基于电网电压定位的矢量控制，工作于可控整流状态，对电容反向充电，电流从电网流向电容，电阻 R_b 用来限制充电电流。此时永磁同步发电机在风力机的带动下

转速从零上升，同时也对电容充电。当直流电容充电达到交流电网线电压峰值时，S_b 闭合实现并网，同时切换并网 PWM 变换器的算法，使之按照最大风能跟踪算法进行控制。

由于永磁同步发电机转速和直流电容电压上升均是循序渐进的过程，对电网的输出电流也是从零逐渐上升，因此该方法在并网过程中不会对电网产生冲击电流；且该方法无需检测同步信号和原动机调速机构，大大简化了硬件结构和控制方法。

(5) 最大风能跟踪的实现

1) 基于直流母线电压的转速观测　忽略发电机定子电阻和漏抗，转速与直流母线电压之间存在如下关系：

$$\dot{U}_g = \dot{E}_0 - j\dot{I}_g x_a \tag{7-5}$$

式中　U_g——发电机相电压有效值；
　　　I_g——发电机相电流有效值；
　　　x_a——电枢电抗。

当发电机接不控整流器和电容滤波时，电压和电流波形均发生畸变，简单地当作正弦波形处理是不妥的，也难以给出精确的数学描述。但当风速和发电机转速一定时，功率也一定，会有确定的电压电流波形，即：

$$u_{dc} \approx U_{glm} = f_{u_{dc}}(\omega_m, v) \tag{7-6}$$

式中　u_{dc}——直流母线电压；
　　　U_{glm}——整流前线电压幅值。

因此当发电机处于稳态时，转速与直流母线电压具有确定的关系，如图 7-6 所示。

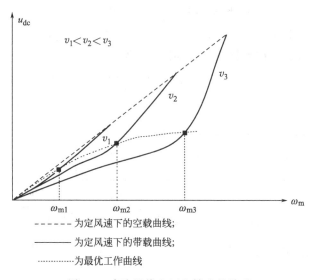

图 7-6　直流母线电压和转速的关系

当风速变大时，同一转速下的功率变大，该转速对应的直流电压下降，曲线往右下旋转偏移。一定风速下的最大功率点对应的 u_{dc}-ω_m 工作点与空载曲线的距离最大且偏右。将不同风速下最大功率点对应的工作点连接起来，就得到 u_{dc}-ω_m 的最优工作曲线（图 7-6）。该曲线对于动态/稳态过程是一致的。基于图 7-6 曲线，就可以实现利用直流母线电压观测转速。

2) 直流电压变步长扰动法　由于并网 PWM 变换器可以直接调节直流母线电压，且稳态情况下转速和直流母线电压具有确定的关系，利用扰动法对直流母线电压变化的每一步扰动都直接反映了转速的变化，因此采用直流母线电压扰动替代转速扰动。

变步长扰动可以提高扰动法速度和精度，因为扰动法的最终目的是将功率扰动到最大点上，因此采用功率变化量作为扰动的变步长值是完全可行的。将扰动量设为功率变化量绝对值的函数：

$$\Delta u_{dc} = f(|\Delta P_g|) \tag{7-7}$$

符合式(7-7)要求的函数中，以$|\Delta P_g|$的乘方运算最为简单。乘方次数越高，跟踪速度越快，稳态精度越高，但过高的乘方运算会加大计算的复杂性。经大量仿真研究比较，$|\Delta P_g|$平方的比例值作为扰动量效果最好。

$$\Delta u_{dc} = k|\Delta P_g|^2 \quad (\Delta u_{dc} \leqslant \Delta u_{dc \cdot max})$$
$$\Delta P_g = P_g(n-1) - P_g(n-2)$$
$$u_{dc}(n) = u_{dc}(n-1) \pm \Delta u_{dc} \text{sgn}[u_{dc}(n-1) - u_{dc}(n-2)] \tag{7-8}$$

式中 k——比例系数。

进行比例运算以使Δu_{dc}适合当前范围，并设置最大限制值。当运行在远离最大功率点时，$|\Delta P_g|^2$、Δu_{dc}较大，跟踪速度较快，使风力发电机快速运行到最大功率点附近；当运行在最大功率点附近时，$|\Delta P_g|^2$、Δu_{dc}较小，使风力发电机保持在最大功率点附近很小的范围内摆动，稳态精度高。

(6) 控制算法流程

当达到启动风速时，永磁同步发电机转动准备并网。并网前，并网开关断开，执行直接并网方法，待直流电压上升到电网线电压峰值后并网。并网后执行直流电压变步长扰动法，每隔ΔT计算一次输入电网有功功率，与上次有功功率相减得到ΔP_g。用$k|\Delta P_g|^2$作为直流电压的扰动值Δu_{dc}，该扰动值与本次测量直流电压相加（减），得到新的直流电压参考值。直流电压参考值通过模糊PI控制得到i_{qg}^*，无功电流i_{qg}^*在一定范围内根据电网需要设定。通过2r/3s坐标变换得到三相期望电流i_{ag}^*、i_{bg}^*、i_{cg}^*，通过电流滞环控制就能简单快速地控制电流实现风能跟踪。控制算法流程如图7-7所示。

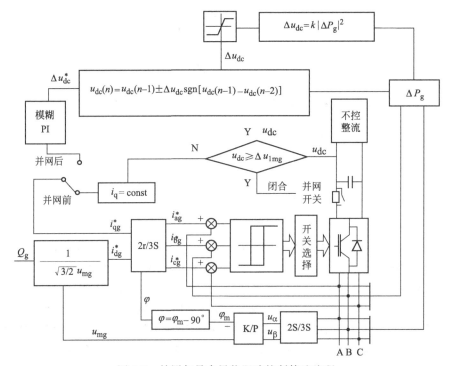

图7-7 并网与最大风能跟踪控制算法流程

总之，永磁同步发电机＋不控整流器＋并网 PWM 变换器是简单可行的变速恒频风力发电系统。直流母线电压是直接并网的目标参数，利用它既可以实现并网，也可以实现最大风能跟踪。基于功率变化量平方值的直流电压变步长扰动值，比传统扰动法性能有了很大提高。

7.2.2 双馈感应发电机的并网运行控制

风电的随机性使风电厂输入系统的有功功率处于不易控制的变化之中，相应的风电场吸收的无功功率也处于变化之中。在系统重负荷或者临近功率极限运行时，风速的突然变化将成为系统电压失稳的扰动。风电场所在地区往往远离负荷中心，处于供电网络的末端，而且需要消耗感性无功功率，系统的电压稳定问题更加突出。

目前国内采用的双馈机组可以根据需要调节无功功率，对系统来说起到了一定的稳压作用。双馈风力发电技术是目前应用最广泛的风力发电技术之一，也被认为是最有前景的风力发电技术方案。双馈风力发电机组采用的发电机为转子交流励磁的双馈发电机。定子绕组直接接入电网，转子绕组由频率、幅值、相位可调的电源供给三相低频励磁电流，在转子中形成一个低速旋转磁场，这个磁场旋转速度与转子的机械转速相加等于定子磁场的同步转速，从而在发电机定子绕组中感应出工频电压。该发电机具有功率因数可调、效率高、变频装置容量小、投资少等优点。

(1) 双馈感应发电机风力发电系统

图 7-8 所示为双馈感应风力发电系统。双馈感应发电机的定子直接和电网连接，绕线转子则通过滑环与变换器相连接。其中，变换器用于控制转子绕组电流，调节发电机输出功率和转矩。也有的采取在转子回路外接电阻的方法，如丹麦 Vestas 的 OptiSlip 就采用该方法实现变速控制。

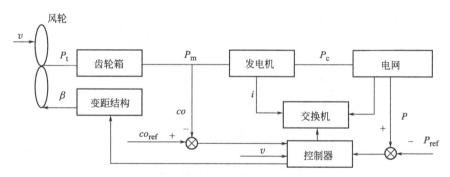

图 7-8 双馈感应风力发电系统

双馈感应发电机工作在一个有限的变速范围，该范围与变换器设计有关。变换器容量为发电机额定功率的 20%～30%，具有相当大的价格优势，变速范围相对于转子外接电阻的 OptiSlip 更大。但是，风力发电机要求电网发生故障时能够实现低电压穿越，而双馈感应发电机系统会产生很大的电流峰值。为了保证系统安全运行，需要采用先进的保护系统。

为获得风能的最大转换效率，目前普遍采用变速恒频矢量控制技术。其主要优点在于通过调节发电机转子电流的大小、频率和相位，从而实现转速的调节，可在很宽的风速范围内保持近乎恒定的最佳叶尖速比，进而实现追求风能最大转换效率；同时，又可以采用一定的控制策略，灵活调节系统的有功功率、无功功率，抑制谐波，减小损耗，提高系统效率。

(2) 并网控制与变换器

定速风力发电系统并网过渡过程，采用晶闸管软切入。过渡过程结束后，立即切除变换器,该变换器并非整个系统的核心。

变速风力发电系统,变换器需要完成在变风速条件下,将风力机输出的频率随风速变化的交流电转换为与电网电压、频率相同,与电网实现柔性连接的交流电,控制、调节风力机以获取最大风能。

交—交变换器变流效率高,且可以四象限运行,功率可快速双向流动,但采取相控方式,输出电压含大量谐波,尤其是低频时谐波含量大、功率因数低。交-交变换器采用全控器件和先进控制手段,使得输出电压灵活可控,低频谐波含量大大减小,输入电流保持正弦等。

交—直—交电压型变换器采用二极管不可控整流,输入电流畸变、谐波增大、输入功率因数低,且能量无法双向流动。采用交—直—交电压型双 PWM 变换器,两电平电压型双 PWM 变换器主电路拓扑方案非常成熟,可以将风力发电系统的谐波含量控制得非常低,且可以调节功率因数。同时,通过 PWM 控制,易于实现变换器四象限运行,电路设计及控制系统设计均较矩阵式变换器简单,因此,目前得以大量采用。

(3) 逆变器的控制

无论是风力发电并网新技术,还是有源电力滤波器或 PWM 整流器,均离不开逆变器的应用,而且它们的输出均接入电力系统,即为有源逆变器技术。对于无穷大公共电网,逆变器作为电流源向电网输送电能。通过控制逆变器输出电流即可控制输出功率。为了不对公共电网产生谐波污染,必须使逆变器各相输出的电流与电压反相,实现单位功率因数输出。图 7-9 为并网逆变器控制系统图。

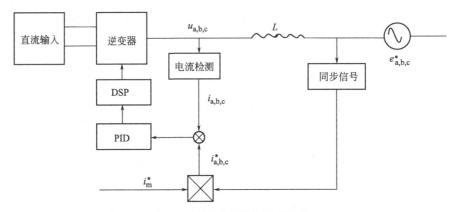

图 7-9 并网逆变器控制系统图

由于逆变器作为电流源并网,输出电压幅值基本与电网电压幅值相等,所以可根据风力发电系统的容量设定输出电流幅值,即为逆变器输出电流峰值指令 i_m^*。将 i_m^* 反相后与同步信号相乘,即可得到相位为零的网侧电流指令信号 $i_{a,b,c}^*$。$i_{a,b,c}^*$ 与网侧电流 $i_{a,b,c}$ 相比较,经 PID 处理后进入 DSP 中,输出 PWM 控制信号,以调制直流电压 U_{dc},由 $i_{a,b,c}^*$ 和 $i_{a,b,c}$ 构成的网侧电流控制环,其目的是要求 $i_{a,b,c}$ 跟踪 $i_{a,b,c}^*$ 以达到让网侧电流跟踪电网电压的目的。

根据图 7-9 可得图 7-10 的结构图。图中:K_{PWM} 为 PWM 比例增益;$H(s)$ 为电流取样倍数;K_{PI} 为 PI 控制器参数;L、R 为每相电感和等效电阻。

由图 7-10 可得系统 a 相的闭环传递函数为:

$$Y_a(s) = I_a^*(s)G_2(s) - E_a(s)G_1(s)/[1+H(s)G_1(s)G_2(s)] \tag{7-9}$$

$$G_1(s) = 1/[Ls+R] \tag{7-10}$$

$$G_2(s) = K_{PI}K_{PWM} \tag{7-11}$$

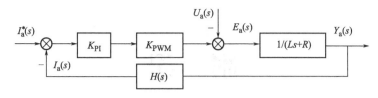

图 7-10 a 相电流环传递结构图

由 a 相的闭环传递函数可知，在公共电网电压 e_a 和比例增益 K_{PWM} 稳定的情况下，$Y_a(s)$ 取决于 PID 控制器的参数和 $H(s)$。

(4) 并网运行技术

双馈发电机定子三相绕组直接与电网相连，转子绕组经交-交循环变流器连入电网。

① 风力机启动后带动发电机至接近同步转速时，由循环变流器控制进行电压匹配、同步和相位控制，以便迅速地并入电网。并网时基本上无电流冲击。对于无初始启动转矩的风力发电机组（如达里厄型风力发电机组）在静止状态下的启动，可由双馈电机运行于电动机工况来实现。

② 风力发电机的转速可随负载的变化及时做出相应的调整，使风力发电机组以最佳叶尖速比运行，产生最大的电能输出。

③ 双馈发电机励磁可调量有励磁电流的频率、幅值和相位。调节励磁电流的频率，保证发电机在变速运行的情况下发出恒定频率的电力。通过改变励磁电流的幅值和相位，可达到调节输出有功功率和无功功率的目的。当转子电流相位改变时，由转子电流产生的转子磁场在电机气隙空间的位置有一个位移，从而改变了双馈电机定子电动势与电网电压向量的相对位置，也即改变了电机的功率角，所以调节励磁不仅可以调节无功功率，也可以调节有功功率。

在变速恒频双馈风力发电机的并网调节中，根据交流电机矢量控制和磁场定向原理，采用变速恒频矢量控制技术。当风速在切入风速和额定风速之间时，控制发电机转子励磁电流及频率，追踪最佳功率曲线；在额定风速和切出风速之间时，调节风力机叶片桨距角，保持额定功率不变。研究表明，采用变速恒频矢量控制策略，可灵活调节系统的有功功率、无功功率，抑制谐波，减小损耗，提高系统效率。

习题

7-1 同步发电机的并网过程如何？
7-2 同步发电机交-直-交系统并联运行时的特点有哪些？
7-3 感应发电机的并网条件有哪些？
7-4 对于小容量电网为什么要配备可靠的过电压和欠电压保护装置？
7-5 变速恒频风力发电机组有哪些优点？
7-6 永磁同步发电机交流并网电路的基本作用有哪些？
7-7 采用变速恒频矢量控制技术的优点是什么？

附　录

附录1　风力发电场运行规程(DL/T 666—1999)

(1) 范围

本规程给出了对风力发电场设备和运行人员的要求，规定了正常运行、维护的内容和方法及事故处理的原则和方法等。

本规程适用于并网风力发电机组（以下简称风电机组）组成的总容量在1000kW及以上的、单机容量为100kW及以上定桨距或变桨距水平轴风电机组组成的风力发电场（以下简称风电场）。垂直轴式风电机组组成的风电场或总容量在1000kW以下的风电场可参照执行。

(2) 对设备的基本要求

1) 风电机组

① 风电机组及其附属设备。风电机组及其附属设备均应有制造厂的金属铭牌，应有风电场自己的名称和编号，并标示在明显位置。

② 塔架和机舱。塔架应设攀登设施，中间应设休息平台，攀登设施应有可靠的防止坠落的保护设施，以保证人身安全。机舱内部应有消音设施，并应有良好的通风条件，塔架和机舱内部照明设备齐全，亮度满足工作要求。塔架和机舱应满足到防盐雾腐蚀、防沙尘暴的要求，机舱、控制箱和筒式塔架均应有防小动物进入的措施。

③ 风轮。风轮应具有承受沙暴、盐雾侵袭的能力，并有防雷电措施。

④ 制动系统。风电机组至少应具有两种不同原理的能独立有效制动的制动系统。

⑤ 调向系统。调向系统应设有自动解缆和扭缆保护装置。在寒冷地区测风装置必须有防冰冻措施。

⑥ 控制系统。风电机组的控制系统应能监测以下主要数据并设有主要报警信号：发电机温度、有功与无功功率、电流、电压、频率、转速、功率因数；风轮转速、变桨距角度；齿轮箱油位与油温；液压装置油位与油压；制动刹车片温度；风速、风向、气温、气压；机舱温度、塔内控制箱温度；机组振动超温和制动刹车片磨损报警。

⑦ 发电机。发电机防护等级应能满足防盐雾、防沙尘暴的要求。湿度较大的地区应设有加热装置以防结露。发电机应装有定子线圈测温装置和转子测速装置。

⑧ 齿轮箱。齿轮箱应有油位指示器和油温传感器，寒冷地区应有加热油的装置。

2) 其他要求

① 风电场的控制系统应由两部分组成：一部分为就地计算机控制系统；另一部分为主控室计算机控制系统。主控制室计算机应备有不间断电源，主控制室与风电机组现场应有可靠的通信设备。

② 风电场必须备有可靠的事故照明。

③ 处在雷区的风电场应有特殊的防雷电保护措施。

④ 风电场与电网调度之间应保证有可靠的通信联系。

⑤ 风电场内的架空配电线路、电力电缆、变压器及其附属设备、升压变电站及防雷接地装置等的要求应按相应的标准执行。

(3) 应具备的主要技术文件

1) 风电场每台风电机组应有的技术档案

① 制造厂提供的设备技术规范和运行操作说明书、出厂试验记录以及有关图纸和系统图。

② 风电机组安装记录、现场调试记录和验收记录以及竣工图纸和资料。
③ 风电机组输出功率与风速关系曲线（实际运行测试记录）。
④ 风电机组事故和异常运行记录。
⑤ 风电机组检修和重大改进记录。
⑥ 风电机组运行记录的主要内容有发电量、运行小时、故障停机时间、正常停机时间、维修停机时间等。

2) 风电场应有必要的规程制度
① 规程制度包括安全工作规程、消防规程、工作票制度、操作票制度、交接班制度、巡回检查制度、操作监护制度等。
② 风电场的运行记录包括日发电曲线、日风速变化曲线、日有功发电量、日无功发电量、日用电量。
③ 相关记录包括运行日志，运行年、月、日报表，气象记录（风向、风速、气温、气压等），缺陷记录，故障记录，设备定期试验记录，培训工作记录等。

(4) 对运行人员的基本要求
① 风电场的运行人员必须经过岗位培训，考核合格，健康状况符合上岗条件。
② 熟悉风电机组的工作原理及基本结构。
③ 掌握计算机监控系统的使用方法。
④ 熟悉风电机组各种状态信息，故障信号及故障类型，掌握判断一般故障的原因和处理的方法。
⑤ 熟悉操作票、工作票的填写以及相应中有关规程的基本内容。
⑥ 能统计计算容量系数、利用时数、故障率等。

(5) 正常运行和维护
1) 风电机组在投入运行前应具备的条件
① 电源相序正确，三相电压平衡。
② 调向系统处于正常状态，风速仪和风向标处于正常运行的状态。
③ 制动和控制系统的液压装置的油压和油位在规定范围。
④ 齿轮箱油位和油温在正常范围。
⑤ 各项保护装置均在正确投入位置，且保护定值均与批准设定的值相符。
⑥ 控制电源处于接通位置。
⑦ 控制计算机显示处于正常运行状态。
⑧ 手动启动前叶轮上应无结冰现象。
⑨ 在寒冷和潮湿地区，长期停用和新投运的风电机组在投入运行前应检查绝缘，合格后才允许启动。
⑩ 经维修的风电机组在启动前，所有为检修而设立的各种安全措施应拆除。

2) 风电机组的启动和停机
① 风电机组的启动和停机有自动和手动两种方式。
② 风电机组应能自动启动和停机。

风电机组的自动启动：风电机组处于自动状态，当风速达到启动风速范围时，风电机组按计算机程序自动启动并入电网。风电机组的自动停机：风电机组处于自动状态，当风速超出正常运行范围时，风电机组按计算机程序自动与电网解列、停机。

③ 风电机组的手动启动和停机。

手动启动和停机有四种操作方式。第一，主控室操作：在主控室操作计算机启动键或停机键。第二，就地操作：断开遥控操作开关，在风电机组的控制盘上，操作启动或停机按钮，操作后再合上遥控开关。第三，远程操作：在远程终端操作启动键或停机键。第四，机舱上操作：在机舱的控制盘上操作启动键或停机键，但机舱上操作仅限于调试时使用。

风电机组的手动启动。当风速达到启动风速范围时，手动操作启动键或按钮，风电机组按计算机启动程序启动和并网。

风电机组的手动停机。当风速超出正常运行范围时,手动操作停机键或按钮,风电机组按计算机停机程序与电网解列、停机。

④ 凡经手动停机操作后,须再按"启动"按钮,方能使风电机组进入自启动状态。

⑤ 故障停机和紧急停机状态下的手动启动操作。

风电机组在故障停机和紧急停机后,如故障已排除且具备启动的条件,重新启动前必须按"重置"或"复位"控制按钮,才能按正常启动操作方式进行启动。

3) 风电场运行监视

① 风电场运行人员每天应按时收听和记录当地天气预报,做好风电场安全运行的事故预想和对策。

② 运行人员每天应定时通过主控室计算机的屏幕监视风电机组各项参数的变化情况。

③ 运行人员应根据计算机显示的风电机组运行参数,检查分析各项参数变化情况,发现异常情况应通过计算机屏幕对该机组进行连续监视,并根据变化情况作出必要处理,同时在运行日志上写明原因,进行故障记录与统计。

4) 风电场的定期巡视

运行人员应定期对风电机组、风电场的测风装置、升压站、场内高压配电线路进行巡回检查,发现缺陷及时处理,并登记在缺陷记录本上。

① 检查风电机组在运行中有无异常响声、叶片运行状态、调向系统动作是否正常、电缆有无绞缠情况。

② 检查风电机组各部分是否渗油。

③ 当气候异常、机组非正常运行或新设备投入运行时,需要增加巡回检查内容及次数。

5) 风电机组的检查维护

① 风电机组的定期登塔检查维护应在手动"停机"状态下进行。

② 运行人员登塔检查维护应不少于两人,但不能同时登塔。运行人员登塔要使用安全带、戴安全帽、穿安全鞋。零配件及工具必须单独放在工具袋内,工具袋必须与安全绳联结牢固,以防坠塔。

③ 检查风电机组液压系统和齿轮箱以及其他润滑系统有无泄漏,油面、油温是否正常,油面低于规定时要及时加油。

④ 对设备螺栓应定期检查紧固。

⑤ 对液压系统、齿轮箱、润滑系统应定期取油样进行化验分析,对轴承润滑点定时注油。

⑥ 对爬梯、安全绳、照明设备等安全设施应定期检查。

⑦ 控制箱应保持清洁,定期进行清扫。

⑧ 对主控室计算机系统和通信设备应定期进行检查和维护。

(6) 异常运行和事故处理

1) 风电场异常运行与事故处理基本要求

① 当风电场设备出现异常运行或发生事故时,当班值长应组织运行人员尽快排除异常,恢复设备正常运行,处理情况记录在运行日志上。

② 事故发生时,应采取措施控制事故不再扩大并及时向有关领导汇报,在事故原因查清前,运行人员应保护事故现场和损坏的设备,特殊情况例外(如抢救人员生命)。如需立即进行抢修的,必须经领导同意。

③ 当事故发生在交接班过程中,应停止交接班,交班人员必须坚守岗位、处理事故,接班人员应在交班值长指挥下协助事故处理。事故处理告一段落后,由交接双方值长决定,是否继续交接班。

④ 事故处理完毕后,当班值长应将事故发生的经过和处理情况,如实记录在交接班簿上。事故发生后,应根据计算机记录,对保护、信号及自动装置动作情况进行分析,查明事故发生的原因,并写出书面报告,汇报上级领导。

2) 风电机组异常运行及故障处理

① 对于标志机组有异常情况的报警信号,运行人员要根据报警信号所提供的部位进行现场检查和处理。

液压装置油位及齿轮箱油位偏低,应检查液压系统及齿轮箱有无泄漏,并及时加油恢复正常油面。

风电机组显示输出功率与对应风速有偏差时，检查风速仪、风向仪的传感器有无故障，如有故障则予以排除。

风电机组在运行中发现有异常声音，应查明响声部位，分析原因，并做出处理。

② 风电机组在运行中发生设备和部件超过运行温度而自动停机的处理。

风电机组在运行中发电机温度、晶闸管温度、控制箱温度、齿轮箱油温、机械制动刹车片温度超过规定值均会造成自动停机。运行人员应查明设备温度上升原因，如检查冷却系统、刹车片间隙、刹车片温度传感器及变送回路。待故障排除后，才能再启动风电机组。

③ 风电机组液压控制系统油压过低而自动停机的处理。

运行人员应检查油泵工作是否正常，如油压不正常，应检查油泵、油压缸及有关阀门，待故障排除后再恢复机组自启动。

④ 风电机组因调向故障而造成自动停机的处理。

运行人员应检查调向机构电气回路、偏航电动机与缠绕传感器工作是否正常，电动机损坏应予更换，对于因缠绕传感器故障致使电缆不能松线的应予处理。待故障排除后再恢复自启动。

⑤ 风电机组转速超过极限或振动超过允许振幅而自动停机的处理。

风电机组运行中，由于叶尖制动系统或变桨系统失灵会造成风电机组超速；机械不平衡，则造成风电机组振动超过极限值。以上情况发生均使风电机组安全停机。运行人员应检查超速、振动的原因，经处理后，才允许重新启动。

⑥ 风电机组运行中发生系统断电或线路开关跳闸的处理。

当电网发生系统故障造成断电或线路故障导致线路开关跳闸时，运行人员应检查线路断电或跳闸原因（若逢夜间应首先恢复主控室用电），待系统恢复正常，则重新启动机组并通过计算机并网。

⑦ 风电机组因异常需要立即进行停机操作的顺序。

利用主控室计算机进行遥控停机；当遥控停机无效时，则就地按正常停机按钮停机；当正常停机无效时，使用紧急停机按钮停机；仍然无效时，拉开风电机组主开关或连接此台机组的线路断路器。

3）风电场事故处理

① 发生下列事故之一者，风电机组应立即停机处理。

叶片处于不正常位置或相互位置与正常运行状态不符时；风电机组主要保护装置拒动或失灵时；风电机组因雷击损坏时；风电机组因发生叶片断裂等严重机械故障时；制动系统故障时。

② 当机组发生起火时，运行人员应立即停机并切断电源，迅速采取灭火措施，防止火势蔓延，当机组发生危及人员和设备安全的故障时，值班人员应立即拉开该机组线路侧的断路器。

③ 风电机组主开关发生跳闸，要先检查主回路晶闸管、发电机绝缘是否击穿，主开关整定动作值是否正确，确定无误后才能重合开关，否则应退出运行进一步检查。

④ 机组出现振动故障时，要先检查保护回路，若不是误动，应立即停止运行做进一步检查。

附录2 风力发电场设计技术规范 (DL/T 5383—2007)

（1）范围

本标准规定了风力发电场设计的基本技术要求。

本标准适用于装机容量5MW及以上风力发电场设计。

（2）总则

① 风力发电场的设计应执行国家的有关政策，符合安全可靠、技术先进和经济合理的要求。

② 风力发电场的设计应结合工程的中长期发展规划进行，正确处理近期建设与远期发展的关系，考虑后期发展扩建的可能。

③ 风力发电场的设计，必须坚持节约用地的原则。

④ 风力发电场的设计，应本着对场区环境保护的原则，减少对地面植被的破坏。

⑤ 风力发电场的设计，应考虑充分利用场区已有的设施，避免重复建设。
⑥ 风力发电场的设计，应本着"节能降耗"的原则，采用先进技术、先进方法，减少损耗。
⑦ 风力发电场的设计除应执行本规范外，还应符合现行的国家有关标准和规范的规定。

(3) 风力发电场总体布局

① 风力发电场总体布局依据：可行性研究报告、接入系统方案、土地征占用批准文件、地质勘测报告、环境影响评价报告、水土保持评价报告及国家、地方、行业有关的法律、法规等技术资料。

② 风力发电场总体布局设计应由以下部分组成：风力发电机组的布置、中央监控室及场区建筑物布置、升压站布置、场区集电线路布置、风力发电机组变电单元布置、中央监控通信系统布置、场区道路、其他防护功能设施（防洪、防雷、防火）。

③ 风力发电场总体布局，应有以下因素：

a. 应避开基本农田、林地、民居、电力线路、天然气管道等限制用地的区域。

b. 风力发电机组的布置应根据机组参数、场区地形与范围、风能分布方向确定，并与本规划容量、接入系统方案相适应。

c. 升压站、中央监控室及场区建筑物的选址应根据风力发电机组的布置、接入系统的方案、地形、地质、交通、生产、生活和安全要素确定，不宜布置在主导风能分布的下风或不安全区域内。

d. 场区集电线路的布置应根据风力发电机组的布置，升压站的位置及单回集电线路的输送距离、输送容量、安全距离确定。

e. 风力发电机组变电单元依据场区集电线路的形式而不同：采用架空线路时，该单元应靠近架空线路布置，采用直埋电缆时，该单元应靠近风力发电机组布置，并要保证其安全距离，必要时设置安全防护围栏。

f. 中央监控通信网络布置应根据风力发电机组的布置，中央监控室的位置及通信介质的传送距离、传送容量确定。

g. 场区道路应能满足设备运输、安装和运行维护的要求，并保留可进行大修与吊装的作业面。

h. 场区内道路、场区集电线路、中央监控通信网络、其他防护功能设施之间的布置应满足其相关规程、规范的电磁兼容水平和安全防护的要求。

(4) 风力发电机组

① 风力发电机组布置

a. 风力发电机组在风力发电场内的布置，应根据场地的地形、风貌及场内已有设施的位置综合考虑，充分利用场地范围，选择布置方式。

b. 风力发电机组布置尽量紧凑规则整齐，有一定规律，以方便场内配电系统的布置，减少输电线路的长度。

c. 风力发电机组按照矩阵布置，行必须垂直风能主导方向，同行风力发电机组之间距离不小于 $3D$（D 为风力发电机直径），行与行之间距离不小于 $5D$，各列风力发电机组之间交错布置。

d. 风力发电机组布置要考虑防洪问题，布置点要躲开洪水流经场地。

e. 风力发电机组距离场内架空线路保证一定的安全距离。主要满足以下方面：风力发电机组塔架、叶片吊装时的安全距离；风力发电机组维护时，工作人员从机舱放下的吊装绳索，在风力或其他外力作用荡起后的安全距离；风力发电机组正常运行时，不对线路的安全运行造成影响的距离。

f. 风力发电机组作为建筑物，其距场内穿越公路、铁路、煤气石油管线等设施的最小距离，要满足有关国家法律、法规的有关规定。

g. 风力发电机组距有人居住建筑物的最小距离，需满足国家有关噪声对居民影响的法律、法规。

h. 风力发电机组布置点要满足机组吊装、运行维护的场地要求。

i. 对拟定的风力发电机组布置方案，需用风力发电场评估软件进行模拟计算尽量减小尾流影响，进行经济比较，选择最佳方案，标出各风力机地图坐标。

② 风力发电机组基础

a. 风力发电机组基础设计内容。地基的承载能力；塔身与基础的连接；基础结构的强度计算；抗倾覆。

b. 荷载。

永久荷载：结构自重、基础自重。

可变荷载：风荷载、裹冰荷载、地震作用、安装检修荷载、温度变化、地下水位变化、地基沉陷、紧急制动。

偶然荷载：叶片断脱等。

c. 基础结构计算。

d. 变形计算。地基变形计算值，不应大于地基变形允许值，主要分为：沉降量、沉降差、倾斜、局部倾斜。

e. 稳定性计算。

计算基础受滑动力矩作用时的基础稳定性，用以确定基础距坡顶边缘的距离和基础埋深。

(5) 风力发电场电气设备及系统

① 接入电力系统

a. 接入系统方案设计应从全网出发，合理布局，消除薄弱环节，加强受端主干网络，增强抗事故干扰能力，简化网络结构，降低损耗。并满足以下基本要求：第一，网络结构应该满足风力发电场规划容量的需求，同时兼顾地区电力负荷发展的需要；第二，电能质量应能够满足风力发电场运行的基本标准；第三，节省投资和年运行费用，使年计算费用最小，并考虑分期建设和过渡的方便。

b. 网络的输电容量必须满足各种正常运行方式兼顾事故运行方式的需要，事故运行方式是在正常运行方式的基础上，综合考虑线路、变压器等设备的单一故障。

c. 选择电压等级应符合国家电压标准，电压损失符合规程要求。

② 电气主接线

a. 风力发电场集电线路方案。根据场区现场条件和风力机布局来确定集电线路方案。在条件允许时应对接线方案在以下方面进行比较认证：运行可靠性、运行方式灵活度、维护工作量以及经济性。

在设计风力电场接线上应满足以下要求：配电变压器应该能够与电网完全隔离，满足设备的检修需要；如果是架空线网络，应考虑防雷设施；接地系统应满足设备和安全的要求。

b. 升压站主接线方式。根据风力发电场的规划容量和区域电网接线方式的要求，进行升压站主接线的设计，应该进行多个方案的经济技术比较、分析论证，最终确定升压站电气主接线。选定风力发电场场用电源的接线方式。根据风力发电场的规模和电网要求选定无功补偿方式及无功容量。对于分期建设的风力发电场，说明风力发电场分期建设和过渡方案，以适应分期过渡的要求，同时提出可行的技术方案和措施。对于已有和扩建的升压站应校验原有电气设备，并提出改造措施。

③ 主要电气设备

a. 短路电流计算。叙述短路电流计算基本资料，列表提出短路电流计算结果，包括短路点、短路点平均电压、短路电流周期分量起始值（有效值）、全电流最大有效值、短路电流冲击值。

b. 主要电气设备选择。在选择电气设备时，可以参考地区电网其他升压站、变电所的电气设备型号和厂商提供的资料。风电场变电站宜按用户站考虑。根据环境条件、短路容量等要求对电气设备进行选择，提出主要电气设备的型号或形式、规格、数量及主要技术参数。

变压器组的选择。周围环境正常的，宜采用普通变压器组或导电部件进行封闭的变压器组（环境正常指无爆炸和火灾危险，无腐蚀气体，无导电尘埃和灰尘少的场所。普通变压器组是指变压器、避雷器、高压熔断器、隔离开关等）。选择主变压器容量时，考虑风力发电场负荷率较低的实际情况，及风力发电机组的功率因数在1左右，可以选择等于风电场发电容量的主变压器。

采用新型设备和新技术时必须进行专门认证。对电力设备大、重件运输及现场组装、吊装等特殊问题作专门说明。

④ 电气设备布置

a. 一般规定。电气设备布置应适应风力发电场生产的要求，并做到：设备布局和空间利用合理；箱式变压器组、线路等连接短捷、整齐；场区内部电气设备布置紧凑恰当；巡回检查的通道畅通，为风力发电场的安全运行、检修维护创造良好的条件。

风力发电场电气设备布置应为运行检修及施工安装人员创造良好的工作环境，场区内的电气设备布置应采取相应的防护措施，符合防触电、防火、防爆、防潮、防腐、防冻等有关要求。电气设备布置还应为便利施工创造条件。

电气设备布置应注意到场区地形、设备特点和施工条件等的影响，合理安排。风力发电场的电气设备的色调应柔和并与风力发电机组保持协调。风力发电场电气设备布置应根据总体规划要求，考虑扩建条件。

b.电气设备的布置。高压架空集电线路走向应尽量结合风力发电机组排布进行设计，距离风力发电机组塔架应满足本规程前文中的规定。

汇流电力电缆、风力发电机组—变压器汇流柜的电力电缆宜采用直埋方式。

根据经济技术比较，确定箱式变压器组高压集电线路是采用单元集中汇流还是分段串接汇流方式。

c.风力发电机组变压器。普通变压器组与风力发电机组的距离满足前文中的规定，箱式变压器组距离风力发电机组不低于10m。并且，普通变压器组周围应设安全围栏和警示牌，防止人员误入带电区域。

⑤ 过电压保护及接地

a.过电压保护。风力发电场的变压器组及箱式变压器组存在雷电侵入波过电压以及操作过电压，应装设避雷器进行保护。10kV集电线路或电缆单相接地电容电流大于30A，35kV集电线路或电缆单相接地电容电流大于10A，均应在变电所装设消弧线圈。在中性点非直接接地的变压器组及箱式变压器组，应防止变压器高、低压绕组间绝缘击穿引起的危险。变压器低压侧的中性线或一个相线上应装击穿熔断器。

b.接地。风力发电机组接地电阻应满足风机制造厂对设备的接地要求。风力发电机组和变压器组及箱式变压器组使用一个总的接地体时，接地电阻应符合其中最小值的要求。风力发电机组的变压器组及箱式变压器组周围应设置均压带。风力发电机组塔架、控制柜、变压器组及箱式变压器组应接地。

⑥ 自动控制及继电保护

a.风力发电机组的自动控制及继电保护应具备对功率、风速、重要部件的温度、叶轮和发电机转速等信号进行检测判断，出现异常情况（故障）相应地保护动作停机的功能，同时显示已发生的故障名称。

b.电脑控制器应有历史数据，如历史故障报警内容、发电量和发电时间，应有累加存储功能。

c.风力发电机组远方集中控制应具有远方操作风力发电机组的功能，和一定的风力发电机组数据统计分析功能。

⑦ 通信

a.风力发电场风力发电机组远方集中控制计算机系统，应通过通信电缆/光缆连接每台风力发电机组，实现对每台风力发电机组的监视、控制。监控系统采用分层、分布、开放模式。

b.风力发电场内通信包括两种设施：风力发电机组与控制室监控主机的数据通信；各风力发电机组之间，风力发电机组塔顶与地面之间，风力发电机组与控制室的语音通信。

c.风力发电机组与监控主机的数据通信，通信速率要满足实时监控的要求。

d.为保证通信的可靠性，整个风力发电场通信回路可分为若干通信支路，每条通信支路单独带若干台风力发电机组，不相互干扰。

e.各风力发电机组之间，风力发电机组塔顶与地面之间，风力发电机组与控制室语音之间，在风力发电场通信距离小于5km，可选用对讲机或车载台进行通信。

f.风力发电场内通信/光缆可采用直埋敷设方式，当场内架空线路走向与通信电缆走向相同时，可利用场内架空线路同杆架设方式，以减少电缆沟的施工；电缆宜选用铠装光缆。

g.通信设备的工作接地和保护接地，应可靠接在风力发电场的接地网上。通信电缆的金属外皮和屏蔽层应可靠接地。

(6) 风力发电场内建筑物

① 风力发电场区房屋建筑工程，按房屋建筑设计的有关技术要求进行。

② 风力发电场区房屋建筑应考虑当地风力发电场的风荷载及温度变化给建筑物带来的不利影响。设计时考虑以下几个环节：中央监控室的设置宜便于对风力发电机组的观测；房屋建筑的朝向布置在设计时宜避开风力发电场的主导风向，以免门窗开启时被损坏。

附录3　风力发电机组装配和安装规范
(GB/T 19568—2004)

(1) 范围

本标准规定了风力发电机组装配的一般原则，装配连接方法，关键部件的装配、总装及试车要求。
本标准适用于风力发电机组的装配和安装。

(2) 组装

① 一般要求

a. 进入装配的零件及部件（包括外购件、外协件）均应具有检验部门的合格证，方能进行装配。

b. 零件在装配前应当清理并清洗干净，不得有毛刺、翻边、氧化皮、锈蚀、切屑、油污、着色剂和灰尘等。

c. 装配前应对零部件的主要配合尺寸，特别是过盈配合尺寸及相关精度进行复查。经钳工修整的配合尺寸，应由检验部门复检，合格后方可装配，并有复查报告存入该风力发电机组档案。

d. 除有特殊规定外，装配前应将零件尖角和锐边倒钝。

e. 装配过程中零件不允许碰伤、划伤和锈蚀。

f. 油漆未干的零部件不得进行装配。

g. 对每一装配工序，都要有装配记录，并存入风力发电机组档案。

h. 零部件的各润滑处装配后应按装配规范要求注入润滑油（或润滑脂）。

② 装配连接要求

a. 螺钉、螺栓连接。螺钉、螺栓和螺母紧固时严禁打击或使用不合适的旋具和扳手。紧固后螺钉槽、螺母和螺钉、螺栓头部不得损坏。有规定拧紧力矩要求的紧固件，应采用力矩扳手并按规定的力矩值拧紧。未规定拧紧力矩值的紧固件在装配时也要严格控制。

同一零件用多件螺钉或螺栓连接时，各螺钉或螺栓应交叉、对称、逐步、均匀拧紧。宜分两次拧紧，第一次先预拧紧，第二次再完全拧紧，这样保证连接受力均匀。如有定位销，应从定位销开始拧紧。

螺钉、螺栓和螺母拧紧后，其支撑面应与被紧固零件贴合，并以黄色油漆标识。螺母拧紧后，螺栓头部应露出2~3个螺距。沉头螺钉紧固后，沉头不得高出沉孔端面。

严格按图样和技术文件规定等级的紧固件装配。不得用低等级紧固件代替高等级的紧固件进行装配。

b. 销连接。圆锥销装配时应与孔进行涂色检查，其接触不应小于配合长度的60%，并应分布均匀。定位销的端面应突出零件表面。待螺尾圆锥销装入相关零件后，大端应沉入孔内。开口销装入相关零件后，尾部应分开，扩角为60°~90°。

c. 键连接。平键装配时，不得配制成梯形。平键与轴上键槽两侧面应均匀接触，其配合面不得有间隙。钩头键、楔键装配后，其接触面积应不小于工作面积的70%，且不接触面不得集中于一端。外露部分应为斜面的10%~15%。

花键装配时，同时接触的齿数应不小于总齿数的2/3，接触率在键齿的长度和高度方向应不低于50%，滑动配合的平键（或花键）装配后，相配键应移动自如，不得有松紧不均现象。

d. 铆钉连接。铆接时不应损坏被铆接零件的表面，也不应使被铆接的零件变形。除有特殊要求外，一般铆接后不得出现松动现象，铆钉尖部应与被铆零件紧密接触并应光滑圆整。

e. 粘合连接。粘接剂牌号应符合设计和工艺要求，并采用有效期限内的产品。被粘接的表面应做好预处理，彻底清除油污、水膜、锈迹等杂质。粘接时，粘接剂应涂均匀。固化的温度、压力、时间等应严格按工艺或黏结剂使用说明书的规定。粘接后应清除表面的多余物。

f. 过盈连接。压装时应注意：压装的轴或套允许有引入端，其导向锥角10°~20°，导锥长度应不大于配合长度的5%。实心轴压入盲孔时，允许开排气槽，槽深应不大于0.5mm。压入件表面除特殊要求外，压装时应涂清洁的润滑剂；采用压力机压装时，其压力机的压力一般为所需压入力的3~3.5倍。压装过程中压力变化应平稳。

热装时应注意：热装零件的加热温度根据零件材质、结合直径、过盈量及热装的最小间隙等确定。加热温度比所用油的闪点应低 20~30℃。热装后零件应自然冷却、不允许快速冷却。零件热装后应紧靠轴肩或其他相关定位面,冷缩后的间隙不得大于配合长度尺寸的 0.3/1000。

冷装时应注意:制冷零件取出后应立即装入包容件。对零件表面有厚霜者,不得装配,应重新冷却。

胀套时应注意:胀套表面的结合面应干净无污染、无腐蚀、无损伤。装前均匀涂一层不含 MoS_2 等添加剂的润滑油。胀套螺栓应使用力矩扳手、并对称、交叉、均匀拧紧。螺栓的拧紧力矩 T_a 值按设计图样或工艺规定。

③ 关键部件装配要求

a. 滚动轴承装配。轴承外圈与开式轴承座及轴承盖的半圆孔不允许有卡滞现象,装配时允许整修半圆孔。

轴承外圆与开式轴承座及轴承盖的半圆孔应接触良好,用涂色检验时,与轴承座在对称于中心线 120°、与轴承盖在对称于中心线 90°的范围内应均匀接触。在上述范围内用塞尺检查时,0.03mm 的塞尺不得塞入外圈宽度的 1/3。轴承内圈端面应紧靠轴向定位面,其允许最大间隙,对圆锥滚子轴承与角接触为 0.05mm,其他轴承为 0.1mm。轴承外圈装配后定位端轴承盖端面应接触均匀。

采用润滑脂的轴承,装配后应注入相当于轴承容积约 1/2~1/3 的符合规定的清洁润滑脂。凡稀油润滑的轴承,不应加润滑脂。

轴承热装时,其加热温度应不高于 120℃。轴承冷装时,其冷却温度应不低于 -80℃。

装配可拆卸轴承时,应严格按原组装位置,不得装反或与别的轴承混装。对可调头装的轴承,装配时应将轴承的标记端朝外。在轴的两端装配径向间隙不可调的向心轴承,且轴向位移是以两端端盖限定时,其一端应必须留有轴向间隙 C(单位:mm),C 值可按式(f-1)计算。滚动轴承装好后用手转动应灵活、平稳。

$$C = a\Delta tL + 0.15 \qquad (f\text{-}1)$$

式中 a——轴材料线膨胀系数,钢 $a = 12 \times 10^{-6}/℃$;

Δt——轴最高工作温度与环境温度之差,℃;

L——两轴承中心距,mm;

0.15——轴热胀后剩余间隙,mm。

一般情况下取 $\Delta t = 40℃$,因此装配时,只需根据 L 尺寸,即可按式(f-2)计算 C 值。

$$C = 0.0005L + 0.15 \qquad (f\text{-}2)$$

b. 齿轮箱装配。齿轮箱的装配和运输应符合 GB/T 19073 的技术要求。齿轮箱装配后,应按设计和工艺要求进行空运转试验。运转应平稳、无异常噪声。齿轮箱的清洁度应符合 JB/T 7929 的规定。

c. 液压缸、汽缸及密封件装配。组装前应严格检查并清除零件加工时残留的锐角、毛刺和异物,保证密封件装入时不被擦伤。装配时应注意密封件的工作方向,对 O 形圈与保护挡环并用时应注意挡环的位置。对弹性较差的密封件,应采用扩张或收缩装置的工装进行装配。带双向密封圈的活塞装入盲孔油缸时,应采用引导工装,不允许用旋具硬塞。

液压缸、汽缸装配后要进行密封及动作试验,应达到如下要求:行程符合要求;运行平稳,无卡阻和爬行现象;无外部渗漏现象,内部渗漏按图样要求。

各密封毡圈、毡垫、石棉绳、皮碗等密封件装配前应渗透油;钢纸板用热水泡软、紫铜垫作退火处理。

d. 联轴器装配。每套联轴器在拆装过程中,应与原装配组合一致。刚性联轴器装配时,两轴线的同轴度应小于 0.03mm,挠性、齿式的轮胎、链条联轴器装配时,其装配精度应符合表 1 的规定。

表 1 联轴器装配精度

联轴器轴孔直径 /mm	两轴线的同轴允差 (圆周跳动)/mm	两轴线的角度偏差/(°)	联轴器轴孔直径 /mm	两轴线的同轴允差 (圆周跳动)/mm	两轴线的角度偏差/(°)
≤100	0.05	0.05	>450~560	0.15	0.20
>100~180	0.05	0.05	>560~630	0.15	0.20
>180~250	0.05	0.10	>630~710	0.20	0.25
>250~315	0.10	0.10	>630~710	0.20	0.25
>315~450	0.10	0.15	>710~800	0.20	0.30

e.发电机安装。发电机的安装和运输应符合 GB/T 19071.1 的要求。发电机安装后,发电机轴与齿轮箱输出轴的同轴度应符合前文所述的要求。在发电机机座上,应以对角方式在两端安装接地电缆。

(3) 竖立

① 安装现场的要求

a.安装风力发电机组的地基应按照有效批准程序批准的技术文件进行施工,并且能够保证承受其安装后最大工作状态的强度。

b.安装地基应用水平仪校验,地基与塔架接触面的水平度不大于1mm,以满足机组安装后塔架与水平面的垂直度要求。

c.地基连接法兰和相应构件位置应准确无误并牢固地浇注在地基上。

d.地基应有良好的接地装置,其接地电阻应不大于3.5Ω。

② 安装机组的要求

a.组装后的部、组件经检验合格后,方能到现场安装。

b.组装后的部、组件运到安装现场后,应进行详细检查,防止在运输中碰伤、变形、构件脱落、松动等现象。不合格的产品不允许安装。

③ 安装人员要求

a.现场安装人员应具有一定的安装经验。

b.关键工序如:吊装工、焊接及焊接检验人员应持有当地省市安全监管部门颁发的上岗证,方可上岗。

④ 安全要求

a.安装现场的工作人员应佩带安全防护用具及装备,如:安全鞋、安全帽、工作服、防护手套、听觉防护(需要时)、防护镜(需要时)、安全带等。

b.高处作业的现场地面不允许停留闲杂人员,不允许向下抛掷任何物体。也不允许将任何物体遗漏在高处作业现场。

c.安全防护区应有警告标志。

d.吊装物应固定牢靠,防止坠落,发生意外。

e.大型零部件在运输时应采取有效措施,保证运输的安全;应提出对道路的宽度、最小转弯半径、最大承载力要求,应考虑当地的道路高度。

f.在平均风速大于10m/s时和雷雨气候下不允许吊车工作。

g.应有吊装现场的风力发电机组和吊车在吊装中的位置图。

⑤ 安装要求

a.塔架安装。塔架安装前应对地基进行清洗、将地脚螺栓上的浇筑保护套取掉并清掉螺栓根部水泥或砂浆。螺栓应加注少许润滑油,在法兰接触面涂密封胶。将要在地基上固定的构件按规定的位置固定好。

塔架起吊前应检查所固定的构件是否有松动和遗漏。塔架起吊后要缓慢移动,塔架法兰螺纹孔对准对应的螺栓位置后,轻轻放下并按照对称拧紧方法拧紧,以保证受力均匀。

塔架安装后检查其安装位置,如果误差较大应进行调整、防止挤压螺栓。塔架安装后检查垂直度,塔架中心线的垂直度应不大于千分之一的塔架高度。

b.机舱安装。机舱安装前应对叶片、机舱、轮毂、延长段的重量、外形尺寸、重心位置列出详细的图和表说明。机舱安装前应清理干净。

机舱安装时应注意安全吊装。对螺纹紧固件的螺纹表面应进行润滑,并按规定的力矩和装配方法拧紧。

安装风轮时,各叶片安装角的相对偏差不得超过设计图样的规定。吊装风轮时,应注意叶尖不能碰着地面和塔架,以免损伤叶尖。

传动系统安装时,要保证图样规定的间隙,不允许有任何卡滞现象,并在规定的部位加注好润滑油或润滑脂。润滑油或润滑脂的牌号应符合图样或技术文件的规定。

c.电气安装。电气接线和电气连接应可靠,所需要的连接件如接插件、连接线、接线端子等应能承受所规定的电(电压、电流)、热(内部或外部受热)、机械(拉、压、弯、扭等)和振动影响。母线和导电或带电的连接件,按规定使用时,不应发生过热松动或造成其他危险的变动。

在风力发电机组组装时，发电机转向及发电机出线端的相序应标明，应按标号接线，并在第一次并网时检查相序是否相同。电气系统及防护系统的安装应符合图样设计要求，保证连接安全、可靠。不得随意改变连接方式，除非设计图样更改或另有规定。除电气设计图样规定连接内容外的其他附加电气线路的安装（如防雷系统）应按有关文件或说明书的规定进行。

机舱至塔架底部控制柜的控制及电力电缆应按国家电力安装工艺中的有关要求进行安装，应采取必要的措施防止由于机组运行时振动引起的电缆摆动和机组偏航时产生绞缆。各部位接地系统应安全、可靠，绝缘性能应不小于 $1M\Omega$。

(4) 安装检查

① 安装检验要求

安装检验是一项非常重要的工作，应高度重视。应设专门检验员进行检验，以保证安装质量。

② 检验项目

检验项目要求：螺纹连接件的松紧度是否达到要求。焊缝是否焊牢固，有无裂纹、夹渣等缺陷，连接强度是否可靠；钢焊缝手工超声波探伤方法和探伤结果分级按 GB/T 11345 执行；钢熔化焊对接接头射线照相和质量分级按 GB/T 3323 执行。机械零件的辐射保护。电器设备的安装质量（如电缆铺设、接地设备和接地系统）。液压系统管道是否泄漏。塔架与地基、机舱与塔架的形位公差是否符合图样要求。显示系统、警示标志是否清楚、齐全。操作系统是否灵活、安全、可靠。

③ 试运行

a. 按风力发电机组试运行规范进行试运行。

b. 按风力发电机组日常使用、维护手册进行操作和日常维护。

c. 试运行程序进行完毕，应按相应的试运行验收标准进行验收。

④ 交付

试运行完成后，向用户提交安装检验报告和试运行验收报告，由用户验收。

附录4 风力发电机组——控制器技术条件
(GB/T 19069—2003)

(1) 范围

本标准规定了为保证并网型风力发电机组的有效和安全运行，在电气控制和安全保护系统方面应符合的技术要求。

本标准适用于与电网并联运行、采用异步发电机的定桨距失速型风力发电机组电气控制装置的设计与检验。

(2) 术语和定义

运行管理（operation management）

指的是一种工作程序，目的在于使风力发电机组有效、安全地运行，尽可能避免故障，并减轻机组部件所受的应力。一般将逻辑程序输入控制系统。

安全方案（safety concept）

是保证万一发生故障时风力发电机组仍保持在安全状态的系统方案的一部分。如果发生故障，安全系统的任务是保证机组按照安全方案工作。

控制系统（风力发电机组）[control system（for WTGS）]

接受风力发电机组信息和环境信息，调节风力发电机组，使其保持在工作要求范围内的系统。

外部条件（风力发电机组）[external conditions（for WTGS）]

影响风力发电机组工作的各种外部因素，包括风况、其他气候因素（温度、雪、冰等）和电网条件。

保护系统（风力发电机组）[protection system（for WTGS）]

确保风力发电机组运行在设计范围内的系统。如果产生矛盾，保护系统应优先于控制系统起作用。

制动系统（风力机）[braking system (for wind turbines)]
能降低风轮转速使其保持在一个最大值以下，或者使风轮停止旋转的系统。制动系统包括按照需要有助于制动风轮的所有部件。

失效（failure）
执行某项规定功能的终结。失效后，该功能项有故障。"失效"是一个事件，区别于作为一种状态的"故障"。

故障（fault）
不能执行某规定功能的一种特征状态。它不包括在预防性维护和其他有计划的行动期间，以及因缺乏外部资源条件下不能执行规定功能。故障经常作为功能项本身失效的结果，但也许在失效前就已经存在。

控制柜（control cabinet）
安装各种电子器件和电气元件的，具有防护功能的矩形结构电控设备。

冗余技术（redundancy）
应用两路器件或系统，用于确保一路器件或系统失效时，另一路器件或系统仍能有效地执行所要求的功能。

偏航（yawing）
风轮轴绕垂直轴的旋转（仅适用于水平轴风力机）。

关机（风力机）[shutdown (for wind turbines)]
从发电到静止或空转之间的风力机过渡状态。

正常关机（风力机）[normal shutdown (for wind turbines)]
全过程都是在控制系统控制下进行的关机。

紧急关机（风力机）[emergency shutdown (for wind turbines)]
保护系统触发或人工干预下使风力机迅速关机。

失效-安全（fail-safe）
设计特性中的一项，即设备或系统中个别部件失效时仍能保持设备或系统的安全。

排除故障（clearance）
通过人的介入来完成必要的修理或消除故障的原因，然后让风力发电机组运行。排除故障以授权人在场和积极参与为前提。

阵风（gust）
超过平均风速的突然和短暂的风速变化。

空转（风力机）[idling (for wind turbines)]
风力机缓慢旋转但不发电的状态。

制动器（风力机）[brake (for wind turbines)]
能降低风轮转速或停止风轮旋转的装置。

外部动力源（external power supply）
来自外部的用于风力发电机组自动装置、控制系统或机械系统的任何种类的主动力源或辅助动力源。

锁定装置（locking device）
将已经制动到静止的风轮固定住或防止机舱转动的装置。

运行转速范围（operating rotational speed range）
包括风轮从最低运行速度 n_1 到最高运行速度 n_2 的转速范围（见图1），在这个范围内的转速处于正常运行状态。

临界转速（activation rotational speed）
引起保护系统立即启动的转速（见图1中之 n_A）。

最大转速（maximum rotational speed）
是绝不可超过的转速，即使短时超过也不允许。这个速度是作为相应负载情况的最大超速（见图1中之 n_{max}）。

过载功率（风力机）[over power (for wind turbines)]

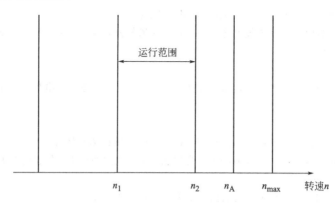

图 1 转速范围

引起控制系统开始降低功率的风轮轴的机械功率。

临界功率（风力机）[activation power (for wind turbines)]

引起保护系统立即启动的风轮轴的机械功率。

最大功率（风力机）[maximum power (for wind turbines)]

是不能超过的风轮轴的机械功率。

切出风速（cut-out wind speed）

风力发电机组达到设计功率时轮毂高度处的最高风速。超过这个风速，风力发电机组关机。

短时切出风速（short-term cut-out wind speed）

风力发电机组发电运行的最大瞬时风速（轮毂高度处）。超过这个风速，风力发电机组立即关机。

(3) 一般要求

① 概述

在风力发电机组系统方案的设计阶段，应在总体框架内确定机组的运行管理和安全方案，从而确定电控系统的功能和要求，以便使机组运行最佳化。并在万一发生故障时，仍能使风力发电机组保持在安全状态。

通常，风力发电机组的运行管理由控制系统执行，其程序逻辑应保证风力发电机组在规定的外部条件下能有效、安全地运行。当控制系统不能使机组保持在正常运行范围内，或有关安全的极限值被超过以后，则由保护系统执行安全方案。安全方案应考虑有关的运行值，如容许的超速、振动、减速力矩、短路力矩以及机组故障、操作失误等不安全因素。

风力发电机组电控系统应兼具控制、保护以及参数检测和监控功能。

② 环境条件和电网条件

a. 环境条件：正常工作温度范围$-20\sim+40$℃，极端温度范围$-30\sim+50$℃；最高相对湿度小于或等于95%。

b. 电网条件：电压，额定值$\pm10\%$；频率，额定值$\pm2\%$。

c. 所有电控设备和元器件应依据风力发电机组安装场地所预期的环境条件和电网条件进行设计。

当实际环境条件和电网条件与规定范围不符合时，供方和用户有必要达成附加协议。

③ 控制柜和元器件

a. 控制装置应能防止外界固体物和液体的侵入，控制柜的外壳一般应具有不低于 IP54 的防护等级。

b. 电控系统中所装用的硬件设备、传感器和元器件应符合相应的各自标准 IEC 60204-1 的有关规定。可编程序控制器应符合 GB/T 15969.1 和 GB/T 15969.2 的规定。

c. 控制柜中所装用的印制板应符合 GB/T 4588.1～4588.2 的规定。

d. 电气接线和电气连接必须可靠，所采用的连接手段如接插件、连接线、接线端子等，应能承受所规定的电（电压、电流）、热（内部或外部受热）、机械（拉、压、弯、扭等）和振动的影响。导线和带电的连接件，按规定使用时，不应发生过热、松动或造成其他危险的变动。

e. 应参照 GB 14821.1 标准采取电击防护措施，防止直接或间接接触带电体。

f. 应对电控系统采取较完善的屏蔽措施，防止受雷电感应过电压损害。带面板的控制柜各侧一般宜用薄钢板做成，并连接到等电位连接带上。对电源线、数据线、信号线、各个传感器、计算机宜用电涌保护器加以保护。

g. 保护接地电路所有部件（包括保护接地端子、保护导线和控制柜中的导体结构件部分）的设计，应考虑到能够承受保护接地电路中由于流过接地故障电流所造成的最高热应力和机械应力。保护导线应做出标记，使其容易识别。

h. 控制和安全保护系统的调定值应予以保护，防止在非授权情况下随意改动。

i. 手动或自动控制应不损害安全保护系统的功能。允许手动控制的任何装置应在必要处做出适当标记，以便于识别。

j. 可导致机组关机的紧急关机按钮应优先于自动控制系统的功能，并应安装在每个主要的工作地点。

k. 由于内部故障或危及风力发电机组安全的跳闸而引起关机的情况，风力发电机组应不能自动重新启动。

④ 电磁兼容性

a. 电控系统应具有适当的抗电磁干扰的能力，应保证信号传输不受电磁干扰，执行部件不发生误动作。同时，设备本身产生的电磁干扰不应超过相关设备标准，电磁兼容性电平也不应超过有关文件所规定的电平。

b. 采用适当的滤波器和延时装置，选择一定功率的电平，采取合理的布线（如采用纹合线、屏蔽线、分束或交叉走线等）或者把一些灵敏的设备或部件同一些开关设备（如晶闸管、电磁继电器、接触器等）分离、屏蔽等措施，可避免或降低电磁干扰。

⑤ 单一失效

a. 与安全保护系统功能有关的单个元器件（如传感器或制动器）的失效，应不会导致安全保护系统失效。

b. 两个独立元器件同时失效可归入不可能事件，因此可不予考虑。如果两个或多个元器件相互关联，则它们同时失效可视为单一失效。

c. 就可用性和可靠性而言，对安全保护系统各个元器件应有最高的技术要求。

⑥ 冗余技术和相异技术

a. 采用冗余技术可使电路或系统中单一故障引起危险的可能性减至最小，可设计成使冗余器件或系统在正常运行中有效的在线冗余；也可设计成专用电路或系统，仅在操作功能失效时去接替保护功能的离线冗余。在正常工作期间离线冗余技术不起作用的场合，在需要时应采取措施确保这些电路或系统可供使用。

在方案上，安全保护系统应与控制系统完全分开。安全保护系统应至少能启用两套相互完全独立的制动系统。此处的"独立"意味着在系统工程设计阶段应严格避免因共同原因而引发的故障。因此，单一元器件的失效必定不会导致所有制动系统因而也是整个安全保护系统的失效。

b. 相异技术是采用具有不同操作原理或不同类型器件的控制电路，可以减小故障的可能性和故障引起的危险。例如：由联锁防护装置控制的常开和常闭触点的组合；电路中不同类型控制元件的运用；在冗余结构中机电和电子电路的组合；电和非电（如机械、液压、气压）系统的组合。

（4）控制系统

① 设计原则和要求

a. 控制系统应设计成在规定的所有外部条件下都能使风力发电机组的运行参数保持在它们的正常运行范围内。

b. 控制系统通过输入的运行管理程序，对风力发电机组进行控制，使风力发电机组有效、安全地运行，尽可能避免故障，降低机组所承受的应力水平，使机组运行最佳化。

c. 控制系统应能检测（如超速、超功率、过热等）故障，并进而采取适当的措施。

d. 控制系统应从为风力发电机组配置的所有传感器获取信息，并应能启动两套制动系统。

e. 当安全保护系统启动制动系统时，控制系统应自行降至服从地位。

f. 控制系统通过主动或被动方式控制风力发电机组的运行，并使运行参数保持在其正常范围内。应认真考虑控制方式的选择，例如对维修而言，除紧急关机按钮外，这种控制方式应超越所有其他的控制。控制方式的选择应通过一个选择器来进行，它可以被锁定在与每个单一控制方式相应的位置上。当某些功能用数字控制时，应提供选择相应功能的数字码。

② 控制功能和参数

a. 控制系统应能完成风力发电机组的正常运行控制。控制系统可以控制的功能和参数包括：机组的启动和关机程序；电气负载的连接和发电机的软并网控制；大、小发电机的自动切换；补偿电容器的分组投入和切换；功率限制；风轮转速；偏航对风；扭缆限制；电网失效或负载丢失时的关机等。

b. 控制系统应包括对风力发电机组运行参数和状态的检测和监控，如：风速和风向；风轮和发电机转速；电参数，包括电网电压和频率，发电机输出电流、功率和功率因数；温度，包括发电机绕组和轴承温度，齿轮箱油温，控制柜温度和外部环境温度；制动设备状况；电缆缠绕；机械零部件故障；电网失效等。

c. 在控制柜的面板上，应能显示和查询风力发电机组的运行状态及参数、显示故障状态、查询故障地点、设置运行参数等。通过控制柜面板应能实现对风力发电机组的人工启停控制、偏航控制以及修改参数等控制操作，为维护人员提供良好的操作界面。

d. 控制系统应具有故障处理功能，即在对风力发电机组运行过程中出现的故障进行适时检测的基础上，根据故障类型分别进行正常关机、紧急关机或报警。同时，针对可自恢复故障和不可自恢复故障，实现风力发电机组重新自动启动或人工启动。对于可自恢复故障（如电网失效或电网频率、电压偏差过大、发电机输出功率过大或发电机温度过高等），待这些故障自动消除后，可重新自动启动机组。对于不可自恢复故障（如机械制动器磨损过度而失效、机械零部件故障等），则应人工排除故障后才可以重新启动机组。

e. 控制系统应具有单台风力发电机组与中央控制室上位计算机的远程通信功能，以便中央控制室适时监测风力发电机组的运行状态、运行数据和故障情况等。

③ 启动

a. 风力发电机组的启动方式包括自动启动、面板人工启动、顶部机舱人工启动和远程启动。各种启动方式的优先级由高到低依次为：顶部机舱人工启动、面板人工启动、远程启动、自动启动。当存在高级别启动控制时，对较低级别启动控制应不予响应。

b. 在系统第一次上电或电网故障停电后又恢复正常时，电控系统应对电网及系统安全链进行检测，在无故障情况下，使系统处于待机状态。

c. 启动过程中应完成液压系统压力检测、叶尖复位、风速检测、偏航对风、机械制动器松闸、根据风速判断启动大电机或小电机、闭合发电机连接电网的断路器、触发晶闸管进行软并网、闭合晶闸管旁路接触器等程序。在并网完成后，根据无功功率情况投入相应的补偿电容。

④ 并网

a. 异步发电机的并网条件是：转子转向应与定子旋转磁场转向一致，即异步发电机的相序应与电网相序相同；在发电机转速尽可能接近同步速时并网。

b. 对于容量较大的风力发电机组（$\geqslant 100 \text{kW}$）宜采用晶闸管软并网技术。发电机经一组双向晶闸管与电网连接，当风轮带动异步发电机转速至接近同步速时，与电网相连的各相晶闸管的控制角同时由 $180°\sim 0°$ 逐渐打开（晶闸管导通角由 $0°\sim 180°$ 同步增大），控制并网瞬间的冲击电流在规定的限度内（一般应不超过 $1.5\sim 2$ 倍额定电流）。暂态过程结束后，晶闸管通过旁路接触器短接。

⑤ 大、小发电机切换控制

a. 大、小发电机切换控制包括小电机向大电机的切换控制和大电机向小电机的切换控制。

b. 应慎重选择大电机向小电机切换时的功率或风速设定值，防止切换过程中超速飞车。

c. 在大、小发电机切换程序中，应首先切除补偿电容，防止发电机自激过压，切换完成后再投入相应电容。

⑥ 电容器投切控制

a. 风力驱动的异步发电机正常运行时，向电网输送变化的电能，其所需要的无功补偿功率也相应随机变化。无功补偿电容器应按照风力发电机组运行的实际需要分组匹配。分组电容器按各种容量组合运行时，不得发生谐振。

b. 分成几组的并联电容器装置应采用自动投切方式，自动投切装置应具有防止保护跳闸时误合电容器组的闭锁功能。自动投切的控制量可选用无功功率、无功电流或功率因数。

c.每组电容器投入和切除的控制量设定值应有适当的回差,以避免频繁投切。

d.当风力发电机组脱网或电网失电时,应立即断开与发电机并联的电容器组,以避免发电机自励出现过电压。

⑦ 偏航控制

a.偏航控制包括风向标控制的自动偏航、面板人工控制偏航、顶部机舱人工控制偏航、远程控制偏航。各种偏航控制的优先级由高到低依次为:顶部机舱人工控制偏航、面板人工控制偏航、远程控制偏航、风向标控制的自动偏航对风。当存在高级别偏航控制时,对较低级别偏航控制应不予响应,并应清除原有的较低级别偏航控制。

b.大风情况下,为保证风力发电机组的安全,宜采用90°侧风控制。在90°侧风时,应根据风向标传感器信号确定机舱与主风向的相对位置,使机舱走最短路径,以最短时间偏离主风向。

⑧ 扭缆限制和自动解缆

a.解缆包括扭缆传感器控制的自动解缆和扭缆开关控制的安全链保护。当扭缆达到设定的下限值时,扭缆传感器向控制系统发出信号,通过偏航驱动装置的适当操作,自动使电缆解绕。如果必要,可使机组正常关机,随后进行解缆操作。若自动解缆未能执行,扭缆达到设定的上限值时,则应触发安全保护系统,使风力发电机组紧急关机,同时通知计算机为不可自恢复故障,等待进行人工解缆操作。

b.当执行解缆操作时,系统应自动屏蔽所有其他偏航请求,包括顶部机舱人工偏航、面板人工偏航、远程控制偏航和自动偏航。

⑨ 关机

a.在控制系统控制下进行的关机属正常关机。在风速很低、发电机输出功率很小甚至从电网吸收功率时,或者机组出现除紧急关机以外的需要进行关机的故障时,则应进行正常关机。

b.通常,正常关机时,应先使气动制动器动作,待转速下降至某一设定值时再投入机械制动器。

(5) 安全保护系统

① 设计原则和要求

a.由于风力发电机组的内部或外部发生故障,或监控的参数超过极限值而出现危险情况,或控制系统失效,风力发电机组不能保持在它的正常运行范围内,则应启动安全保护系统,使风力发电机组维持在安全状态。

b.安全保护系统的设计应以失效-安全(fail-safe)为原则。当安全保护系统内部发生任何部件单一失效或动力源故障时,安全保护系统应能对风力发电机组实施保护。

c.安全保护系统的动作应独立于控制系统,即使控制系统发生故障也不会影响安全保护系统的正常工作。

d.应调定安全保护系统的触发电平,使其不超过作为设计基础的极限值,以免风力发电机组发生危险,同时也应使控制系统不会受到安全保护系统不必要的干扰。

e.保护系统应能优先使用至少两套制动系统以及发电机的断网设备。一旦偏离正常运行值,安全保护系统即被触发并立即执行其任务,使风力发电机组保持在安全状态。通常在安全保护系统被触发下,利用所有的制动系统使风轮减速。与电网脱离不必在安全保护系统的触发瞬间立即执行,在任何情况下应避免风力发电机组加速和发电机作为电动机运行。

f.如果已启用了安全保护系统,则应按照前文排除故障。安全系统的这种排除故障应与控制系统无关,并且这种故障不可能自动被清除。

g.安全保护系统的软件设计中,应采取适当措施防止由于用户或其他人的误操作引起风力发电机组误动作。在机组的任何状态下,非法的键盘及按键输入应不被承认。

② 保护功能

在下列情况下应启动安全保护系统:超速;发电机过载或故障;过度振动;在电网失效、脱网或负载丢失时关机失效;由于机舱偏航转动造成电缆的过度缠绕。此外,在控制系统功能失效或使用紧急关机开关时,也应启动安全保护系统。

③ 制动系统

a. 制动系统要求。应至少配置两套相互独立的制动系统，利用它们可在任何时候使风轮减速或使之停车；在电网或负载丢失同时一套制动系统失效情况下，其他制动系统应能使风轮转速保持在最大转速 n_{max} 以下，并应能将风轮制动到静止。最大转速 n_{max} 应在设计阶段考虑到系统的固有频率和可能的不稳定性予以确定。

b. 制动原理的选择。制动系统可选择一种或多种类型，如机械的、电气的、气动的、液压的或气压的，使风力发电机组由任何工作状态停机或处于空转状态。至少应有一套制动系统按气动原理工作，并应直接作用在风轮上。如果不能满足这一要求，则应至少有一套制动系统作用在以风轮驱动旋转的部件（如轮毂、轴）上。超速触发所需的测量装置应设置在低速部件上。

c. 外部动力源。制动器设计时，如果外部动力源发生故障，应使得它们仍能执行其功能（由离心力直接触发的叶尖制动可满足这一要求）。如果制动器执行功能需要来自储能器（例如液压装置或蓄电池）的辅助动力源，则必须自动监控储能器所储存的能量，该能量应至少能满足一次紧急制动的需要。如果这种监控不能连续进行，则至少每周应进行一次测试。如果监控或测试显示出否定结果，则风力发电机组应立即关机。

④ 转矩限制装置的布置

如果设置限制转矩的部件，则所配备的任何机械制动器应位于转矩限制装置和风轮轮毂之间。

⑤ 用于维修的安全装置——风轮和方位锁定装置

a. 要求。风力发电机组的风轮和机舱应至少各装设一套锁定装置或等效的装置，其功能是锁定这些部分以防止它们转动。通常，制动设备不可以同时又被当作所要求的锁定装置。在特殊情况下，且装置设计保证制动系统各个部件的工作均能可靠地执行，则可以偏离这一规则。

b. 锁定装置的设计。锁定装置设计时，应使它们在即使放开制动器的情况下也能可靠地防止风轮或机舱的任何转动。风轮和机舱锁定装置的设计应以每年的阵风以及安装和维修时可能出现的阵风为基础。风轮的锁定装置应安排作用在邻近轮毂的驱动链上，并且形状吻合。用绳索将风轮叶片捆绑到塔架或其他地方是不够的。机舱锁定装置用来防止机舱的偏航运动。

c. 安全要求。锁定装置的设计是基于这样一种假设：维修人员从容进入、停留在里面，并在确信装置起作用的情况下，在一个危险区域工作。因此对于锁定装置的工作可靠性、质量、易接近以及它与要锁定的机组部件（例如风轮叶片、轮毂、轴）的啮合等应强制性地有特别高的要求。

d. 锁定装置的启动。如果在风力发电机组运行期间转动的那些部件上进行工作，则总是应启动锁定装置，即使机组通过制动保持在停止状态或提供方位制动，也应启动锁定装置。操作维修人员应十分重视这一安全措施，在操作手册中应写入适当注意事项。

(6) 监控和安全处理

① 概述

监控装置应完成风力发电机组运行状态和运行参数的检测功能。检测的参数包括风速、风向、风轮或发电机转速、电气参数（频率、电压、电流、功率、功率因数、发电量等）和温度（发电机绕组温度、轴承温度、齿轮箱油温、控制柜温度、外部环境温度）等，状态监测包括振动、电缆缠绕、电网失效、发电机短路、制动闸块的磨损、控制系统和偏航系统的运作情况以及机械零部件的故障和传感器的状态等。

上述信息均应汇入控制系统，其中对安全尤为重要的信息还应输入保护系统。当监测的参数或状态超过极限值或者发生故障时，则安全保护系统启动和（或）通过控制系统作安全处理。

② 转速

a. 转速测量。准确测量转速是不需要的，如果一个和转速显然有关的参数（如离心力）被连续监控以判断转速是否超过极限值也就满足需要了。对此，先决条件是可靠，应按照失效-安全的原则进行测量。转速信号应由两个独立的传感器分别采集，并提供给控制系统和安全系统。其中至少有一个传感器应直接设置在风轮上。根据叶尖调节原理工作，由离心力触发的空气动力制动系统不需要直接的转速测量装置，但用作紧急制动的叶尖触发信号应提供给安全保护系统和控制系统。

b. 传感器的工作可靠性。原则上，速度传感器应像制动设备本身一样满足有关功能和可靠性的同样要求。

c. 转速超过运行范围。如果风轮转速超过运行范围，即 $n > n_2$，则控制系统应作出响应，使风轮减速。

d. 转速超过临界转速。如果风轮转速超过临界转速 n_A，则安全保护系统应作出响应。

e. 安全保护系统触发后的状态。如果超速后安全系统作出响应，则任何时候都不应超过最大转速 n_{max}，即使短时超过也不允许。对于气动制动器和时间上交错作用的制动器尤其应考虑到这点。

③ 功率

a. 功率的测量。通常，用电功率（有功功率）作为测量参数。如果风力发电机组的设计方案包括超过定义的过载功率 P_T 的可能性，则应将功率作为控制参数来采集。功率测量被看做是一种运行中的测量，并作相应的处理。可以借助其他物理参数，只要这些参数与功率之间有一个明确认可的关系。如果这样，则应在试验阶段通过测量确定运行中检测的替代参数与功率之间的关系，并以适当的形式（例如以性能图表的形式）记录下来。

功率测量设备应能采集平均值（大约 1～10min 的平均值）和短时功率峰值（扫描速率至少每秒一次）。测得的功率和转速一起可看作是整个风力发电机组平均负载的测量。也可将其用作由于极大风速引起保护措施启动的替代测量值。

b. 超过过载功率 P_T。如果功率超过过载功率 P_T，则控制系统应自动启动适当的保护措施。但实际功率的长期平均值应不超过额定功率，以免发电机过载和过热，实际措施取决于设计。否则，在任何情况下，风力发电机组均应关机。

c. 瞬时功率超过临界功率 P_A。如果瞬时功率超过临界功率 P_A，则安全系统应立即自动启动保护措施。实际措施取决于设计，在任何情况下风力发电机组均应关机。在这个过程中，应不超过最大功率 P_{max}。

传感器应能启动保护措施的自动触发装置，即使功率过载是短时的，也应立即启动。

d. 自动启动。如果由于超过过载功率 P_T 而导致风力发电机组关机，只要设计方案中有相应规定，并且系统中没有故障，则该风力发电机组无需排除故障就可以自动重新启动。

④ 风速

a. 风速的测量。通常，不需要测量风速。但如果风力发电机组的安全运行除了取决于其他因素外，还取决于风速，或者风速是控制系统的输入参数之一，则应提供可靠和适当的测量风速的方法。

如果必须测量风速，则可以通过直接测量风速或者借助于另一个与风速有明确认可关系的参数，并加以处理来满足这一要求。原则上，用作控制系统输入参数的测量应选择适当的检测点和测量技术，可以考虑将轮毂高度处尽可能未受干扰的风速作为相关的测量参数。

若选择一种在结冰情况下会导致很大误差的测量方法，则有必要对测量值进行连续的检验（例如和其他有关的风速测量值相比较），并给传感器安装一个适当地在结冰情况下即可启动的加热装置。

b. 超过切出风速。如果将切出风速 V_o 作为风力发电机组设计的一个基本参数，则当超过切出风速时，风力发电机组应通过控制系统自动关机。

c. 超过短时切出风速。如果将切出风速作为风力发电机组设计的一个基本参数，则当超过短时切出风速 V_A 时，风力发电机组应通过控制系统立即自动关机。

d. 自动启动。如果由于超过切出风速或超过短时切出风速而导致风力发电机组关机，只要设计方案中有相应规定，并且系统中没有故障，则该风力发电机组无需排除故障就可以自动重新启动。

e. 风速测量装置发生故障时的控制。如果控制系统检测出风速测量装置有故障，则风力发电机组应关机。

⑤ 振动

a. 概述。这里所说的振动指的是由于不平衡和运行在固有频率附近而引起的风力发电机组的强迫振动。不平衡可能是由于损伤、故障或其他外部影响（如风轮叶片结冰）所致。

b. 振动的测量。应连续地测量振动并将其振幅与极限值作比较。传感器应安装在机舱高度处并偏离塔架轴线。由于检测的振动一般以整个机舱的运动最明显，所以应采用检测总体运动的测量技术。如果机舱运动没有传到塔架，也可以检测适当的相关运动作为代替。通常，振动监控可以得出风力发电机组状态的定性结论。如果观测到振动的水平过高，应认为是不正常运行。

c. 传感器的安全工作。传感器的灵敏度应与主要状态相匹配。应有效地保护传感器，以免受到所有外部的影响，包括未经允许的人员的干扰。建议在装置运行时调整其灵敏度。

d. 超过极限值。如果实际测量的振动超过预先设定的极限值，则安全保护系统应做出响应。

⑥ 电网失效/负载脱落

a. 概述。如果风力发电机组失去负载（例如电网负载），则风轮可能迅速升速，这将危及各个部件（风轮叶片、传动装置、发电机）的安全。

b. 电网失效后的操作。电网失效，则风力发电机组失去其负载，应由控制系统和安全保护系统检测出来，并使风力发电机组关机。

c. 电网恢复后的操作。电网失效可视为一外部事件，因此一旦电网能重新接受负载，则风力发电机组可以由控制系统自动启动。

⑦ 发电机短路

风力发电机组应配备适当的短路保护装置。如果保护装置检测出短路，则应做出响应，并同时触发安全保护系统。

⑧ 发电机温度监控

a. 测量。应监控发电机的绕组温度，以保证绕组温度保持在允许的运行范围内。为此，应选择一种功能可靠、无需维护的自监控测量系统。

b. 极限值。绕组温度的极限值一般根据制造商所提供的有关电机绝缘等级的资料来确定。

c. 超过容许温度后的操作。如果超过容许的绕组温度，则控制系统应降低发电机的功率输出，以给其一个冷却的机会。即使只是稍微超过容许的温度值，也会减少发电机的寿命。显著超过这个限值会在短时间内导致电机损坏。过大的电流或功率可能导致零部件机械过载和电气过载，应通过控制装置减少额定运行值的短时超出。如果超过最大容许限值，则风力发电机组安全保护系统应做出响应。

⑨ 制动系统状态监控

a. 概述。制动系统对风力发电机组的安全特别重要。机械制动系统易受磨损，因此，制动器应尽可能按低磨损或无磨损原理工作。风力发电机组制动系统的设计，应能对加剧了的可导致制动失效而又不被注意的磨损做出响应。需要时，应提供制动设备状态的监控。

b. 测量。机械制动器的刹车片厚度和（或）制动间隙，以及实现制动的时间或功率消耗（取决于设计），都可以用作状态监控的相关测量参数。

c. 安全要求。如果状态监控被用来作为失效-安全设计的一种替代，则应符合与制动设备本身相同的安全标准（例如监控失效，制动器应作出响应）。监控设备应能尽早（至少应在不再能达到所要求的制动功率之前）检测出制动器递增的缺陷，并启动防范措施。

d. 检测出故障后的操作。如果状态监控显示出制动器的磨损或磨蚀达到最大容许的程度，则控制系统应使风力发电机组关机，并做出失效检测的明确报告。

⑩ 电缆缠绕

a. 概述。风力发电机组的运行可能导致柔性电缆，特别是旋转部件（如机舱）和固定部件（如塔架或基础）之间连接电缆的缠绕，应采取技术措施防止这些电缆因过度缠绕而损坏。

b. 测量。用于辨别机舱总转数的与方向有关的计数或类似的方法，可视为测量柔性电缆缠绕情况的合适方法。

c. 极限值。柔性电缆缠绕的可接受程度由制造商或供应商确定。

d. 过度缠绕后的操作。监控缠绕的设备应在达到最大可接受的缠绕程度之前作出响应。在风力发电机组具有主动偏航系统的情况下，通过偏航驱动装置的适当操作，可以自动使电缆解绕。如果必要，可使机组关机。如果柔性电缆已自动解绕，则风力发电机组无需排除故障就可以重新启动。在机组没有主动偏航系统的情况下，应采取措施防止在达到最大可接受的缠绕程度之后，机舱的进一步旋转，使风力发电机组处于安全状态。

⑪ 偏航系统

a. 风向的测量。风向测量对风力发电机组的控制是必需的，应以一种适当的方法对测量设备（例如风向标）连续地进行监控，并装设一个合适的在结冰时可启动的加热装置。

b. 风向测量发生故障时的控制。如果控制系统检测出风向测量发生故障，则风力发电机组应关机。

c. 主动偏航系统。在机舱带有主动偏航系统的情况下，应保证即使直接操作不当，也不会由于计算中未包括的应力而使风力发电机组的完整性处于危险状态。具有主动偏航系统的机舱驱动装置应能自锁,将弹簧操作的方位制动与无自锁的驱动装置相结合可满足这一要求。启动前,应确定或调整机舱与风向一致。在长时间停机后,这一点尤其重要。

d.被动偏航系统。在被动偏航系统的情况下,机组启动前应确定机舱的偏航误差小于设计值。

⑫ 频率和电压

在风力发电机组并网运行的情况下,可假设电网频率是固定的。通常,电网的频率和电压强加于风力发电机组。要达到维持满意的并网运行所要求的程度,应有专门的监控和运行管理。

⑬ 紧急关机开关

a.概述。作为人工干预的一种手段,在机舱内及在控制和调节装置中,至少应各设一个紧急关机开关。这些开关应这样设置和构成:它们只能按其功能要求工作,而不能被改作其他用途。

b.要求。启用紧急关机开关是为了使人或风力发电机组本身脱离危险。基本上,这意味着安全保护系统在尽可能短的时间内使风力发电机组的所有运动都停止。这个主要目的不应是缓慢实现,而应在与装置强度相适应的情况下最迅速地制动到静止,因此应该避免可能出现的任何时间延误。

c.紧急关机开关启动后的操作。紧急关机开关启动后的操作,可以同安全保护系统由于过度振动而被触发时的操作相同。紧急关机开关接通后应保持在接通位置。

⑭ 机械零部件故障

机械零部件应根据技术水平实施监控。其监控范围应包括能用作运行可靠性测量的物理参数(例如齿轮箱油压和油温、轴承温度等)。监控设备应配置到何种程度,基本上取决于总体设计方案和相应的安全标准。超过极限值时应由控制系统关闭风力发电机组,并且只有在排除故障后才能重新启动。

⑮ 控制系统的操作

a.运行管理定义为在预定条件下对风力发电机组的操作程序。如果运行管理由控制系统执行,则该系统应承担风力发电机组的控制和调节。

b.如果检测到控制系统已失去对风力发电机组的控制,则控制系统应触发安全保护系统。

c.如果设置了对控制系统的监控(如看门狗),并且该监控装置在24h内不止一次做出响应,则也应触发安全保护系统。

d.如果安全保护系统被触发,则控制系统应将最后运行情况的数据储存下来(即使多次使用了复位开关)。

(7) 检验

① 概述

为了验证在实际条件下控制器是否满足设计规范的要求,应进行下列检查和试验:传感器及其安装规程的检查;控制柜安全检查和试验;控制功能的检查和试验;安全保护功能的检查和试验;软并网功能试验;抗电磁干扰试验。

可在装置或试验台上模拟机组运行情况或模拟故障情况,进行试验。提供的报告文件应包括对试验方法、试验条件、试验设备和试验结果的完整描述。

② 传感器及其安装规程的检查

检查装于风力发电机组上的各种传感器及其安装规程是否符合其本身的标准规定,其性能和精度是否满足系统监测、控制和安全保护的要求。

③ 控制柜安全检查和试验

a.保护接地电路检查。进行目测检查,并应进行保护导线连接的牢固性检查。

b.绝缘电阻检验。在电力电路导线和保护接地电路间施加500V直流电压时,测得的绝缘电阻应不小于1MΩ。

c.耐压试验。各电路导线和保护接地电路之间应能承受GB/T3797所规定的介电试验电压。试验电压应从零或不超过全值的一半开始,连续或最大以全值5%阶跃上升,升至全值的时间不少于10s,然后维持1min,试验后将电压逐渐下降至零。对于出厂检查可按规定试验电压点试1s。不适宜经受该试验的元件,应在试验期间断开。

④ 控制功能的检查和试验

对控制器的控制功能应进行下列检查和试验：根据风速信号进行启动、并网合闸和停机功能试验；根据风向信号进行偏航对风调向试验；根据功率或风速信号进行大、小发电机切换试验；根据无功功率信号进行补偿电容器分组投入试验；根据机舱转动方向的计数，启动偏航驱动装置，进行电缆解绕试验；电网失效或负载丢失时的停机试验。通过上述试验，确认各项控制功能动作准确、可靠。

⑤ 安全保护功能的检查和试验

对控制器的安全保护功能应进行下列检查和试验：根据转速信号进行超速保护的紧急关机试验；根据发电机电流或功率信号进行过载保护的紧急关机试验；根据振动信号进行过度振动保护的紧急关机试验；根据机舱转动方向的计数，在同一方向的净转数超过设计的限值时，进行扭缆保护的紧急关机试验；进行人工操作的紧急关机试验。通过上述试验，确认各项安全保护功能动作准确、可靠。

⑥ 软并网功能试验

带动异步发电机转速至接近同步速（约为同步速的92%～99%）时，发电机经一组双向晶闸管与电网连接，控制晶闸管的触发单元，使双向晶闸管的导通角由0°～180°逐渐增大。暂态过程结束时，旁路开关闭合，将晶闸管短接。整个并网过程中的冲击电流应不大于该发电机额定电流的2倍。

⑦ 抗电磁干扰试验

试验按照有关标准的规定进行，所用的干扰等级可根据预期的使用环境选定。在存在高频电磁波干扰的情况下，传感器应不误发信号，执行部件应不误动作。

(8) 技术文件

① 概述

为了风力发电机组控制器安装、操作和维护的需要，应以说明书、图、表等形式提供所需的资料。这些资料应使用供方和用户在订货前共同商定的语言和信息载体（如软片、磁盘等）。供方应随每台控制器提供相应的技术文件。

② 提供的资料

a. 随风力发电机组控制器提供的资料应包括：控制器（包括控制系统和保护系统）的功能说明书；控制器和各种传感器的安装、连接和操作说明书；各种传感器的运行检测和故障监控及处理功能说明书；维护要求的维护说明书；系统图或框图；电控系统的主电路图和控制电路图，包括与电网的电气连接部分；安全防护措施及方法的说明；备用元器件清单。

b. 技术文件应至少包括下列信息：控制器及相关传感器的正常工作条件，包括预期的电源情况和适合的实际环境；搬运、运输和存放；设备的不合适的使用。这些信息可作为单独文件提供，也可作为安装或操作文件的一部分提供。

c. 文件应依据标准的要求制定。为了便于用户查阅各种文件，供方应在图上或文件清单上列出所有文件的编号和标题。

③ 安装图

a. 应给出安装时可能需要参阅的适当的装配图，以及安装时需要的机械和工具。

b. 应清楚表明现场安装电源电缆的推荐位置、类型和截面积。

c. 应详细说明由用户准备的地基中的通道尺寸、用途和位置。

d. 应给出控制柜所有外部连接的互联接线图或互连接线表。

④ 系统图（框图）

a. 为了便于了解工作的原理，应提供系统图（框图）。框图象征性地表示电控系统及其功能关系，而无需示出所有互连关系。

b. 功能图可作为框图的一部分，还可作为其他功能图的一部分。

⑤ 电路图

a. 如果系统图不能充分详细表明电控系统的基本原理，则应提供电路图。

b. 在适当的场合应提供表明接口连接端子和控制系统功能的端子功能图。为了简化，这种图可与电路图一起使用。端子功能图应包括每个单元详细电路图的参考资料。

c. 电路图应能便于了解电路的功能，便于维修和便于故障位置测定。

⑥ 操作说明书

技术文件中应包括一份详述安装和使用设备的正确方法的操作说明书。应特别注意所提出的安全措施和预料到的不合理的操作方法。

⑦ 维修说明书

维修说明书应详述控制器调整、维护、预防性检查和修理的正确方法。维修记录的有关建议应为该说明书的一部分。如果提供正确操作的验证方法（如软件调试程序），则这些方法应详细说明。

⑧ 备用元器件清单

a. 备用元器件清单至少应包括订购备用件或替换件所需的信息（如元件、器件、软件、测试设备和技术文件）。这些元器件是预防性维修和设备保养所需要的，其中包括建议由用户储备的元器件。

b. 应为每个项目列出元器件清单。文件中所用的项目代号；形式代号；供方和可买到的其他货源；同一项目代号元件的数量。

附录5　风力发电机组——控制器试验方法
(GB/T 19070—2003)

（1）范围

本标准规定了并网型风力发电机组控制器试验条件、试验方法及试验报告编写要求。

本标准适用于与电网并联运行、采用异步发电机的定桨距、失速型风力发电机组控制系统及安全系统试验。

（2）术语和定义

外场联机试验（field test with turbine）

在自然风况下，在已安装并调试完毕的风力发电机组上，针对控制器和安全系统所进行的功能试验。

试验台（test-bed）

用于对风力发电机组的控制器和安全系统进行功能试验的成套设备。该试验台主要由试验台架、变速原动机、人工气流源、试验变压器、负载（电力网）、监控及数据处理系统等组成。

台架试验（test on bed）

将已安装并调试完毕的机舱固定在试验台上，将主回路、控制回路与机舱内的相应机构及传感器相连接。以原动机（例如电动机）代替自然风况下风轮产生的扭矩，用人工气流改变风速传感器指示值。采用上述设备和方法对风力发电机组所进行的试验称为台架试验。

（3）缩略语

机组：风力发电机组。

面板：操作面板。

（4）试验目的

验证机组控制系统及安全系统是否满足相关技术条件规定或设计规范要求。

（5）试验条件

① 试验环境

进行并网型机组控制器及安全系统外场联机试验，其场地选择应满足 GB/T 18451.2 对场地的要求。

② 试验准备

a. 被试验机组应附带 GB/T 19069 规定的技术文件。

b. 被试验机组安装调试完毕，经检验应符合有关标准的要求。

c. 检查装于被试验机组上的各类传感器及其安装规程是否符合其本身的标准规定，其性能和精度是否满足系统检测、控制和安全保护要求。

d. 控制器出厂前已调试完毕，各项参数符合相关机组控制与监测要求；各类传感器调整完毕，整定值亦符合相关机组检测与保护要求。

e. 当机组出厂前进行控制器试验时，宜使用试验台进行机舱台架试验。

③ 测量仪器

试验用仪器、仪表应在计量部门检定有效期内,允许有一个二次校验源进行校验。

(6) 试验内容和方法

① 一般检验

a. 一般检查。主要检查电器零件、辅助装置的安装、接线以及柜体质量是否符合相关标准和图纸的规定。

b. 电气安全检验。主要包括:控制柜和机舱控制箱等电气设备的绝缘水平检验、接地系统检查和耐压试验。

② 控制功能试验

a. 面板监控功能试验。依照试验机组操作说明书的要求和步骤,进行下列试验:

(a) 机组运行状态参数的显示、查询、设置及修改,通过面板显示屏查询或修改机组的运行状态参数。

(b) 人工启动:通过面板相应的功能键命令试验机组启动,观察发电机并网过程是否平稳;通过面板相应的功能键命令试验机组立即启动,观察发电机并网过程是否平稳。

(c) 人工停机:在试验机组正常运行时,通过面板相应的功能键命令机组正常停机,观察风轮叶片扰流板是否甩出,机械制动闸动作是否有效。

(d) 面板控制的偏航:在试验机组正常运行时,通过相应的功能键命令试验机组执行偏航动作,观察偏航过程中机组运行是否平稳。

(e) 面板控制的解缆:通过面板相应的功能键进行人工扭缆及解缆操作。

b. 自动监控功能试验。依据试验机组操作说明书的要求和步骤,进行下列试验:

(a) 自动启动:在适合的风况下,观察机组启动时发电机并网过程是否平稳。

(b) 自动停机:在适合的风况下,观察机组停机时发电机脱网过程是否平稳。

(c) 自动解缆:在出现扭缆故障的情况下,观察机组自动解缆过程是否正常。

(d) 自动偏航:在适合的风向变化情况下,观察机组自动偏航过程是否正常。

c. 机舱控制功能试验。依照试验机组操作说明书的要求和步骤,进行下列试验:

(a) 人工启动:通过机舱内设置的相应功能键命令试验机组启动,观察发电机并网过程是否平稳;通过机舱内设置的相应功能键命令试验机组立即启动,观察发电机并网过程是否平稳。

(b) 人工停机:在试验机组正常运行时,通过机舱内设置的相应功能键命令机组正常停机,观察风轮叶片扰流板是否甩出,机械制动闸动作是否有效。

(c) 人工偏航:在试验机组正常运行时,通过机舱内设置的偏航按钮命令试验机组执行偏航动作,观察偏航过程机组运行是否平稳。

(d) 人工解缆:在出现扭缆故障的情况下,通过机舱相应的功能按钮进行人工解缆操作。

d. 远程监控功能试验

(a) 远程通信:在试验机组正常运行时,通过远程监控系统与试验机组的通信过程,检查上位机收到的机组运行数据是否与下位机显示的数据一致。

(b) 远程启动:将试验机组设置为待机状态,通过远程监控系统对试验机组发出启动命令,观察试验机组启动的过程是否满足人工启动要求。

(c) 远程停机:在试验机组正常运行时,通过远程监控系统对试验机组发出启动命令,观察试验机组是否执行了与面板人工停机相同的停机程序。

(d) 远程偏航:在试验机组正常运行时,通过远程监控系统对试验机组发出偏航命令,观察试验机组是否执行了与面板人工偏航相同的偏航动作。

③ 安全保护试验

风轮转速超临界值:启动小电机,拨动叶轮过速模拟开关,使其从常闭状态断开,观察停机过程和故障报警状态。

机舱振动超极限值:分别拨动摆锤振动开关常开、常闭触点的模拟开关,观察停机过程和故障报警状态。

过度扭缆(模拟试验法):分别拨动扭缆开关常开、常闭触点的模拟开关,观察停机过程和故障报警状态。

紧急停机：按下控制柜上的紧急停机开关或机舱里的紧急停机开关，观察停机过程和故障报警状态。

二次电源失效：断开二次电源，观察停机过程和故障报警状态。

电网失效：在机组并网运行时，在发电机输出功率低于额定值的20%的情况下，断开主回路空气开关，观察停机过程和故障报警状态。

制动器磨损：拨动制动器磨损传感器限位开关，观察停机过程和故障报警状态。

风速信号丢失：在机组并网运行时，断开风速传感器的风速信号，观察停机过程和故障报警状态。

风向信号丢失：在机组并网运行时，断开风速传感器的风向信号，观察停机过程和故障报警状态。

大电机并网信号丢失：大电机并网接触器吸合后，将接触器的反馈信号线断开，观察停机过程和故障报警状态。

小电机并网信号丢失：小电机并网接触器吸合后，将接触器的反馈信号线断开，观察停机过程和故障报警状态。

晶闸管旁路信号丢失：晶闸管旁路接触器吸合后，将接触器的反馈信号线断开，观察停机过程和故障报警状态。

1号制动器故障：强制松开高速刹车，相应的同步触点吸合后拨动刹车释放传感器的模拟开关，观察停机过程和故障报警状态。

2号制动器故障：同上。

叶尖压力开关动作：拨动叶尖压力开关，观察正常停机过程。

齿轮箱油位低：模拟齿轮油温度使之高于机组操作说明书的规定，拨动齿轮油位传感器的油位低模拟开关并维持数秒，观察停机过程和故障报警状态。

无齿轮箱油压：启动齿轮油泵，拨动齿轮油压力低模拟开关并维持数秒，观察停机过程和故障报警状态。

液压油位低：拨动液压油位传感器的油位低模拟开关并维持数秒，观察停机过程和故障报警状态。

解缆故障：分别拨动左偏和右偏扭缆开关，持续数秒，观察停机过程和故障报警状态。

发电机功率超临界值：调低功率传感器变比或动作条件设置点，观察机组动作结果及自复位情况。

发电机过热：调低温度传感器动作条件设置点，观察机组动作结果及自复位情况。

风轮转速超临界值：使机组主轴升速至临界转速，观察叶轮超速模拟开关动作结果、机组停机过程和故障报警状态。

过度扭缆（台架试验法）：控制机舱转动，使之产生过度扭缆效果。当扭缆开关常开、常闭触点模拟开关动作时，观察停机过程和故障报警状态。

轻度扭缆（CCW顺时针）：控制机舱转动，使之产生轻度扭缆效果，当扭缆开关常开、常闭触点模拟开关动作时，观察停机过程和故障报警状态。

轻度扭缆（CCW反时针）：控制机舱转动，使之产生轻度扭缆效果，当扭缆开关常开、常闭触点模拟开关动作时，观察停机过程和故障报警状态。

风速测量值失真（偏高）：在机组并网运行时，使发电机负载功率低于1kW，使风速传感器产生持续数秒高于8m/s的等效风速信号，观察停机过程和故障报警状态。

风速测量值失真（偏低）：在机组并网运行时，使发电机负载功率高于150kW，使风速传感器产生持续数秒低于3m/s的等效风速信号，观察停机过程和故障报警状态。

风轮转速传感器失效：在机组并网运行时，使发电机转速高于100r/min，断开风轮转速传感器信号后，观察停机过程和故障报警状态。

发电机转速传感器失效：在机组并网运行时，使风轮转速高于2r/min，断开发电机转速传感器信号后，观察停机过程和故障报警状态。

④ 发电机并网及运行试验

a. 软并网功能试验。使机组主轴升速，当异步发电机转速接近同步速（约为同步速92%~99%）时，并网接触器动作。发电机经一组双向晶闸管与电网连接，控制晶闸管的触发单元，使双向晶闸管的导通角由0°至180°逐渐增大。调整晶闸管导通角打开的速率，使整个并网过程中的冲击电流不大于技术条件的规定值。暂态过程结束时，旁路开关闭合，将晶闸管短接。

在上述试验过程中，通过瞬态记录器记录波形参数和并网过程中的冲击电流值，同时观察并网接触器和旁路接触器动作是否正常。

b. 补偿电容投切试验。在机组并网运行时，通过调整发电机输出功率，在不同负载功率下观察电容补偿投切动作是否正常。

c. 小电机-大电机切换试验。在机组并网运行时，通过由小到大增加发电机负载功率，观察小电机-大电机切换过程。

在上述试验过程中，通过瞬态记录器记录波形参数及并网过程中的冲击电流值，同时观察并网接触器、旁路接触器及电容补偿投切动作是否正常。

d. 大电机-小电机切换试验。在机组并网运行时，通过由大到小减小发电机负载功率，观察大电机-小电机切换过程。

在上述试验过程中，通过瞬态记录器记录波形参数及并网过程中的冲击电流值，同时观察并网接触器、旁路接触器及电容补偿投切动作是否正常。

⑤ 抗电磁干扰试验

风力发电机组控制系统的抗电磁干扰试验按照有关标准规定进行，所用的干扰等级可根据预期的使用环境选定。在存在高频电磁波干扰的情况下，各类传感器应不误发信号，执行部件应不误动作。

⑥ 其他试验

机组设计、制造单位或机组供需双方商定的其他试验，以及国家质量技术监督部门确定的其他试验。

附录6 风力发电机组——偏航系统技术条件 (JB/T 10425.1—2004)

(1) 范围

本部分规定了并网型风力发电机组偏航系统的主要形式、基本参数、技术要求、检验项目与规则、标志和包装运输等基本要求。

本部分适用于水平轴式并网型风力发电机组偏航系统。

(2) 术语和定义

主动偏航 (active yaw)

采用电力或液压拖动完成对风动作的偏航方式。

被动偏航 (passive yaw)

依靠风力通过相关机构完成对风动作的偏航方式。常见的有尾舵、舵轮和下风向自动对风三种。

偏航驱动 (yaw drive)

风力发电机组主动偏航系统中偏航动作的驱动组件，通常包括电动机或液压马达、减速器和驱动齿轮等。

解缆 (cable-unwinding)

解除由于偏航造成的电缆扭绞的操作和动作（一般采用反向偏航的方法）。

(3) 技术要求

① 偏航系统技术要求

a. 一般要求。偏航系统应满足以下要求：风力发电机组偏航系统设计应符合本部分的要求，应按经规定程序批准的图样及设计文件制造；偏航系统应符合 GB18451.1 的有关规定，且应采用失效安全设计；对重要控制功能，如电缆扭绞检测和解缆等，为保证安全，应采取冗余设计；各零部件的安装应符合其安装使用说明书或相关标准的规定。

b. 工作环境温度。常温型：-20~+50℃；低温型：-30~+50℃。

c. 质量偏差。实际质量与设计值偏差不得超过 3%。

d. 结构形式。并网型风力发电机组，宜采用主动偏航系统，并网型风力发电机组的偏航系统应采用齿轮驱动形式。齿轮驱动形式的偏航系统应由偏航轴承、偏航齿轮及减速装置和驱动电动机（或液压马达）及偏航制动器组成。机舱偏航由驱动电动机或液压马达驱动，驱动力由偏航轴承传至塔体。

e. 解缆和扭缆保护。偏航动作可能会导致机舱和塔架之间的连接电缆扭绞，应采用与方向有关的计数装置或类似程序对电缆的扭绞程度进行测量。对于主动偏航系统，在达到规定的扭绞角度前应触发解缆动作，偏航系统应具有扭缆保护功能。

f. 偏航转速。对于并网型风力发电机组，为避免风轮轴和叶片轴产生过大陀螺力矩，偏航转速值应通过系统力学分析确定。推荐转速值见表2。

表 2 推荐转速值

风力发电机组功率/kW	100~200	250~350	500~700	800~1000	1200~1500
偏航转速/(r/min)	≤0.3	≤0.18	≤0.1	≤0.092	≤0.085

g. 偏航阻尼。偏航过程中，应有合适的阻尼力矩，以保证偏航平稳、定位准确。

h. 方位检测。风力发电机组偏航系统应设有地理方位检测装置。

② 主要零部件技术要求

a. 偏航轴承

结构形式：偏航齿圈的偏航轴承内外圈分别与机舱和塔架用螺栓连接。轮齿可采用内齿或外齿形式。外齿形式的轮齿位于偏航轴承外圈，加工制造装配相对简单。内齿形式的轮齿位于偏航轴承内圈，内齿啮合与受力效果较好。

偏航轴承设计计算：齿轮轮齿强度的计算方法参照 GB/T 3480 和 GB/T 6413 进行。轴承设计的计算方法参照 JB/T 2300 和 GB/T 6391 进行。

润滑：偏航轴承应使用制造商推荐的润滑剂和润滑油。轴承应密封，以保证对相邻时组件间的运动不会产生有害的影响。

b. 偏航驱动。偏航驱动的结构形式分为：

电动机驱动——偏航齿轮由偏航驱动电动机通过减速器驱动；

液压驱动——偏航齿轮由液压马达通过减速器驱动。

偏航驱动的选型和设计：偏航驱动电动机、液压马达、减速器可根据需要进行选型和设计，但应符合国家相关标准，并不得与风力发电机组其他子系统发生干扰。

偏航电动机应采用三相交流电动机，防护等级不低于 IP54。偏航减速器可采用行星减速器或蜗轮蜗杆、行星减速器串联减速。偏航驱动要求启动平稳，转动速度均匀，无振动现象。

c. 偏航制动器

结构形式：偏航制动器应采用钳盘式制动器。可选如下形式：常闭式钳盘制动器，制动器采用弹簧夹紧，电力或液压拖动松闸来实现阻尼偏航和失效安全；常开式钳盘制动器，制动器应采用制动期间高压夹紧、偏航期间低压夹紧的形式实现阻尼偏航。采用此种形式时，偏航传动链中应有自锁环节。

强度计算：偏航制动器设计计算按 JB/T 10300 偏航制动器部分进行。

制动钳：制动钳由制动钳体和制动衬块组成。对于并网型风力发电机组，制动钳数量不得少于 2 个。制动钳体应采用高强度螺栓，用足够的力矩固定于机架上。制动衬块应由专用摩擦材料制成。

制动盘：制动盘一般为环状，通常位于塔架或塔架与机舱的适配器上，并应满足：制动盘材料应具有足够的强度、刚度和一定的韧性，如采用焊接连接，还应具有较好的可焊性；制动盘的连接、固定应牢固、可靠，在寿命期内不得出现疲劳破坏；制动盘表面粗糙度应达到 $Ra=3.2\mu m$。

制动器性能要求：额定制动力矩值不应小于设计值；在偏航过程中，阻尼力矩应保持稳定，与设计值偏差小于 5%；制动过程中不应有异常噪声。

制动器精度要求：制动器与机架的装配面的表面粗糙度应达到 $Ra=3.2\mu m$ 标准；制动衬垫周边与制动钳体的装配间隙在任意处应不大于 0.5mm。

d. 螺栓连接。所有的连接螺栓应进行极限载荷和疲劳载荷强度计算，计算采用的材料数据按国家有关标准选取。

e. 表面处理。各零部件的表面处理应能适应风力发电机组的工作环境要求。

③ 液压系统

液压系统应满足如下要求：液压管路应采用无缝钢管制成，柔性管路连接部分要求采用合适的高压软管制成。螺纹连接管路连接组件应通过试验表明能保证所要求的密封和承受工作中出现的动载荷；液压元件的设计、选型和布置应符合液压系统有关规定的要求；液压系统管路应保持清洁，并具有良好的抗氧化性能；液压系统应密封良好，无渗漏现象。

(4) 检验项目与规则

① 外观检验

偏航系统应安装、连接正确，符合图样工艺和技术标准规定；要求表面清洁，不得有污物、锈蚀和损伤。加工面不得有飞边、毛刺、砂眼、焊斑、氧化皮等缺陷。要求焊缝均匀，不得有裂纹、气泡、夹渣、咬肉等现象。

② 地理方位检测装置的标定

地理方位检测装置在风力发电机组调试阶段进行标定，要求误差小于 $5°$。

③ 偏航动作测试

要求正反向转动均匀平稳，不得有异常噪声或振动。

④ 偏航转速测试

要求实际平均转速与设计额定值偏差不超过 5%。

⑤ 偏航定位精度测试

要求动作完成后风轮轴线与风向偏差的最大值不大于 $5°$。

⑥ 偏航阻尼测试

要求实际总阻尼力矩与设计额定值偏差不超过 5%。

⑦ 偏航制动力矩测试

要求实际总制动力矩值不小于设计额定值。

⑧ 解缆动作测试

分别对初期解缆、终极解缆和扭缆保护进行测试，要求动作准确可靠，不得有误动作。

⑨ 测试方法

按照 JB/T 10425.2 进行。

⑩ 判定准则

偏航系统规定的检测项目要求 100% 进行，对于不合规定要求的检验项目，需对被测机组的偏航系统进行调试，直至测试项目符合本标准的规定要求。若调试后仍不满足规定要求，则判为不合格。

(5) 标志

偏航系统的主要部件应有出厂铭牌，一般应包括：制造商名称和注册商标；产品名称和型号；出厂编号；制造日期；执行标准号。其余在各组成元件的适当位置均应做出与设计和制造代码相应的永久标志。

(6) 包装运输

按 GB/T 13384 的规定执行。

(7) 质量保证

制造厂家应保证所供应的偏航系统的零部件在用户妥善保管和正确使用的条件下，从使用之日起 24 个月内能正常工作，否则制造商应无偿给予修理或更换。

附录7　风力发电机组——偏航系统试验方法
(JB/T 10425.2—2004)

(1) 范围

本部分规定了并网型风力发电机组偏航系统的试验条件、试验内容和试验方法。

本部分适用于水平轴式、主动偏航的并网型风力发电机组（以下简称机组）偏航系统。

(2) 试验条件

① 试验场地

a.试验时，试验场地的风速应为 5～25m/s。

b.试验场地应避免复杂的地形和障碍物，并且有一定概率会出现 15～25m/s 的风速。

c.试验应避免在特殊的气候（如雨、雪、结冰等）条件下进行。

② 被试验机组

a.被试验机组应随附有关技术数据、图样、安装说明书和运行维护说明书等。

b.被试验机组应随附有产品合格证。

c.被试验机组的安装应符合安装使用说明书和相关标准的规定。

d.被试验机组应符合 GB18451.1 的相关要求。

③ 试验用仪器

a.试验仪器、仪表的校验

试验中所使用的仪器、仪表和装置均应在计量部门检验合格的有效期内，允许有一个二次校验源（仪器制造厂或标准实验室）进行校验。

b.仪器、仪表要求

风速仪、风向标、温度计、气压计均符合 GB/T 18451.2—2003 中的规定；计时器的测量范围≥1h、计时精度≥15s/d；压力表的测量范围为 0～20MPa、准确度±100Pa；风向标应与被试验机组的风向标完全相同；罗盘普遍使用精度；记号笔一般等级即可；塞尺的测量范围根据需要选用，准确度<0.01mm。

c.测量装置要求：角度测量装置的测量范围为 0°～180°、准确度为±0.1°；角度测量辅助装置的测量范为 0°～180°、准确度为±0.1°。

(3) 试验内容和方法

① 试验准备：按照 GB/T18451.2—2003 中的规定测取试验时的风速、风向、温度值、大气压值并记录。

② 外观检查

a.检查偏航系统各部件的安装、连接和装配间隙是否符合图样工艺和有关技术标准的规定并记录。

b.检查偏航系统各部件表面是否有污物、锈蚀、损伤等并记录。

c.检查偏航系统各零部件的机械加工表面和焊缝外观是否有缺陷并记录。

③ 地理方位检测装置标定试验

a.该试验应在被试验机组安装调试阶段进行。

b.在被试验机组的适当位置上，划一条与风轮轴线平行的直线，或其水平投影与风轮轴线水平投影平行的直线。

c.将罗盘放置在该条直线上，并且使罗盘正北方向刻度线与该条直线重合，读出该直线与罗盘正北方向刻度线的夹角 α，然后手动偏航使 α 小于 5°。

d.在被试验机组控制系统相关部分中进行设置，此时标定的方向即为地理方位检测装置的正北方向。

④ 偏航系统偏航试验

a.偏航系统顺时针偏航试验

启动被试验机组后，使被试验机组处于正常停机状态，然后手动操作使偏航系统向顺时针方向偏航，偏航半周后，使偏航系统停止运转。这一操作至少重复 3 次。观察顺时针偏航过程中偏航是否平稳、有无异常情况发生（如冲击、振动和惯性等），记录顺时针偏航结果。

b.偏航系统逆时针偏航试验

启动被试验机组后，使被试验机组处于正常停机状态，然后手动操作使偏航系统向逆时针方向偏航，偏航半周后，使偏航系统停止运转。这一操作至少重复 3 次。观察逆时针偏航过程中偏航是否平稳、有无异常情况发生（如冲击、振动和惯性等），记录逆时针偏航结果。

⑤ 偏航系统偏航转速试验与偏航定位偏差试验

a. 偏航转速试验

启动被试验机组后,使被试验机组处于正常停机状态,然后手动操作使偏航系统顺时针运转一周,再逆时针运转一周复位。这个循环应反复 3 次。在每一循环中,记录偏航系统顺时针运转一周所用的时间 T_{si},和逆时针运转一周所用的时间 T_{ni}。偏航系统的平均偏航转速 n_p 按下式计算:

$$n_{si} = 1/T_{si} \tag{f-3}$$

式中　n_{si}——顺时针运转时偏航系统某一周的偏航转速,r/min;

　　　T_{si}——顺时针运转时偏航系统偏航某一周所用时间,min;

$$n_s = \frac{1}{3} \sum_{i=1}^{3} n_{si} \tag{f-4}$$

式中　n_s——顺时针运转时偏航系统的平均偏航转速,r/min。

$$n_{ni} = 1/T_{ni} \tag{f-5}$$

式中　n_{ni}——逆时针运转时偏航系统某一周的偏航转速,r/min;

　　　T_{ni}——逆时针运转时偏航系统偏航某一周所用时间,min;

$$n_n = \frac{1}{3} \sum_{i=1}^{3} n_{ni} \tag{f-6}$$

式中　n_n——逆时针运转时偏航系统的平均偏航转速,r/min。

$$n_p = (n_s + n_n)/2 \tag{f-7}$$

式中　n_p——偏航系统的平均偏航转速,r/min。

n_p 应满足下式:

$$\frac{|n_p - n_e|}{n_e} \times 100\% \leqslant 5\% \tag{f-8}$$

式中　n_e——偏航系统的设计额定偏航转速,r/min。

b. 偏航系统偏航定位偏差试验

将与被试验机组风向标完全相同的风向标安装于被试验机组控制系统的相应接口上,用该风向标替代被试验机组的风向标。将该风向标安装于角度测量辅助装置上。在被试验机组偏航系统和机舱的适当部件上安装角度测量装置。使风向标的起始位置处于零点,并确认风向标和角度测量装置的安装是否正确。确认后,启动被试验机组,使被试验机组处于自动状态。手动操作在风向标上任意取一个不同的角度 θ_{fi}。使被试验机组进行自动偏航一个角度 θ_{pi},反复操作 3 次。在角度测量装置上读出或人工计算出相对于 θ_{fi} 的偏航角度 θ_{pi},并将 θ_{fi} 和 θ_{pi} 的数值记录在规定的偏航系统试验原始数据记录表中。计算出 θ_{fi} 与 θ_{pi} 的差值,偏航系统偏航定位偏差 $\Delta\theta$,取三个差值中的最大值。$\Delta\theta$ 按下式计算:

$$\Delta\theta = \max\{|\theta_{fi} - \theta_{pi}|\} \tag{f-9}$$

式中　$\Delta\theta$——偏航定位偏差,$\Delta\theta \leqslant 5°$;

　　　θ_{fi}——风向标的角度;

　　　θ_{pi}——每次偏航运转的角度。

⑥ 偏航系统偏航阻尼力矩试验

启动被试验机组后,使被试验机组处于正常停机状态。用压力表检查液压站上偏航阻尼调定机构的调定值是否与机组的设计文件中规定的使用值相一致,然后在偏航制动器上安装压力表。待安装完毕后,确认压力表安装是否正确。确认后,手动操作使偏航系统偏航任意角度并停止。反复运转三次。记录偏航过程中偏航制动器上安装的压力表的数值 p_{zi},取其算术平均值记为 p_z,p_z 按下式计算:

$$p_z = \frac{1}{3} \sum_{i=1}^{3} p_{zi} \tag{f-10}$$

式中　p_z——偏航制动器上压力表的平均压力值,kPa;

　　　p_{zi}——偏航制动器上压力表在每次偏航过程中测得的压力值,kPa。

偏航系统偏航时的实际总阻尼力矩按下式计算:

$$M_z = np_z AR\mu \tag{f-11}$$

式中　M_z——实际总阻尼力矩,kN·m;

n——制动钳的个数;

A——每个制动钳的有效作用面积,m^2;

R——制动钳到制动盘回转中心的等效半径,m;

μ——滑动摩擦系数。

M_z 应满足下式:

$$\frac{|M_z-M_{ez}|}{M_{ez}}\times 100\% \leqslant 5\% \quad \text{(f-12)}$$

式中　M_{ez}——偏航系统的额定阻尼力矩,kN·m。

⑦ 偏航系统偏航制动力矩试验

启动被试验机组后,使被试验机组处于正常停机状态。检查液压站上调定的偏航刹车压力值是否与机组设计文件中规定的使用值相一致,然后在偏航制动器上安装压力表。待压力表安装后,确认压力表安装是否正确。确认后手动操作使偏航系统偏航任意角度,然后使偏航系统制动锁紧。反复三次,检查液压回路各个连接点是否有泄漏现象,并记录偏航制动时偏航制动器上的压力表的压力值 p_{zhi},取三个 p_{zhi} 中的最小值,记为 p_{zh},p_{zh} 按下式计算:

$$p_{zh}=\min\{p_{zhi}\} \quad \text{(f-13)}$$

式中　p_{zh}——偏航制动器上压力表三次测量压力值中的最小值,kPa;

p_{zhi}——偏航制动器上压力表在每次偏航制动时测得的压力值,kPa。

偏航系统制动时的实际总制动力矩 M_{zh},按下式计算:

$$M_{zh}=np_{zh}AR\mu \quad \text{(f-14)}$$

式中　M_{zh}——实际总制动力矩,kN·m;

n——制动钳的个数;

A——每个制动钳的有效作用面积,m^2;

R——制动钳到制动盘回转中心的等效半径,m;

μ——滑动摩擦系数。

M_{zh} 应满足下式:

$$M_{zh}>M_{ezh} \quad \text{(f-15)}$$

式中　M_{ezh}——偏航系统的额定刹车力矩,kN·m。

⑧ 偏航系统解缆试验

a. 偏航系统初期解缆试验

在满足被试验机组初期解缆的工况下,启动被试验机组后。使被试验机组处于正常停机状态。手动操作使偏航系统偏航到满足初期解缆的触发条件。确认后,观察被试验机组是否自动进行解缆并最终复位。记录结果。

b. 偏航系统终极解缆试验

启动被试验机组后,使被试验机组处于正常停机状态并屏蔽偏航系统初期解缆的触发条件。手动操作使偏航系统偏航到满足终极解缆的触发条件,观察被试验机组是否自动进行终极解缆并最终复位。记录结果。

⑨ 偏航系统扭缆保护试验

启动被试验机组后,使被试验机组处于正常停机状态并屏蔽初期解缆和终极解缆的触发条件。手动操作使偏航系统偏航到满足扭缆保护的触发条件,观察被试验机组是否紧急停机并记录结果。

(4) 试验结果的处理

① 偏航系统各项试验内容的原始数据应按本标准的规定记录在偏航系统试验原始数据记录表中。

② 对于不符合 JB/T 10425.1 要求的试验项目,允许进行调试,使其满足技术要求。

③ 被试验机组按照本部分试验完毕后,应随即由试验机构写出被试验机组偏航系统试验报告。

附录8 风力发电机组——制动系统技术条件
(JB/T 10426.1—2004)

(1) 范围

本部分规定了水平轴并网型风力发电机组制动系统的组成形式、工作条件、基本性能、试验方法、检验规则、标志和包装运输等基本要求。本部分适用于水平轴并网型风力发电机组,由空气制动装置联合传动系统中机械制动装置组成的制动系统,以及由传动系统中低速轴机械制动装置联合高速轴机械制动装置组成的制动系统。

(2) 术语和定义

制动系统 (braking system)
是风力发电机组中起制动作用的装置的总称,一般包括气动制动装置和机械制动装置。
工作方式 (operation mode)
指制动系统中制动装置的投入顺序和投入方法,一般分为正常制动方式和紧急制动方式。
控制方式 (control mode)
指与制动系统相关的控制逻辑和控制方法,一般分为正常控制逻辑和安全控制逻辑。
制动系统额定静态制动力矩 (static rated braking torque of braking system)
在制动系统处于正常制动状态和被制动装置保持静止的条件下,制动系统可以产生的最大制动力矩。
所需最小静态制动力矩 (required minimum static braking torque)
使风力发电机组的相关系统保持稳定静止状态所需要的最小静态制动力矩。
制动系统额定动态制动力矩 (dynamic rated braking torque of braking system)
在制动系统的正常制动状态和被制动装置保持匀速运动的条件下,制动系统可以产生的有效制动力矩。
所需最小动态制动力矩 (requierd minimum dynamic braking torque)
保证风力发电机组相关系统的制动满足设计要求所需的有效制动力矩。
最大许用制动力矩 (maximum permissible braking torque)
保证风力发电机组相关系统安全制动所允许使用的最大有效制动力矩。
机械制动额定静态制动力矩 (static rated braking torque of mechanical brake)
在保持制动器摩擦副相对静止的条件下。摩擦副可以产生的最大静态制动力矩。
机械制动额定动态制动力矩 (dynamic rated braking torque of mechanical brake)
在保持制动器摩擦副相对匀速运动的条件下,摩擦副可以产生的有效制动力矩。
柔性加载方式 (soft-load mode)
在制动系统的制动力矩增加过程中,没有制动力矩增长加速度突变的加载方式。
半刚性加载方式 (semi-rigid-load mode)
在制动系统的制动力矩增加过程中,没有制动力矩增长速度突变的加载方式。
阶梯形加载方式 (step-load mode)
在制动系统的制动力矩增加过程中,存在制动力矩突变的加载方式。

(3) 制动系统的技术要求

① 组成形式

a. 对于定桨距风力发电机组,制动系统一般采用下列形式之一:叶尖制动联合传动系统中的高速轴机械制动;传动系统中的低速轴机械制动联合高速轴机械制动;叶尖制动联合传动系统中的低速轴机械制动。

b. 对于变桨距风力发电机组,制动系统一般采用下列形式之一:顺桨制动联合传动系统中的高速轴机械制动;顺桨制动联合传动系统中的低速轴机械制动。

c. 制动系统的组成形式,应符合下列组成原则:按正常工作方式下的投入顺序分为一级制动、二级制动等;制动系统至少应设计有一级制动装置和二级制动装置;各级制动装置既可独立工作又要在切入时间或切入速度上协调动作；至少应有其中的某一级为具有失效保护功能的机械制动装置；属于同一级的制动装置应既可独立工作又要在切入时间或切入速度上协调动作；除制动装置外，在适当位置应设有风轮的锁定装置。

② 工作条件

a. 采用电气驱动的制动系统，工作电源应与风力发电机组的电源系统相匹配。

b. 采用液压驱动的制动系统，工作压力应与风力发电机组的液压系统相匹配。

c. 设有状态反馈的制动系统，制动状态反馈信号应与风力发电机组的控制系统相匹配。

d. 制动系统零部件的适用温度条件应与风力发电机组的使用温度条件一致。

e. 制动系统零部件的表面处理和防护性能应适应风力发电机组的工作环境条件。

f. 制动系统零部件的尺寸应与风力发电机组相应部分的设计尺寸相匹配。

g. 制动系统零部件的安装方式应符合风力发电机组的设计要求。

③ 性能要求

制动系统应具有失效保护功能，当出现重大故障或驱动机构的能源装置失效时，制动系统能够使风力发电机组处于安全制动状态。

制动系统应采用冗余控制方式，至少应设计有制动系统的正常控制逻辑和安全控制逻辑，并应规定各种控制逻辑的触发条件。

制动系统应设定工作方式类型，至少应设计有正常制动方式和紧急制动方式，并应规定各种工作方式下制动装置的投入顺序。

制动系统应适应操作模式选择，风力发电机组一般设有人工操作模式和自动控制模式，并可根据需要随时切换操作模式。

制动系统的正常控制逻辑至少应可启动正常制动方式和紧急制动方式，并可根据不同的风力发电机组运行状态投入相应的工作方式。

制动系统的安全控制逻辑至少应可启动紧急制动方式。一定条件下可自动触发并使制动系统按预定程序投入到制动状态。

在任何控制逻辑下，同一种工作方式应具有一致性，但不同的控制逻辑可选择不同的制动工作方式。

在同一控制逻辑下，可从低级制动方式向高级制动方式转移，即可从正常制动方式向紧急制动方式转移。

在各种控制逻辑中，高级别的控制逻辑应对低级别的控制逻辑具有保护作用，即在正常控制逻辑失效时可以触发安全控制逻辑。

在任何条件下不能同时触发不同的控制逻辑，一个制动过程在同一时刻只能从属于多种控制逻辑中一种特定的控制逻辑。

在正常制动方式下，制动装置应采用分时分级投入方式。按预定程序先投入一级制动装置，达到一定条件时，再按预定程序投入二级制动装置。

在紧急制动方式下，一级制动装置和二级制动装置应同时按预定程序投入到制动状态实现对风力发电机组的安全制动。

在任何工作方式下，同一级的各制动装置应能按预定程序投入到制动状态并保持制动状态的稳定。

在任何条件下不能同时启动不同的工作方式，一个制动过程在同一时刻只能采用多种工作方式中一种特定的工作方式。

在人工操作模式下，可根据风力发电机组的启动和停机需要人为地使制动系统投入到制动状态或解除其制动状态。

在自动控制模式下，只有控制系统能够根据相关条件，使制动系统投入到制动状态或解除其制动状态。

在任何条件下风力发电机组制动系统不能同时从属于两种操作模式，在同一时刻只能从属于一种特定的操作模式。

在同等条件下选择制动方式时，紧急制动方式应具有较高的优先级，即使在正常制动过程中也可根据需要过渡到紧急制动方式。

在同等条件下选择控制方式时，安全控制逻辑应具有较高的优先级，即使在正常制动控制逻辑下的制动过程中也应可以转移到安全控制逻辑。

在同等条件下选择操作模式时，人工操作模式和自动控制模式应具有相同的优先级，最后设置的操作模式为当前操作模式。

人工操作模式和自动控制模式应是相互独立的，但应在控制系统中设置自动控制模式的屏蔽装置。

在风力发电机组的解缆状态下不应解除制动状态，应在解缆状态结束并且相关的条件满足后方可解除制动状态，在制动状态下方可进入解缆过程。

在风力发电机组的正常偏航状态下，满足条件时应可进入制动状态，在风力发电机组的制动状态下，满足条件时应可进入偏航状态。

制动系统的额定静态制动力矩应大于风力发电机组的所需最小静态制动力矩，所需最小静态制动力矩的确定应以极限工况为准。

在制动系统具有多个摩擦副的情况下，同一级制动装置各个摩擦副之间的最大静态制动力矩的差值不应大于10%。

制动系统的额定动态制动力矩应大于风力发电机组的所需最小动态制动力矩并小于风力发电机组的最大许用制动力矩。

在制动系统具有多个摩擦副的情况下，同一级制动装置各个摩擦副之间的动态制动力矩的差值不应大于5%。

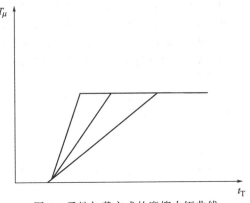

图2 柔性加载方式的摩擦力矩曲线

制动系统的制动力矩在正常工作方式下宜采用柔性加载方式，也可采用半刚性或阶梯形加载方式。制动力矩曲线如图2～图4所示。

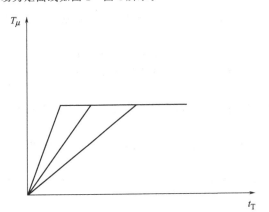

图3 半刚性加载方式的摩擦力矩曲线

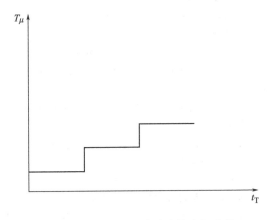

图4 阶梯形加载方式的摩擦力矩曲线

气动制动（叶尖制动或顺桨制动）联合机械制动的制动系统，气动制动装置应作为风力发电机组的一级制动装置，机械制动装置作为二级制动装置。

低速轴机械制动联合高速轴机械制动的制动系统，低速轴机械制动装置应作为一级制动装置，高速轴机械制动装置作为二级制动装置。

④ 设计要求

a.制动系统的总体设计应符合JB/T 10300相关条款的规定。

b.制动系统的设计性能指标应根据系统的组成按相关标准进行计算并验证。

c.制动系统零部件的设计应符合制动系统的设计要求和使用条件，并符合相关标准。

d.制动系统的设计或选型应以风力发电机组的下列参数为依据：设计环境温度、运行环境湿度、额定机械功率、风轮转速、制动盘转速、制动盘最大转速、制动盘的规格尺寸及材料要求、所需最小动态制动力矩、所需最小静态制动力矩、许用最大动态制动力矩、正常停机制动时间、紧急停机制动时间、超速停机制动时间、制动器最大响应时间、风轮及传动系统和发电机转子的转动惯量、装配空间限制条件及装配尺寸要求、驱动装置的形式及接口要求。

⑤ 制造要求

a. 制动系统的专用零部件应按照经规定程序批准的图样及技术文件进行制造。

b. 制动系统的通用零部件应符合现行技术标准和技术文件的规定。

c. 制动系统的装配和安装调试应符合经规定程序批准的图样及技术文件的规定。

d. 固定用高强度螺栓应符合 GB/T 1228 的要求。

e. 固定用高强度螺母应符合 GB/T 1229 的要求。

f. 固定用高强度垫圈应符合 GB/T 1230 的要求。

(4) 制动装置的技术要求

① 结构形式

a. 制动装置一般采用气动制动装置和机械制动装置。

b. 气动制动装置分为叶尖制动装置和叶片顺桨制动装置。

c. 机械制动装置宜采用钳盘式制动装置,并应具有力矩调整、间隙补偿、随位性和退距均等功能。

② 性能要求

a. 制动装置可根据需要进行选型和设计并应符合相关的技术标准。

b. 制动装置的制动性能指标应满足风力发电机组的设计要求。

c. 制动装置的安装方式、外形尺寸应符合风力发电机组的设计要求。

d. 制动装置的零部件应具有足够的刚度和强度。

e. 制动装置应具有失效保护功能。

f. 钳盘式机械制动装置的制动钳数量一般不应少于两个,以确保制动的安全可靠。

g. 机械制动装置的额定静态制动力矩应根据系统额定静态制动力矩和设计结构确定。

h. 机械制动装置的额定动态制动力矩应根据系统额定动态制动力矩和设计结构确定。

i. 机械制动装置应允许将制动力矩调整至 (0.7~1) 倍的额定值范围内使用。

j. 机械制动装置的响应时间应不大于 0.2s。

k. 摩擦副应进行热平衡计算,给出连续两次制动的最小时间间隔,并满足风力发电机组的各种设计工况。

l. 对电磁驱动的机械制动装置,在 50% 的弹簧工作力和额定电压的条件下,按驱动装置的额定操作频率操作,应能灵活地闭合;在额定制动力矩时的弹簧力和 85% 的额定电压下操作,制动装置应能灵活地释放。

m. 对液压驱动的机械制动装置,在 50% 的弹簧工作力和额定液压压力条件下,按驱动装置的额定操作频率操作,应能灵活地闭合;在额定制动力矩时的弹簧力和 85% 的额定液压压力下操作,制动装置应能灵活地释放。

n. 在额定工作压力和制动衬垫温度在 250℃ 以内的条件下,制动装置的制动力矩应满足风力发电机组所需最小动态制动力矩的要求。

o. 空气制动装置的设计按 JB/T 10300 的相关条款进行。

p. 叶尖制动和顺桨制动装置动作应及时准确、灵活可靠、协调一致。

q. 空气制动装置的叶尖或叶片转角一般应小于 90°。

r. 制动盘应符合 JB/T 7019 的规定。

s. 制动弹簧应符合 GB/T 1239.4 的规定。

t. 摩擦材料应符合 JB/T 3063 的规定。

u. 摩擦衬垫的许用磨损量应予以规定,超过规定值时应及时更换。

v. 制动钳和制动盘的固定应采用高强度螺栓,固定力矩应符合设计要求。

③ 机械制动的精度要求

a. 在制动状态下,摩擦副工作表面的贴合面积应不小于有效面积的 80%。

b. 在非制动状态下,摩擦副的调整间隙在任何方向上均应在 0.1~0.2mm 之间。

(5) 驱动机构的技术要求

① 结构形式

a. 驱动机构的选型和设计应易于实现风力发电机组制动系统的自动控制功能。

b. 驱动机构的力学性能应与制动系统的设计要求一致。

c. 驱动机构的形式宜采用电磁驱动机构或液压驱动机构。

② 性能要求

a. 驱动机构产生的推力值的变化不应超过额定值的5%。

b. 如果没有特别说明，驱动机构的响应时间不应大于0.2s。

c. 驱动机构中传递力和力矩的零部件应有足够的强度和刚度。

d. 液压驱动机构的管路连接和密封部位应具有可靠的密封性能。

e. 驱动机构的动作应灵活可靠，准确到位。

f. 电磁驱动机构，其电器外壳的保护等级不应低于GB/T 4942.1中规定的IP54级。

(6) 检验规则

① 检验类别

产品检验分为出厂检验和型式检验。

a. 出厂检验

产品出厂前应由质量检验部门进行出厂检验并做好质量检验记录；质量检验记录应作为产品合格证的支持文件。

b. 型式检验

有下列情况之一者，应进行型式检验：新产品定型或老产品转厂试制鉴定时；产品的设计、材料、工艺有重大改变时；产品停产达两年以上恢复生产时；产品正常生产时，每两年进行一次型式检验；国家质量技术监督部门提出形式检验要求时。

型式检验按下列方法进行抽样：前两种情况在试制的产品中，抽取1~2台样机；第三和第五种情况在生产的产品中，抽取1~2台产品；第四种情况在生产的产品中，由有关部门确定抽样方式。

② 检验项目

a. 出厂检验

外观检查包括：系统各零部件的表面状况、系统各零部件的装配状况、电气系统的绝缘和保护状况、液压系统的密封和渗漏状况等。

装配质量包括：关键部位的紧固力矩、关键部位的装配精度、机械机构的运动状况、叶尖制动装置的装配检验记录。

空载试验包括：液压系统的工作状况、电气系统的工作状况、各种操作模式的有效性、制动控制逻辑的有效性、各种制动方式的有效性。

b. 型式检验

操作模式试验包括：人工操作模式下制动系统的响应、自动控制模式下制动系统的响应、操作模式的切换和屏蔽。

控制方式试验包括：正常控制逻辑下的制动系统响应、安全控制逻辑下的制动系统响应、控制逻辑的触发和保护。

工作方式试验包括：正常制动方式的制动过程、紧急制动方式的制动过程、制动方式的兼容性。

制动性能试验包括：正常制动方式的制动时间、紧急制动方式的制动时间。

协调性试验包括：偏航状态下的协调性、解缆状态下的协调性。

③ 试验方法

按JB/T 10426.2的规定进行。

④ 判定准则

对本标准规定的检验项目应按其检验类别全部进行检验，检验项目的技术状态应符合其原设计要求和相关标准，检验时可对检验项目的技术状态进行调试使其达到要求，如果调试后仍不能符合设计要求时，此项目判为不合格。

(7) 标志

① 制动系统的各部件或总成，应具有产品铭牌，一般应包含以下内容：产品名称、注册商标、企业名称、详细地址、制造日期、产品编号、产品型号、产品重量、额定参数。

② 其他元件，应在醒目位置上做出与设计和制造代码相应的永久标志。

(8) 包装运输

若合同规定作为总成或零部件供货时，应分别包装。

① 包装物上应标明：产品名称、产品数量、执行标准、搬运标记。

② 包装应随附的文件：合格证书、备件清单、使用说明书。

③ 运输过程要求：产品在运输和吊装过程中严禁倒置、磕碰、冲击，产品在运输和吊装过程中应能防止雨、雪、水的侵蚀和阳光暴晒。

④ 其余按 GB/T 13384 的规定执行。

(9) 质量保证

制造厂家应保证所供应的制动系统的零部件在用户妥善保管和正确使用的条件下，从使用之日起 24 个月内能正常工作，否则制造厂家应无偿给予修理或更换。

附录9 风力发电机组——制动系统试验方法 (JB/T 10426.2—2004)

(1) 范围

本部分规定了水平轴并网型风力发电机组制动系统的试验条件、试验内容和试验方法。本部分适用于水平轴并网型风力发电机组的风轮及其传动装置的制动系统。

(2) 试验条件

① 试验场地风速应有达到 15~25m/s 的时候，并应避免复杂的地形和障碍物。

② 试验应避免在特殊的气候（如雨、雪、结冰等）条件下进行。

③ 空载试验可在符合试验工艺条件的车间进行；运行试验应在符合规定条件的风电场进行。

④ 试验机组应随附有关技术数据、图样、使用说明书、安全操作规程等。

⑤ 试验机组应随附产品质量合格证。

⑥ 试验机组的装配与安装应符合安装使用说明书或相关标准的规定。

(3) 试验准备

① 编制试验大纲并按规定程序进行确认。

② 试验大纲应符合风力发电机组的安全操作规程。

③ 检查控制系统的控制逻辑及仪器仪表工作是否正确。

④ 记录试验时环境条件的有关数据：温度、湿度、气压、风速。

(4) 试验要求

① 外观检查、装配质量检查合格后方可进行空载试验。

② 空载试验合格后方可进行运行试验。

③ 试验机构和人员应有相应的资格证明。

④ 试验时应遵守相应的安全操作规程。

(5) 试验用仪器、仪表

① 试验用仪器、仪表均应在计量部门检验合格的有效期内，并允许有一个二次校验源进行校验。

② 试验中采用下列仪器、仪表：温度计、压力表、转速测量仪、风速传感器、风向传感器、气压计、秒表、塞尺、测力扳手。

(6) 试验内容和方法

① 外观检查

a. 表面状况检查包括：叶尖、叶片的表面状况是否完好；变桨距机构零部件的状况是否完好；轮毂的表面状况是否符合设计要求；主轴的表面状况是否符合设计要求；齿轮箱的表面状况是否完好；联轴器的表面状况是否完好；发电机的表面状况是否完好；制动器的表面状况是否完好、洁净；制动盘的表面状况是否完好、洁净。

b. 装配状况检查包括：叶尖旋转机构的装配状态是否符合设计要求；变桨距机构的装配状态是否符合设计要求；机械制动器的装配状态是否符合设计要求；制动盘的装配状态是否符合设计要求；联轴器的装配状态是否符合设计要求；齿轮箱的装配状态是否符合设计要求；发电机的装配状态是否符合设计要求；液压系统的装配状态是否符合设计要求。

c. 绝缘和保护检查包括：电缆绝缘层有无剥落；电缆接头有无裸露；电气装置的固定是否符合设计要求；电气装置的外壳是否完好。

d. 密封和渗漏检查包括：液压管路的接头处有无渗漏；液压缸有无渗漏；液压站有无渗漏；液压阀有无渗漏；液压装置的固定是否符合设计要求；液压装置的外壳是否完好。

e. 按要求填写检验记录。

② 装配质量

a. 紧固力矩

检验部位包括：叶片与轮毂连接螺栓的紧固力矩；轮毂与主轴连接螺栓的紧固力矩；主轴与齿轮箱连接螺栓的紧固力矩；齿轮箱与联轴器连接螺栓的紧固力矩；联轴器与发电机连接螺栓的紧固力矩；发电机与机架连接螺栓的紧固力矩；主轴承座与机架连接螺栓的紧固力矩；齿轮箱与机架连接螺栓的紧固力矩；液压站与机架连接螺栓的紧固力矩；液压系统管路与接头的紧固力矩；电气装置的连接螺栓的紧固力矩；电缆及导线的紧固状态；塔架和基础的连接螺栓的紧固力矩；偏航轴承及偏航驱动装置的紧固力矩；叶尖制动液压缸连接螺栓的紧固力矩；变桨距机构连接螺栓的紧固力矩；机械制动装置连接螺栓的紧固力矩。

检验方法要求及处理包括：紧固力矩检查应在规定装配状态下进行；检验时所使用测力扳手的量程应与检测的力矩相适应；上述检查项目应使用测力扳手按紧固件的数量进行随机抽检。当紧固件的数量少于 8 个时进行全检；当紧固件数量大于 8 个少于 24 个时，随机抽检 1/2 但不少于 8 个；当紧固件的数量大于 24 个少于 36 个时，随机抽检 1/3 但不少于 12 个；当紧固件数量大于 36 个时，随机抽检 1/4 但不少于 18 个；在上述检验过程中，如果出现不符合项时，该部位的紧固件的紧固力矩应进行全部检查。

b. 装配精度

检验部位及内容包括：机械制动器在非制动状态时摩擦副的间隙；机械制动器在制动状态时摩擦副的贴合状况；变桨距机构在自由状态时的活动间隙；叶尖旋转机构在释放状态时活动间隙；制动器力矩调整机构的调整状态。

检验方法应根据检验内容选择：装配精度检查应在额定紧固力矩和规定装配状态下进行；非制动状态下的摩擦副间隙用塞尺测量贴合部位的最大间隙和最小间隙；制动状态下摩擦副的贴合状况用着色法进行检验；变桨距机构和叶尖旋转机构的活动间隙应根据具体机构组成确定检验方法；制动力矩调整机构的调整状态按制动器的使用说明进行检验。

c. 机构状况

机构状态的检查包括：叶尖旋转机构的灵活性；变桨距机构的灵活性；制动器退距机构的灵活性；制动器随位装置的灵活性；制动器补偿机构的灵活性。

d. 检验记录

检查结果应按要求填写。

③ 空载试验

a. 液压系统的工作状况试验

系统压力：启动风力发电机组，待运行稳定后通过观察压力表或相关信号，记录系统压力和各子系统的压力，必要时调至额定压力。

运行状态：在风力发电机组正常运行且液压系统压力正常状态下，分别调节相关系统的压力至额定值以上和额定值以下，观察并记录系统的响应。

b. 电气系统的工作状况检验

控制信号的响应：在风力发电机组正常运行的条件下，人为设置或通过控制系统设定有关的控制信号，观察并记录制动系统的响应。

报警信号的响应：在风力发电机组正常运行的条件下，人为设置或通过控制系统设置有关的报警信号，观察并记录制动系统的响应。

反馈信号的响应：在风力发电机组正常运行的条件下，人为设置与制动装置相关的触发信号，观察并记录制动系统的响应。

状态信号的显示：在风力发电机组正常运行的条件下，观察并记录制动系统相关装置的状态与状态的信号显示是否一致。

c. 操作模式的有效性检验

自动控制模式：在风力发电机组正常运行的条件下，将操作模式设为自动模式，试验并记录该模式下各种制动系统控制功能的响应。

人工操作模式：在风力发电机组正常运行的条件下，将操作模式设为人工模式，试验并记录该模式下制动系统的响应。

自动模式屏蔽：在风力发电机组正常运行的条件下，将自动模式设置为屏蔽状态，试验并记录自动模式下制动系统的响应。

d. 控制逻辑的有效性检验

正常控制逻辑：将风力发电机组设置为自动控制模式，待运行稳定后人为设置正常控制逻辑的触发报警信号，观察并记录其运行状态及制动系统的响应。

安全控制逻辑：将风力发电机组设置为自动控制模式，待运行稳定后人为设置安全控制逻辑的触发报警信号，观察并记录其运行状态及制动系统的响应。

控制逻辑触发：在上述试验的过程中，观察并记录各种报警信号触发的控制逻辑是否与设计的触发条件一致。

e. 制动方式的有效性检验

正常制动方式：在风力发电机组正常运行的条件下，启动正常制动方式，观察并记录该制动方式下各级制动装置及同一级的制动装置的响应。

紧急制动方式：在风力发电机组正常运行的条件下，启动紧急制动方式，观察并记录该制动方式下各级制动装置及同一级的制动装置的响应。

f. 试验结果应按要求填写。

④ 运行试验

a. 操作模式试验

人工操作模式下制动系统的响应：将操作方式设为人工模式，启动风力发电机组，分别启动该模式下的各种控制功能，记录各种控制功能的系统响应。

自动控制模式下制动系统的响应：将操作方式设为自动模式，启动风力发电机组，观察并记录其运行状态和系统的各种响应，条件允许时可在低速状态下人为触发紧急制动。

自动控制模式的屏蔽试验：将自动控制切断或屏蔽，启动风力发电机组，观察并记录风力发电机组在自动控制模式下制动系统的响应。

上述试验至少进行3次，试验结果按要求填写。

b. 控制方式试验

正常控制逻辑下的制动系统响应：将风力发电机组设置为自动控制模式，观察并记录其运行状态及制动系统的响应，条件允许时可人为设置正常控制逻辑的触发信号。

安全控制逻辑下的制动系统响应：将风力发电机组设置为自动控制模式，观察并记录其运行状态及制动系统的响应，条件允许时可人为设置安全控制逻辑的触发信号。

控制逻辑的触发条件试验：将风力发电机组设置为自动控制模式，观察或人为设置适当的报警信号，记录制动系统的响应。

上述试验至少进行 3 次，试验结果按要求填写。

c. 工作方式试验

正常制动方式的制动过程：在风力发电机组正常工作时，观察或人为设置适当的报警信号触发正常制动。记录一级制动装置和二级制动装置的投入顺序和投入过程。

紧急制动方式的制动过程：在风力发电机组正常工作时，观察或人为设置适当的报警信号触发紧急制动。记录一级制动装置和二级制动装置的投入顺序和投入过程。

两种制动方式的兼容性：在风力发电机组正常工作时，先投入正常制动，在正常制动过程中触发紧急制动，观察并记录制动系统的响应。

上述试验至少进行 3 次，试验结果按要求填写。

d. 制动性能试验

正常制动方式的制动时间：在风力发电机组正常工作时，进行正常制动。用秒表测取从制动命令发出到风轮完全静止的时间，并记录。

紧急制动方式的制动时间：在风力发电机组正常工作时，进行紧急制动。用秒表测取从制动命令发出到风轮完全静止的时间，并记录。

上述试验至少进行 5 次，取其算术平均值作为相应的制动时间，试验结果按要求填写。

e. 协调性试验

偏航状态下的协调性：在风力发电机组正常工作时的偏航状态下，分别进行正常制动和紧急制动；在制动状态下触发偏航控制信号，观察并记录制动系统的响应。

解缆状态下的协调性：在风力发电机组的解缆状态下，人工启动风力发电机组，在机组正常工作状态触发解缆控制信号，观察并记录制动系统的响应。

该项试验至少进行 3 次，试验结果按要求填写。

(7) 试验结果的处理

① 制动系统各项试验内容的试验结果应按本标准的规定，记录在试验记录表中。

② 对于不符合 JB/T 10426.1 和设计要求的试验项目，允许通过调试使该项目符合要求。

③ 被试验的风力发电机组按照本部分试验完毕后，应随即写出被试验的风力发电机组制动系统的试验报告。

参 考 文 献

[1] 王承煦,张源. 风力发电. 北京:中国电力出版社,2003.
[2] 宋海辉. 风力发电技术及工程. 北京:中国水利水电出版社,2009.
[3] 董宏,张飘. 通信用光伏与风力发电系统. 北京:人民邮电出版社,2008.
[4] 郭成达. 风光互补发电能量转换系统研究:[学位论文]. 大连:大连理工大学,2008.
[5] 施全富. 独立运行风光互补发电系统的研究与设计:[学位论文]. 沈阳:沈阳工业大学,2008.
[6] 王素霞. 国内外风力发电现状及发展趋势. 大众用电,2007,5:20.
[7] 罗皎虹,吴军基. 独立风力-柴油联合发电系统运行成本分析. 南通:南通大学学报(自然科学版),2007,6(2):70.
[8] 尹炼,刘文洲. 风力发电. 北京:中国电力出版社,2001,115、130.
[9] 王承煦,张源. 风力发电. 北京:中国电力出版社,2002,50.
[10] 苏绍禹. 风力发电机设计与运行维护. 北京:中国电力出版社,2002,257.
[11] 叶杭冶. 风力发电机的控制技术. 北京:机械工业出版社,2002,42、88.
[12] (法)勒古里雷斯(LeGourieres,D). 风力机的理论与设计. 施鹏飞译. 北京:机械工业出版社,1987. 39.
[13] [丹麦]Martin O. L. Hansen. 风力机空气动力学(第二版). 肖劲松译. 北京:中国电力出版社,2009.
[14] 王淑琴. 大型水平轴风力机传动系统动力学分析与仿真:[学位论文]. 西安:西安理工大学,2006. 7.
[15] [日]牛山泉. 风能技术. 刘薇,李岩译. 北京:科学出版社,2009,55.
[16] 曲建俊等. 一种升阻复合型垂直轴风力机. 可再生能源,2010,28(1):101.
[17] 倪受元. 风力发电讲座第一讲风力机的类型与结构,太阳能,2000,2:6.
[18] 李岩. 垂直轴风力机技术讲座(一)垂直轴风力机及其发展概况. 可再生能源,2009,27(1):121.
[19] 李岩. 垂直轴风力机技术讲座(三)升力型垂直轴风力机. 可再生能源,2009,27(3):120.
[20] 李岩. 垂直轴风力机技术讲座(五)垂直轴风力机设计与实验. 可再生能源,2009,27(5):120.
[21] 李岩. 垂直轴风力机技术讲座(六)垂直轴风力机应用及其发展前景. 可再生能源,2009,27(6):118.
[22] 姚英学,汤志鹏. 垂直轴风力机应用概况及其展望. 现代制造工程,2010,3:136.
[23] 廖康平. 垂直轴风机叶轮空气动力学性能研究:[学位论文]. 哈尔滨:哈尔滨工程大学,2006.
[24] 李杰. 风力机叶片翼型气动特性数值研究:[学位论文]. 河北:华北电力大学,2009.
[25] 苏亮. 达里厄型垂直轴风力发电机结构可靠性分析研究:[学位论文]. 杭州:浙江大学,2010.
[26] 陈虎. 升阻型垂直轴活叶风力机研究:[学位论文]. 哈尔滨:哈尔滨工业大学,2009.
[27] 郑云. 小型H型垂直轴风力发电机气动性能分析:[学位论文]. 成都:西南交通大学,2008.
[28] 孙云峰. 小型垂直轴风力发电机组的设计与实验:[学位论文]. 内蒙古:内蒙古农业大学,2008.
[29] 郭建伟. 变桨矩垂直轴风力机初步开发与性能评价:[学位论文]. 河北:华北电力大学,2008.
[30] 张凯. 立轴风力机空气动力学与结构分析:[学位论文]. 重庆:重庆大学,2007.
[31] 都志杰,马丽娜. 风力发电. 北京:化学工业出版社,2009.
[32] 秦鸣峰. 蓄电池的使用与维护. 北京:化学工业出版社,2009.
[33] 王建录,郭慧文等. 风力机械技术标准精编. 北京:化学工业出版社,2010.
[34] 姚兴佳,王士荣,董丽萍. 风力发电技术讲座(六):风电场及风力发电机并网运行. RENEWABLE ENERGY 2006,6:98.
[35] 章心因,胡敏强,陈小虎,吴在军. 永磁同步风力发电机并网运行研究. 江苏电机工程 2008,27(5):1.
[36] 王晋根. 风电发展前景与存在问题的思考. 电器工业 2008,11:38.
[37] 左鑫. 双馈风力发电机并网技术的研究. 山东电力技术 2009,5:36.
[38] 宋海辉. 风力发电技术及工程. 北京:中国水利水电出版社,2009.